污水处理厂设计与运行

第二版

曾 科 主编

朱喜礼　李自勋　副主编

化学工业出版社

·北 京·

本书在介绍污水处理工程设计、污水处理系统及其选择、污水处理工程的方案比较等基本知识的基础上，结合应用实例，重点讲述了污水处理厂的工艺设计、工程验收、调试运行与维护管理，并适当介绍了污水处理厂设计教学指南及参考资料。

本书可作为高等院校相关专业教材，也可供从事污水处理相关工作的工程技术人员与管理人员，以及高等院校相关专业教师及专业管理干部参考使用。

图书在版编目（CIP）数据

污水处理厂设计与运行/曾科主编. —2 版. —北京：化学工业出版社，2011.8（2023.8 重印）
ISBN 978-7-122-11551-5

Ⅰ.污… Ⅱ.曾… Ⅲ.①污水处理厂-设计②污水处理厂-运行 Ⅳ.X505

中国版本图书馆 CIP 数据核字（2011）第 113953 号

责任编辑：王文峡　　　　　　　　　　　　文字编辑：郑　直
责任校对：郑　捷　　　　　　　　　　　　装帧设计：尹琳琳

出版发行：化学工业出版社（北京市东城区青年湖南街 13 号　邮政编码 100011）
印　　装：北京天宇星印刷厂
787mm×1092mm　1/16　印张 16¾　字数 406 千字　　2023 年 8 月北京第 2 版第 5 次印刷

购书咨询：010-64518888　　　　　　　　售后服务：010-64518899
网　　址：http://www.cip.com.cn
凡购买本书，如有缺损质量问题，本社销售中心负责调换。

定　　价：49.00 元　　　　　　　　　　　　　　　　版权所有　违者必究

前　言

本书自 2001 年出版发行以来，受到广大读者和高等院校师生的关注和好评，在工程应用和院校教学过程中发挥了一定的积极作用。

十年前，作者依据污水处理工程实践和教学经验，尝试性地编著了本书第一版。2001年本书第一版出版发行，至今已有十年，随着污水处理技术、标准和规范的发展，污水处理工程设计和运行的发展，本书第一版中涉及的某些知识和方法也在更新和变化，为此我们对本书第一版进行了适当修订。希望更加有利于读者和环保工程师在实际工作中的应用，有利于高等院校师生的教学工作。

这次修订工作，延续了第一版"注重实践、强化能力"的特点，在第一版的基础上进行了调整和更新，主要内容如下：

全书基本保留了第一版的结构体系、所阐述的处理技术及其知识，根据读者的建议，参照污水处理技术、标准和规范的发展和变化，作了全面修订。重点对第一章第一节、第五章第三节、第八章第一节和第九章第一节进行了修改和补充。在第六章"污水处理厂工程验收与运行管理"中，增加了第三节"某污水厌氧处理工程的调试运行"和第四节"某污水好氧处理工程的调试运行"；在第八章"污水处理厂设计实例"中，增加了第三节"某城市污水厂深度处理工程设计实例"。

本书由曾科担任主编，朱喜礼和李自勋担任副主编，参加编写的有曾科、朱喜礼、李自勋、陆少鸣、李杉、宋宏杰、崔燕平和侯玉杰。

由于编者水平所限，本次修订工作难免存在疏漏，恳请专家和读者指正，不胜感谢。

编　者
2011 年 5 月

第一版前言

自从有了人类的生活和生产活动，便因为用水和排水对水的自然循环产生了量和质两方面的影响。20 世纪中期以来，由于人口增长和工农业生产的发展，加剧了这种影响。排放的污水已构成了对水环境生态系统的严重污染，使地表水甚至地下水水质恶化，并致死水生动植物，缺水地区已危及人的生命健康。我国从 20 世纪 80 年代初以来，工农业和人口迅猛发展，每年工业废水和城市污水合计排放量已达约 400 亿立方米，且处理效率较低，大量废水排入天然水体，已使我国约 80％的河流湖泊受到不同程度的污染。水污染已成为我国面临的严重环境问题之一。在水资源日益紧缺的今天，做好城市污水和工业废水的处理和再生利用，有利于保护水环境、保护水源，促进有限的水资源能够可持续开发利用。

为减轻和消除水污染所造成的不良影响，1995 年以来，国家水污染治理工作力度加大，许多污水处理技术在实际中得到应用。但还存在污水处理技术不适用、工程设计和运行管理水平不高的情况。要实现我国大多数江河流域水体基本变清的目标，还需要学习研究和推广应用适合我国国情的污水处理工艺技术和设备，同时需要环保管理部门、建设单位和技术研究设计单位共同做好污水处理工程的设计与运行管理。本书按照针对和实用的原则，主要阐明城市和工业污水处理的类型、特点和处理方案的比较选优，污水处理工程的设计程序、内容、原则、设计计算方法和步骤，并列举污水处理工艺设计常用的设计资料。由于篇幅限制，本书没有叙述污水处理的基本原理、系统形式和组成、经济特征等，而是从设计和运行角度，通过城市污水和工业废水处理实际工程的设计实例，详细介绍了污水处理常用工艺技术和新工艺技术（例如氧化沟法、序批式活性污泥法、升流式厌氧污泥床）的工艺特征、设计运行参数、设计计算和应用效果。

本书力求占有新的技术和资料信息，编者是十多年来从事污水处理技术研究、设计、教学和运行管理方面的专家。参加本书编写的有曾科、卜秋平、陆少鸣、李杉、高健磊、宋宏杰、石志红、张晓丽、杨丽，全书由曾科、卜秋平、陆少鸣主编，李杉、高健磊副主编。

由于目前尚不多见污水处理厂（站）工艺设计计算和运行管理方面的书，本书的出版带有尝试意义，加之编者水平有限，书中不足和不妥之处，敬请读者批评指正。

编　者
2001 年 5 月

目　　录

第一章　污水处理工程设计

第一节　污水处理技术及其发展

中国是一个水资源匮乏的国家，人均水资源占有量仅为世界人均占有量的四分之一，而且在时空分布上极不均匀，致使许多地区和约 300 个城市缺水，其中严重缺水城市有 50 个。而 20 世纪 80 年代以来，人口的膨胀、工业的迅猛发展使水环境受到严重污染，同时水污染治理工作没有及时跟上，这就加剧了水资源的短缺。

根据《全国环境统计公报》（2008 年）的数据，2008 年全国废水排放总量 571.7 亿吨，比上年增加 2.7%。其中，工业废水排放量 241.7 亿吨，占废水排放总量的 42.3%，比上年减少 2.0%；城镇生活污水排放量 330.0 亿吨，占废水排放总量的 57.7%，比上年增加 6.4%；2008 年废水中化学需氧量排放量 1320.7 万吨。2009 年《中国环境状况公报》的数据，到 2009 年底，全国化学需氧量排放总量为 1277.5 万吨。

据中国环保网提供的 2010 年《全国环境质量状况报告》的数据，2010 年，全国地表水国控监测断面中，Ⅰ～Ⅲ类水质比例为 51.9%，较 2009 年提高了 3.7%，较 2005 年提高了 14.4%；劣Ⅴ类水质断面比例为 20.8%，与 2009 年基本持平，较 2005 年降低了 6.6%。七大水系中，长江干流水质为优，支流水质良好；黄河干流水质为优，支流为重度污染；珠江干流水质良好，支流水质为优；松花江干流为轻度污染，支流为中度污染；淮河干流水质为优，支流为中度污染；海河水系为重度污染；辽河干流为轻度污染，支流为中度污染。重点湖泊中，太湖湖体为重度污染，属轻度富营养；滇池湖体为重度污染，属重度富营养；巢湖湖体为中度污染，属轻度富营养；洪泽湖湖体为中度污染，属轻度富营养；洞庭湖湖体为重度污染，属轻度富营养；鄱阳湖湖体为轻度污染，属轻度富营养；丹江口水库水质良好，属中度富营养。

地表水总体为中度污染，造成饮用水水源的污染，全国 60%～70% 的饮用水水源不符合卫生标准，使我国城乡供水水源受到严重影响，一些自来水厂按常规工艺运行已无法确保供水水质符合标准，被迫关闭或以生物化学法予以处理进行改造。

我国污水处理面临着水污染严重，污水治理起步晚、基础差、要求高的形势。"十一五"期间，为了适应经济发展和人民生活水平提高的要求，在经济高速发展的同时，我国城镇污水处理厂的建设有了很大的发展，中国水网相关统计清单表明，至 2008 年底，全国建成投运的城镇污水处理厂有 1521 座，污水处理厂设计污水日处理量约 9094.22 万吨，年处理量 331.94 亿吨。

2010 年 2 月 9 日发布的《第一次全国污染源普查公报》表明，至 2007 年全国共有集中式污水处理厂 2094 座，污水处理厂污水年实际处理量 210.31 亿吨。其中：城镇污水处理厂处理 194.41 亿吨，占 92.5%；工业废水集中处理厂处理（不包括工业企业内仅处理本企业工业废水的处理设施处理量）12.90 亿吨，占 6.1%；其他污水处理厂（设施）处理 3.00 亿吨，占 1.4%。

城镇污水处理厂、工业废水集中处理厂和工业企业内部污水处理设施的运行，为实现"十一五"期间阻止地表水污染加剧的目标发挥了重要作用。

但绝大多数城市的污水处理能力满足不了实际需要，全国城市污水处理率仅为60.0%～70.0%。全国5万多个城镇，近3亿多人口居住地尚无污水处理设施，要实现全国主要流域水体水质基本变清的目标，尚需时日。

国家环保部已初步拟定了"十二五"期间节能减排目标，即到2015年，COD的排放总量将比2010年减少5%。从减排目标数据来看，虽然COD的减排目标相比"十一五"降低了一半，但是减排的难度却更大了。"十一五"期间，主要靠工程减排方式完成目标任务，这种方式"十二五"期间已经难以为继，减排方式将向结构减排方式过渡。

近三十年来，随着水污染治理工作的发展，污水处理技术也取得了一定的进展，大量的新工艺、新设备和新材料等在实际中应用和发展。而且，与污水处理厂相关的环境或污水水质标准、工程设计规范、工程施工及其质量验收等标准规范体系也基本完善。

以《城镇污水处理厂污染物排放标准》（GB 18918—2002）、《地表水环境质量标准》（GB 3838—2002）和《城市污水再生利用　景观环境用水水质》（GB/T 18921—2002）、《广东省地方标准水污染物排放限值》（DB 44/26—2001）的发布实施为标志，2001年后，国家、地方和行业的大量水质标准、污水排放标准和城市污水再生水水质标准等得到修订或制定。《污水综合排放标准》（GB 8978）于1996年修订之后，第二次修订工作也将要结束，准备发布实施。

设计方面，《室外排水设计规范》在1997年发布97年版进行局部修订后，于2006年1月8日发布了最新的《室外排水设计规范》（GB 50014—2006），之前《污水再生利用工程设计规范》（GB 50335—2002）作为新规范发布实施。《生物接触氧化法污水处理工程技术规范》（征求意见稿）由国家环保部负责编制完成，已于2010年6月发布征求相关单位和各方面的意见，不久将会发布实施。

《城市污水处理厂工程质量验收规范》（GB 50334—2002）于2003年发布，以新的国家标准实施；《给水排水构筑物工程施工及验收规范》（GB 50141—2008）于2009年发布实施，取代《给水排水构筑物施工及验收规范》（GBJ 141—90）；《给水排水管道工程施工及验收规范》（GB 50268—2008）于2009年5月发布实施，取代GB 50268—97和《市政排水管渠工程质量检验评定标准》（CJJ 397）。

1. 污水处理工艺

氧化沟（oxidation ditch）技术作为20世纪50年代由荷兰工作师巴斯维尔（Passver）发明的一种新型活性污泥法，几十年来在我国城市和工业企业废水处理工程中得到广泛的应用和发展。各种形式的氧化沟得到应用，最普遍的是CARROUSEL氧化沟，还有交替工作的三沟式氧化沟和DE型氧化沟，以及一体化氧化沟。由于该工艺在处理负荷、混合液流态和曝气装置上的特殊性，其处理流程简单、构筑物少，一般情况下可不建初沉池和污泥消化池，某些情况下还可不建二沉池和污泥回流系统，对于中小型污水处理厂，想节省投资和降低维护管理难度时，是首选。其处理效果好且稳定可靠，不仅可满足BOD_5和SS的排放标准，且在运行方式合适时能实现脱氮和除磷，而不像传统活性污泥法（要脱氮除磷时）必须做大量改造工作。同时该工艺还具有较强冲击负荷承受能力、剩余污泥量少、污泥稳定程度好、机械设备少等优点。因为存在于污泥中的有机质最终是在氧化沟中部分好氧代谢而去除的，氧化沟工艺在节约能耗、降低运行费方面不具有优势。

与此同时，A-B 法和 A-O 或 A-A-O 法得到了推广应用。A-B 法具有对进水负荷变化适应性强、运行稳定、污泥不易膨胀、脱氮除磷效果较好等优点，适合在解决老污水处理厂超负荷运行而改造时采用，在我国山东、深圳、新疆等地区多有应用。A-O 法或 A-A-O 法，与传统活性污泥法比，具有能大大提高脱氮除磷效果的优点，适用于城市污水处理后排入需防止水体富营养化的水体，或要求对于工业废水有较高的总氮去除量时（如屠宰厂、化肥厂废水等）。但 A-B 法或 A-O 或 A-A-O 法均需增加一些构筑物和设施（缺氧池、回流设施等），工程投资要增加。

相对而言，间歇式活性污泥法或序批式活性污泥法（sequencing batch reactor actirated sludge procese，SBR）作为一项新技术，不论在工业企业废水还是城市污水处理工程中均得到了更广泛的应用。这主要是该工艺特殊的运行和净化机制，比传统活性污泥法具有更高的污染物净化效果，尤其对高浓度难生物降解污水，SBR 工艺能省去二沉池、污泥回流设施，某些情况下还可省去调节池和初沉池，一般情况下能使整个工程占地减少、投资降低。另外还具有较强的冲击负荷调节能力，污泥不易膨胀、易于沉淀、脱水性能好，可实现脱氮除磷功能等优点，该工艺要求配备专用排水装置和自动控制系统，在目前环保资金还比较紧张的条件下，限制了 SBR 工艺的高效稳定运行。由于间歇运行，空气扩散器的堵塞可能性大于传统活性污泥法，当采用大气泡空气扩散器时（也为降低投资），其节能效果不如传统活性污泥法。如何按照曝气过程需氧量来自动控制 SBR 工艺的运行，是有待进一步研究、可提高节能效果的方法。

生物膜法是微生物附着生长的一类好氧生物处理技术，主要包括生物滤池、生物转盘、生物接触氧化、生物流化床。其与活性污泥法比较，具有净化效果好（适合于低浓度污水）、抗冲击负荷能力强、能耗低（尤其是低浓度污水采用生物滤池和生物转盘方法处理时）、污泥量少且易于沉淀分离等优点，在城市污水和工业废水处理中得到了广泛应用，特别是在新型填料开发应用后，中小规模污水厂，气候条件较好时合适采用生物接触氧化法。而生物滤池、生物转盘工艺，在污水浓度较高时，由于（生物滤池）填料易堵塞、影响环境卫生、占地面积大等缺点应用较少，一些较小工程容易克服以上缺点而采用了生物塔滤和生物转盘。

新型生物膜法——微生物固定化技术，例如包埋固定化微生物处理技术，具有反应器中微生物浓度大大提高，固液分离简便迅速，能利用特种微生物，被包埋起来的微生物受毒物侵害少，剩余污泥量少等优越性。其中特别是对特种微生物的固定，更受研究者们的关注（例如对硝化脱氮菌，分解酚、氰化物等难降解物的特种微生物的固定）。但其要应用于工程实际还需进一步研究开发。

氧化沟技术、A-B 法、A-O 法或 A-A-O 法及 SBR 工艺技术，与传统活性污泥法一样，仍为好氧活性污泥法，包括生物膜法，污水中的有机污染物的去除是依靠微生物的好氧代谢来完成的，因此具有能耗大、费用高的缺点，促使人们去研究高效节能的污水处理技术，目前这方面可应用的技术有自然生物处理系统、厌氧生物处理法。

自然生物处理系统是指依靠天然水体或土的自净作用对废水进行处理的系统，污水中有机污染物的降解是微生物在不进行人工充氧条件下完成的，因此节能效果好，运行费用低，而且投资小、处理效果好。自然生物处理系统，主要包括生物稳定塘和土地处理系统，在早期（1985～1997 年）工程投资成为控制因素时在一些规模不大的工程中得到应用，但1995～2005 年间受到自身占地面积大、受气候条件影响大等缺点的限制，没有得到大规模应用。2005年后，随着污水排放标准的提高，自然生物处理技术作为生态净化体系的一部分又得以应用。例如垂直与水平潜流式人工湿地技术，在我国经历了二十余年的技术研究与开发之后，在很多的城市污水的中小规模深度净化厂得以应用，构造、防渗、填料、植物和水流等方面的人工设置，使其在运行负荷、进水浓度、净化作用和占地面积方面，比自然土地处理系统有突破，但其推广应用的一些问题尚未解决。

在追求高效节能方面，与自然生物处理系统，以及好氧活性污泥法、生物膜法比较，厌氧生物处理法具有更强的能力，得到更多的研究和应用。尤其是为了处理高浓度难生物降解的工业废水，大批新型厌氧生物反应器研究开发出来，例如：厌氧生物滤池（UF）、升流式厌氧污泥床反应皿（UASB）、厌氧复合床反应器（UBF）。这些厌氧生物处理装置，均能有效地将系统的污泥停留时间与水力停留时间相分离，克服了早期普通厌氧生物工艺水力停留时间长（中温消化一般需要20～30d）的缺点。这些新型厌氧生物反应器具有显著优点，第一，适应性强，可处理高浓度有机废水亦可处理低浓度有机废水（一般要求COD≥1000mg/L）；可处理易生物降解工业废水，亦能处理难生物降解工业废水；水量大水质负荷变化小时好处理，水量小水质负荷变化大时亦可处理；第二，节能效果好，有机污染物的生物降解完全在无氧条件下进行，不需要充氧，与好氧生物法比较，能节省大量供氧能源；而且厌氧生物代谢产生的沼气（每去除1kgCOD产生沼气量为0.3～0.5m³）具有高热值（21000～25000kJ/m³），可用去发电或直接作为燃料；第三，剩余污泥量少，厌氧生物反应系统在水力停留时间不长的条件下，仍维持很高的污泥停留时间，微生物污泥在系统内进行了一定的自身代谢；厌氧处理法产生的剩余污泥量约为好氧生物处理法的1/5～1/10，而且这种污泥有机质含量低，易于脱水，不再需要进行稳定化处理，可降低污泥处理工程投资和运行费用；第四，处理能力大，表现在厌氧生物处理法容积负荷大，一般为好氧法的5～10倍，这主要是因为厌氧生物反应器系统能使生物污泥滞留在反应器内，形成很高的生物固体浓度（絮状污泥浓度可达10～20g/L，颗粒污泥浓度可达30～40g/L）。

当高浓度工业有机废水的处理面临新问题，需要更高效、更稳定、更省地的技术时，第三代厌氧反应器技术，近十年来在我国得以迅速开发和应用。第三代厌氧处理技术包括膨胀颗粒污泥床（EGSB）、厌氧内循环反应器（IC）、厌氧折流板反应器（ABR）等。它们不仅有典型的反应器，而且有突出的性能特征：第一，颗粒污泥为主，水力停留时间与固体停留时间分离；第二，高负荷、高强度与高流失的分离。这些新型厌氧生物处理技术，除了满足反应器能够保持大量厌氧活性污泥的要求之外，还满足进水与反应器内污泥的良好接触的要求。与第二代厌氧反应器（UF、UASB等）技术相比，具有处理负荷高、运行稳定性好、工程占地小等优点。但它们具有内部结构相对复杂、安装和维护困难、动力消耗大等不足。由于反应器相分离及其微生物代谢条件要求高，对预处理的要求也较高。

随着《城镇污水处理厂污染物排放标准》（GB 18918—2002）于2002年12月发布，2003年7月1日实施，原国家环保总局2006年第21号公告提出，城镇污水处理厂出水排入国家和省定重点流域及湖泊的水域时，执行GB 18918—2002一级标准的A标准，意味着一级A标准在全国范围内的推行。随后一些地方水污染物排放标准、工业水污染物排放标准均颁布或即将颁布，例如：《北京市水污染物排放标准》（DB11 307—2005）、《城市污水再生利用工业用水水质标准》（GB/T 19923—2005）、《工业循环冷却水处理设计规范》（GB 50050—2007）、《制浆造纸工业水污染物排放标准》（GB 3544—2008）、《发酵类制药工业水污染物排放标准》（GB 21903—2008）已颁布，《合成氨工业水污染排放标准》、《味精工业污染物排放标准》、《制革及皮毛加工业水污染物排放标准》等新标准即将颁布。这些新标准的实施，将提出更新、更高的污水处理要求。

污水深度处理回用，既可减少污染，又可增加水资源，随着全国各地用水价格的提高，污水回用需求的提高，污水深度处理技术也得以较快发展。

深度处理可以采用三级处理工艺，但又不限于此，采用二级处理新工艺取得更好的水质也是深度处理。例如采用生物脱氮、除磷就是在二级处理中完成的，此二级处理工艺也是深度处理工艺。目前污水深度处理工艺主要有：

① 常规三级处理工艺，工艺流程为混凝＋沉淀＋过滤/连续微滤（CMF），以进一步去除 COD、SS、TP 为目标，要实现 TN 去除目标，对前部的二级处理应有较高要求。

② 新型的二级生物处理工艺，例如 A-A-O、UCT、Bardenpho、改良型氧化沟等，与常规二级生物处理比较，可以进一步去除 COD、TN、TP，某些情况下后面要接混凝＋沉淀。

③ 采用生化与膜分离结合的处理工艺，例如 MBR（膜生物反应器）。通过设计和运行优化，MBR 工艺可以进一步去除 COD、TN、SS。要有效地去除磷，要向 MBR 池内投加一定的铁盐。

④ 结合多介质过滤、活性炭吸附法、臭氧氧化法的三级处理工艺，对生物惰性污染物有良好的净化效果，可使出水的色度、AOX、TOC 等指标达到较高排放标准，改善出水水质。

随着污水处理对象的扩展，在采用生物法处理一些难生化降解的有机废水时，预处理技术也得到开发，例如：Fenton 和微电解技术在反应器构造、反应床介质和反应条件等方面有了发展和应用，热解与碱解、生物水解、混凝、臭氧氧化等技术得以发展应用。

2. 污水处理设备

我国的城市污水与工业废水处理工艺技术，因为社会市场的需求，在过去的三十多年间有了较大发展，已经接近国际水平。然而，与污水处理相关的设备、装置、材料、仪表的开发研究起步较晚，发展相对滞后，已经成为污水处理事业发展的制约因素之一。尽管如此，十几年来，我国污水处理设备的设计和制造水平在引进、消化的基础上，亦得到了发展。

如离心水泵、潜污泵等产品引进了德国技术，在经历了一般干式离心污水泵、液下污水泵、自吸式污水泵后，目前的潜污泵，因为结构紧凑且系统构成、安装与维护简单，污物通过能力高（某些产品还带撕裂装置），保护措施多，安全性和可靠性高，易于实现自动控制等优点，在污水处理工程中正逐渐占据主要地位。二叶和三叶罗茨鼓风机引进了日本和德国技术，改进了机壳与转子的密封结构、进气出气口结构，提高了机械加工精度，使产品容积效率提高，单位能耗降低，机械和气动噪声降低，运转平稳程度提高。

氧化沟技术相关设备得以发展，竖轴式表面曝气机性能有所改进，如倒伞形表曝机，引进开发了高充氧性能和安装维护性能的卧轴式曝气转刷（电机立式安装），引进并开发了自动排水堰门，为了改善氧化沟中混合液流动效果引进开发了水下推进器，与一般潜水搅拌器相比，推进效果更好，而能耗却低。微孔曝气器吸收了芬兰等国技术，目前已具备刚玉与橡胶膜片式、盘式与管式、固定式与可提升式的微孔曝气器，充氧效率达到 15%～25%，比大气泡空气扩散器可节能 50% 左右。

二次沉淀池排泥装置有了发展，由于二次沉淀池池底污泥为密度很轻的活性污泥，不能像初次沉淀池污泥那样刮除，因此开发了吸刮泥机，刮板和吸泥管同时利用，污泥通过虹吸至池液面的排泥槽中排除。之后消化吸收美国技术，开发了新型吸泥机，该机具有中心传动、池底单管吸泥、结构简单紧凑、调节方便等优点，与传统的管槽式吸刮泥机和周边传动吸泥机相比，重量和传动功率大大降低。带式污泥压滤脱水机引进了法国、德国等国技术，该种脱水机因为处理能力大、运行连续平稳且能耗低，机器滤布的偏移、张紧力和带速可调而得到广泛的应用，而且带式浓缩脱水一体机也完成了引进、吸收和国产化。

无轴螺旋输送机或螺杆压榨机、旋流式或螺旋式除砂设备、带式或离心式污泥浓缩机、离心式污泥脱水机、伸缩管式撇水器等也在引进消化基础上，提升了国产设备的性能。

尽管如此，目前还有大量先进污水处理设备在引进使用中，如单级高速离心鼓风机、阶梯式格栅、转鼓细格栅、潜水推进器、离心污泥脱水机、MBR膜组件和紫外杀菌系统等。这些虽然可以使用国产设备，但在设备性能、产品质量和自动控制等方面，与国外先进设备相比，国产设备还需发展。

3. 污水处理工程材料

材料方面，开发应用了多种形式生物接触氧化池填料，使生物接触氧化技术得到推广应用，同时也使生物流化床技术得以发展，如高炉炉渣填料、蜂窝填料、立体波纹填料、球形填料、纤维软性填料、半软性填料、弹性立体填料、改进型弹性立体填料、球形悬浮填料、多孔泡沫塑料块和轻质聚乙烯环等。其中弹性立体填料由多层的放射状弹性丝构成，不像蜂窝和波纹填料，水气直上直下，可以连续不断使气-水混合液多次受到剧烈的碰撞和切割作用，提高了氧转移速度，亦不像纤维软性填料和球形填料容易断丝或结球。球形悬浮填料、多孔泡沫塑料块和轻质聚乙烯环等可悬浮于池体中，促进了泥法和膜法的结合。还有多种用于污水深度处理的新型滤料成功开发应用：陶粒、纤维球、泡沫塑料块、果壳滤料、锰砂滤料等。

污水处理药剂，主要用于除去水中的悬浮物、有毒有害物质，除臭脱色，脱出污泥水分等。这些药剂生产和使用技术具有较强的专业性，同时由于处理药剂大都直接作用于废水处理，会间接影响到排放废水水质。

无机絮凝剂，除了向高分子聚合、高电荷多核、低价向高价等方向发展外，一些新型复合型无机高分子絮凝剂也有开发应用，例如聚硫氯化铝（PACS）、聚磷氯化铝（PACP）、聚铝硅酸盐和聚铁硅酸盐等产品。

有机高分子絮凝剂仍以丙烯酰胺聚合物为主，主要通过独资、合资方式引进国外成套技术和装置生产，向高分子量、超高分子量和低游离单体含量发展，阳离子品种、两性产品的也得到开发应用。

活性炭在污水处理中得到广泛的应用，生物活性炭以及臭氧活性炭联用取得了工业应用上的突破。

4. 污水处理运行控制

污水处理厂的自动控制水平，正经历着一个从零开始不断发展的过程。目前，不仅单一工艺过程可以实现自动控制，而且可以对整个污水处理厂全过程各单元实现多级自动控制。

近年来，污水厂利用光缆、双绞线，将PLC、服务器和操作站等相连，构成一个工业以太网，可以和现场的传感器、变送器、自动化仪表相连，进行数据通信、数据处理、数据管理。信号通过传感器、自动化仪表反馈到PLC，通过PLC进行数据处理，上传给监控设备，然后对控制对象进行自动控制管理，能够根据系统运行过程中设施设备、进出水的相关参数的变化，及时自动地调整系统的运行状态，使其运行一直保持一个最佳的工作状态。

如通过中央控制室内计算机和大型模拟屏进行全厂集中监视和自动控制，亦可通过分级现场控制站分别对污水预处理、污水生物处理、污泥消化系统和污泥脱水系统的生产过程进行控制，可实现对流量、液位、水质（如 pH 值、溶解氧、化学需氧量）和污泥浓度的在线自动监测，并通过水质等参数监测值自动调节设备的运行，以保证好的处理效果、低的能源消耗。

然而，由于资金不足、技术力量薄弱等原因，大多数中小型污水处理厂的自动控制水平还很低。如仪表离线、人工取样测试、设备状态滞后调整等，导致系统运行效果不稳定。

SBR 生化处理系统运行的自动控制，一般情况下，全厂设置中央控制室，采用 DCS 控制系统形式，对工艺过程的进水、曝气、混合、沉淀、排水和闲置 5 个阶段，进行自动控制，也可能分为管理级、控制级、现场级 3 部分。控制目的是：①工艺过程控制，能可靠、灵活地执行不同运行任务；②设备及其操作自动控制，现场、中控两级管理；③采集、监控运行数据，按来水与运行目标变化，调整工艺运行方案；④多画面实时监控处理单元设备设施、进出水口设备的安全运行。但是大多数污水厂，没有根据运行期间 DO 等参数的变化，实现对 SBR 曝气量和反应时间的模糊控制，从而实现在保证出水水质前提下尽可能节省运行费用。尤其是面临生物脱氮的任务时，SBR 运行自动控制是否方便、有效和节能，对处理系统至关重要。这一目标的实现，理论和技术上并不困难，需要工艺和自控工程师现场大量辛苦的调试工作。应该说，SBR 系统工艺控制是一个多参量、多任务、多设备的复杂系统，随着污水处理自动控制技术的发展和成熟，计算机和网络的飞速发展，SBR 处理系统的自动运行，相信不久就能实现工业化。

第二节　污水处理工程的建设程序

污水处理工程是城市市政建设、工业企业建设或排污达标治理的一个重要部分，其建设须按国家基本建设程序进行，现行的基本建设程序一般分编制项目建议书、项目可行性研究、项目工程设计、工程和设备招投标、工程施工、竣工验收、运行调试和达标验收几个步骤。

这些建设步骤基本包括了项目建设的全过程，它们也可划分为三个阶段。

第一阶段　项目立项阶段。该阶段需根据城市市政规划或环境保护部门要求，分析项目建设的必要性和可行性。本阶段以确定项目为中心，一般由建设单位或其委托的设计研究单位编制项目建议书和项目可行性研究报告，通过国家计划部门、投资银行或企业计划部门论证便可获得立项，对于某些小规模项目，只编制污水处理工程方案设计，并通过投资部门的论证便可立项。

第二阶段　工程建设阶段。包括工程设计、工程和设备招投标、工程施工、竣工验收等过程。

① 工程设计，项目立项后，设计单位根据审批的可行性研究报告进行施工图设计，其任务是将可行性研究报告确定的设计方案的具体化，要将污水处理厂（站）区、各处理构（建）筑物、辅助构（建）筑物等的平面和竖向布置，精确地表达在图纸上，其设计深度应能满足施工、安装、加工及施工预算编制要求。在施工图设计之前，可能还需进行扩大初步设计，进一步论证技术的可靠性、经济合理性和投资的准确性。

② 工程设备招投标，是经过比较投标方的能力、技术水平、工程经验、报价等，来选

定工程施工单位和设备供应单位的过程，该过程是保证工程质量和节省工程投资的基础。

③ 工程施工，是项目建设的实现阶段，包括土建施工、设备加工制造及安装的全过程。本阶段设计人员应向施工单位和设备供应单位进行技术交底，施工单位要按设计图纸施工，施工人员发现问题或提出合理化建议，应经过一定手续才能变动，施工时，为了总结设计经验，应及时解决施工中出现的技术问题，或根据具体情况对设计作必要的修改和调整，设计人员要有计划地配合参加施工。对一般设计项目，指派主要设计人员到施工现场，解释设计图纸，说明工程目的、设计原则、设计标准和依据，提出新技术的特殊要求和施工注意事项；对重大或新技术项目，必要时应派现场设计代表，随时解决施工中存在的设计问题。

④ 竣工验收，是全面检查设计和施工质量的过程，其核心是质量，不合格工程必须返工或加固。

第三阶段　项目验收阶段，包括联动试车、运行调试、达标验收等过程。联动试车由施工单位、设备供应单位、建设单位共同完成，检查设备及其安装的质量，以确保能正常投入使用。试运行的目的是要确保处理系统达到设计的处理规模和处理效果，并确定最佳的运行条件，对于生物处理系统，往往要用较长时间来完成"培菌"任务。达标验收是由环境保护部门检验处理系统出水是否达到排放标准。

第三节　污水处理工程的设计阶段

设计工作按建设项目所处理的对象不同可划分为城市污水处理厂工程设计和工业企业废水处理站工程设计，由于污水来源、性质、水量及处理工艺方面差别较大，使其设计工作亦有所不同。

设计工作按建设项目技术的复杂程度可划分为两个阶段（初步设计和施工图设计）或一个阶段（施工图设计）；同样可按污水处理规模大小或重要性划分为两阶段设计或一阶段设计。技术复杂、处理规模大、重要的项目一般按两阶段设计，技术复杂程度、处理规模、重要性均小的按一阶段设计。

两阶段设计时，必须在上阶段设计文件得到上级主管部门批准后方允许进行下阶段的设计工作。

第四节　污水处理工程各设计阶段的内容

一、设计前期的工作

设计前期工作主要是可行性研究，以可行性研究报告（大型、重要的项目）或工程方案设计（小型、简单的项目）的文件形式表达，主要是论证污水处理项目的必要性、工艺技术的先进性与可靠性、工程的经济合理性，为项目的建设提供科学依据。可行性研究报告是国家投资决策的重要依据，主要内容如下。

① 总论　项目编制依据、自然环境条件（地理、气象、水文地质）、城市社会经济概况或企业生产经营概况；城市或企业的排水系统现状、污染源构成、污水排放量现状、污水水质现状、项目的建设原则与建设范围、污水处理厂建设规模、污水处理要求目标（设计进、出水水质）。

② 工程方案 污水处理厂厂址选择及用地；污水处理工艺方案比较（比较方案工艺技术与总体设计、工艺构筑物及设备分析、技术经济比较），处理水的出路（回用水深度处理工艺选择）；工程近、远期结合问题；节能、安全生产与环境保护，推荐方案设计（污水污泥及回用水处理工艺系统平面及高程设计、主要工艺设备及电气自控、土建工程、公用工程及辅助设施）；生产组织及劳动定员。

③ 工程投资估算及资金筹措 工程投资估算原则与依据；工程投资估算表；资金筹措与使用计划。

④ 工程进度安排。

⑤ 经济评价 总论（工程范围及处理能力、总投资、资金来源及使用计划）；年经营成本估算；财务评价。

⑥ 研究结论、存在问题及建议。

二、初步设计

初步设计的主要目的如下：①提供审批依据，进一步论证工程方案的技术先进性、可靠性和经济合理性；②投资控制，提供工程概算表，其总概算值是控制投资的主要依据，预算和决算都不能超过此概算值；③技术设计，包括工艺、建筑、变配电系统、仪表及自控等方面的总体设计及部分主要单体设计，各专业所采用的新技术论证及设计；④提供施工准备工作，如拆迁、征地三通（水、电、路）一平（墙）并与有关部门签订合同；⑤提供主要设备材料订货要求，即设备与主材招标合同的技术规格书的依据，包括污水、污泥、电气与自控、化验等方面设备与主材的工艺要求、性能、技术规格、数量。

初步设计的任务包括确定工程规模、建设目的、投资效益，设计原则和标准、各专业设计及主要工艺构筑物设计、工程概算、拆迁征地范围和数量、施工图设计中可能涉及的问题及建议。

初步设计的文件应包括设计（计算）说明书、工程量、主要设备与材料、初步设计图纸、工程总概算表。初步设计文件应能满足审批、投资控制、施工图设计、施工准备、设备订购等方面工作依据的要求。

1. 设计说明书

(1) 设计依据

① 可行性研究报告的批准文件；

② 建设单位（甲方）的设计委托书；

③ 其他有关部门的协议和批件；

④ 建设单位（甲方）提供的设计资料清单（名称、来源、单位、日期）。

(2) 城市或企业概况及自然条件

① 城市现状与总体规划，或企业生产经营现状及发展；

② 自然条件方面资料 a. 气象，包括气温、湿度、雨量、蒸发量、冰冻期及冻土深度、水温、风向玫瑰等；b. 水文，包括地表水体的功能、地理位置、方向、水位、流速、流量等，地下水的分布埋深、利用等；c. 工程地质，包括污水处理厂建址地区的地质钻孔柱状图、地基承载能力、地震等级等。

③ 有关地形资料，包括污水处理厂及相关地区的地形图。

④ 城市或污水排放现状及环境污染问题。

（3）处理要求　　污水排放应达到国家的排放标准或环境保护部门要求。

（4）工程设计

① 设计污水处理水质水量　　在分析排水系统污水的平均流量、高峰流量、现状流量、预期流量等水量资料基础上，确定污水处理厂设计规模（包括近期处理能力和总处理能力）；根据城市或企业排污状况，在分析主要污染源（必要时作一定时间污染源监测）和混合污水现状监测资料的基础上，确定污水厂设计进水水质指标。

② 厂址选择说明　　结合城市现状和总体规划，具体说明厂址选择的原则和理由，并说明已选厂址的地形、地质、用地面积及外围条件（即三通一平）。

③ 工艺流程的选择说明　　主要说明所选工艺方案的技术先进性、合理性，尤其要说明所采用新技术的优越性（技术经济方面）和可靠性（技术方面）。

④ 工艺设计说明　　说明所选工艺方案初步设计的总体设计（平面和高程布置）原则，并说明主要工艺构筑物的设计（技术特征、设计数据、结构形式、尺寸）。

⑤ 主要处理设备说明　　说明主要设备的性能构造、材料及主要尺寸，尤其是新技术设备的技术特征、构造形式、原理、施工及维护使用注意事项等。

（5）处理厂内辅助建筑（办公、化验、控制、变配电、药库、机修等）和公用工程（供水、排水、采胶、道路、绿化）的设计说明

（6）处理厂自动控制和监测设计说明

（7）处理厂污水和污泥的出路

（8）存在的问题及对策建议

2. 工程量

列出本工程各项构（建）筑物及厂区总图所涉及的混凝土量、挖土方量、回填土方量、钢筋混凝土土量、建筑面积等。

3. 设备和主要材料量

列出本工程的设备和主要材料清单（名称、规格、材料、数量）。

4. 工程概算书

说明概算编制依据、设备和主要建筑材料市场供应价格、其他间接费情况等，列出总概算表和各单元概算表。说明工程总概算投资及其构成。

5. 设计图纸

各专业（工艺、建筑、电气与自控）总体设计图（总平面布置图、系统图），比例尺（1∶200）～（1∶1000），主要工艺构筑物设计图（平面、竖向），比例尺（1∶100）～（1∶200）。

三、施工图设计

施工图设计在初步设计或方案设计批准之后进行，其任务是以初步设计的说明书和图纸为依据，根据土建施工、设备安装、组（构）件加工及管道（线）安装所需要的程度将初步设计精确具体化，除污水处理厂总平面布置与高程布置、各处理构筑物的平面和竖向设计之外，所有构筑物的各个节点构造、尺寸都用图纸表达出来，每张图均应按一定比例与标准图例精确绘制。施工图设计的深度，应满足土建施工、设备与管道安装、构件加工、施工预算编制的要求。施工图设计文件以图纸为主，还包括说明书、主要设备材料表。

1. 设计说明书

① 设计依据　初步设计或方案设计批准文件，设计进出水水质。

② 设计方案　扼要说明污水处理污泥处理及气体利用的设计方案，与原初步设计比较有何变更，并说明其理由，设计处理效果。

③ 图纸目录、引用标准图目录。

④ 主要设备材料表。

⑤ 施工安装注意事项及质量、验收要求。必需时另外编制主要工程施工方法设计。

2. 设计图纸

（1）总体设计

① 污水处理厂总平面图　比例尺（1∶100）～（1∶500），包括风玫瑰图、坐标轴线、构筑物与建筑物、围墙、道路、连接绿地等的平面位置，注明厂界四角坐标及构（建）筑物对角坐标或相对距离，并附构（建）筑物一览表、总平面设计用地指标表、图例。

② 工艺流程图　又称污水污泥处理系统高程布置图，反映出工艺处理过程及构（建）筑物间的高程关系，应反映出各处理单元的构造及各种管线方向，应反映出各构（建）筑物的水面、池底或地面标高、池顶或屋面标高，应较准确地表达构（建）筑物进出管渠的连接形式及标高。绘制高程图应有准确的横向比例，竖向比例可不统一。高程图应反映原地形、设计地坪、设计路面、建筑物室内地面之间的关系。

③ 污水处理厂综合管线平面布置图　应表示出管线的平面布置和高程布置，即各种管线的平面位置、长度及相互关系尺寸、管线埋深及管径（断面）、坡度、管材、节点布置（必要时做详图）、管件及附属构筑物（闸门井、检查井）。必要时可分别绘制管线平面布置和纵断面图。图中应附管道（渠）、管件及附属构筑物一览表。

（2）单体构（建）筑物设计图

各专业（工艺、建筑、电气）总体设计之外，单体构（建）筑物设计图也应由工艺、建筑、结构（土建与钢）、电气与自控、非标机械设备、公用工程（供水、排水、采暖）等施工详图组成。

① 工艺图　比例尺（1∶50）～（1∶100），表示出工艺构造与尺寸、设备与管道安装位置与尺寸、高程。通过平面图、剖面图、局部详图或节点构造详图、构件大样图等表达，应附设备、管道及附件一览表，必要时对主要技术参数、尺寸标准、施工要求、标准图引用等做说明。

② 建筑图　比例尺（1∶50）～（1∶100），表示出水平面、立面、剖面的尺寸、相对高程，表明内、外装修材料，并有各部分构造详图、节点大样、门窗表及必要的设计说明。

③ 结构图　比例尺（1∶50）～（1∶100），表达构（建）筑物整体及构件的结构构造、地基处理、基础尺寸及节点构造等，结构单元和汇总工程量表，主要材料表，钢筋表及必要的设计说明，要有综合埋件及预留洞详图。钢结构设计图应有整体装配、构件构造与尺寸、节点详图，应表达设备性能，加工及安装技术要求，应有设备及材料表。

④ 主要建筑物给水排水、采暖通风、照明及配电安装图。

（3）电气与自控设计图

① 厂（站）区高、低压变配电系统图和一、二次回路接线原理图　包括变电、配电、用电、启动和保护等设备型号、规格和编号。附材料设备表，说明工作原理，主要技术数据和要求。

② 各种控制和保护原理图与接线图　包括系统布置原理图。引出或列入的接线端子板编号、符号和设备一览表以及动作原理说明。

③ 各构筑物平、剖面图　包括变电所、配电间、操作控制间电气设备位置、供电控制线路敷设、接地装置、设备材料明细表和施工说明及注意事项。

④ 电气设备安装图　包括材料明细表、制作或安装说明。

⑤ 厂（站）区室外线路照明平面图　包括各构筑物的布置、驾空和电缆配电线路、控制线路和照明布置。

⑥ 仪表自动化控制安装图　包括系统布置、安装位置及尺寸、控制电缆线路和设备材料明细表，以及安装调试说明。

⑦ 非标准配件加工详图。

（4）辅助设施设计图

辅助与附属建筑物建筑、结构、设备安装及公用工程，如办公、仓库、机修、食堂、宿舍、车库等设施施工设计图。

（5）非标准设备设计图

某些简单金属构件的设计详图可附于工艺设计图中。但由几种不同形式的零配件、构件组成的成套设备，又没有现成的设备可使用，其功能较独立，构造较复杂。加工不简单的设备或大型钢结构处理装置，应视为非标准设备，专门进行施工（制作、安装）图设计。

① 总装图　表明构件零配件相互之间组装位置、制作加工与安装的技术要求、设备性能、使用须知及其他注意事项，必要时应有节点详图，附构件、零配件一览表。

② 部件图　表明构件加工制作详图、组装图、制作和装配精度要求。

③ 零件图　零件的加工制作详图，须说明加工精度、技术指标、材料、数量等。

第五节　污水处理工程的设计依据

污水处理项目进入设计阶段，工程设计的依据除了项目可行性研究报告或工程设计方案提供的基本资料外，还包括许多技术资料，并需要进一步核实，或通过实验和勘测取得。

一、污水处理工程基本情况资料

对拟建污水处理工程的了解亦作为设计依据，有关污水处理工程基本情况的资料，一般由项目可行性研究报告、工程设计方案及环境评价报告提供，包括以下几方面内容。

① 国家有关水污染防治的政策法规与标准。国家的有关水污染防治法，国家对区域水污染防治的规划和目标任务，国家《地面水环境质量标准》，《污水综合排放标准》、某些行业的水污染物排放标准等。

② 省（部）级政府关于区域水污染治理的任务和限期目标、区域水污染防治物总量控制规划。

③ 地方政府的水污染治理规划，城市或企业的排水系统现状和规划，包括现有和规划的点源污染治理情况。

④ 污水处理工程的建设范围、建设规模和建设地址。

⑤ 污水处理工程的设计服务范围（或对象）的污水产生、排放、水质水量特征。

⑥ 污水处理后拟达到的排放标准。

⑦ 污水或污泥的综合利用目标。

⑧ 污水和污泥处理的总体工艺方案。

⑨ 城市或企业概况和自然环境条件。主要包括地形地面貌、气象与水文、工程地质、水文地质等。

二、设计任务书或委托书

设计任务书或委托书应包括污水处理工程的规模、进水水质、处理后水质、工程设计范围、设计文件交付时间、进度等，并应明确任务书的签批机关、文号和日期。

三、污水处理工程技术资料

对于采用先进技术的污水处理工程，设计所依据的技术资料主要指处理工程所采用的新工艺、新设备和新材料（药剂）的技术资料或针对该项目污水的实验资料，或应用效果保证合同，还包括工程地质、水文地质方面的勘察报告。

四、污水处理工程设计资料

建筑范围内的地形图、污水管渠或河道的断面图，用水、用电、用气和交通运输方面的资料与协议书，并应明确以上资料的名称、来源、编制单位和日期。

对于污水处理改（扩）建工程，应提供现有污水处理工程设计资料或实测资料（包括工程的总图、单体构筑物和设备等方面）。

第二章 污水处理工程设计资料

第一节 污水处理工程设计基础资料

污水处理工程设计应在掌握设计基础资料的前提下完成。设计基础资料应由建设单位提供或由城市专业职能部门提供，其中包括气象、水文与工程地质、地形图、排水系统、污染源、地震、供水供电、概算、城市或企业现状和规划等资料。设计所用基础资料应由专门设计人员深入实际了解调查，以保证设计基础资料的准确性。

一、城市或企业现状和规划资料

① 城市或企业现状地形图、现状排水管网图。

② 城市或企业总体规划图和排水规划图，及其说明书。

③ 城市或企业概况。了解城市的性质与规模，人口及其分布，功能区划与布局，给水排水系统状况，污染源分布，城市水体分布及其功能，城市水污染治理规划等。了解企业的产品与规模、占地与固定资产、生产经营状况、技术水平、生产工艺与污染源、供水与排水系统、污染控制治理与综合利用、需处理污水水质、水量、排放去向及标准等。

二、自然资料

1. 气象资料

① 气温　绝对最高、最低气温，历年逐月平均气温。

② 风向与风速　历年风向频率（或以风改表示）、最大风速。

③ 降水量　历年平均降水量、最大降雨量、历年平均降雨天数。

④ 蒸发量　历年年蒸发量、最大蒸发量。

⑤ 土地冰冻深度　历年冰冻深度、最大冰冻深度，历年冰冻期天数平均值、最小值。

2. 水文与工程地质资料

（1）地表水体

纳污水体功能与流向、水体流域的纳污状况与污染趋势，本污染源对纳污水体的污染贡献、排入口及其水质状况，河流的历年逐月最高、平均、最低水位及相应的流量、流速、水质指标、河流供水水位、淹没范围，河流冰冻期限与厚度，湖泊、水库的水位与容量（包括环境污染状况及容量）。

（2）地下水

含水层的厚度与分布、与补给水源的关系、地下水水质状况与指标。

（3）工程地质

土壤物理分析、力学试验资料，应有钻孔柱状图及水文地质剖面图，并附说明。

3. 地震资料

建厂（站）地区地震烈度。

三、供水、供电及交通运输资料

1. 供水资料

城市供水管网及供水范围与能力，对本项目供水指标及价格，建筑地区地下水涌水量、可供水量及水质。

2. 供电资料

供电电源的电压、可靠程度，供电方式，供电点至用电点距离，供电部门对用电的要求及收费价格。

3. 供汽资料

城市能提供的热媒蒸汽的能力、价格。

4. 交通运输

建筑与城市及其他区域的交通状况。

四、污染源资料

在对城市或企业供水排水、生产工艺及排放基本情况了解的基础上，应重点调查或监测主要污染源情况、排放口或纳污口水质、水量资料。应重点调查污染源污水排放周期并监测不同时段的污水水质。

五、概算资料

建厂（站）地区的土建、市政工程概算定额，当地市场主要建材供应价格，主要和辅助设备价格，征地及拆迁费用，劳动力工资标准及其他管理费用规定等。

六、其他资料

① 初步设计或可研报告或方案设计批准文件。

② 与有关单位的协议文件。

③ 某些订购设备样本。

第二节　现场查勘

设计人员为提出符合实际的污水处理方案，需搜集有关真实客观的基础资料。因此，须深入现场，了解实地情况，必要时应做实际勘测与监测。

一、现场查勘的目的与内容

① 了解城市或企业现状和发展规划；

② 了解现有排水设施和观察污水状况，增加对污水的感性认识，必要时确定重点污染源，监测其排放周期及其水质。

③ 了解处理厂（站）选址现场地形情况，需要时对选场形状、尺寸、高程、污水进出口等进行测量；

④ 搜集和核实必要的设计基础资料；

⑤ 确定污水处理排放应达到的标准；

⑥ 提出可能的方案，并征求当地有关单位的意见；

⑦ 了解与有关部门协议内容；

⑧ 为现场勘测、监测做准备（协作关系、现场工作条件、工器具等）。

二、现场查勘的步骤

① 了解项目建议书、可行性研究报告内容；

② 分析或调查城市或企业有关资料，列出现场查勘计划；

③ 现场调查，听取建设单位及有关部门意见，进一步搜集落实设计基础资料；

④ 现场查勘、监测；

⑤ 现场查勘资料的整理。

三、现场查勘应注意的事项

① 在初期资料收集分析的基础上，尽早确定查勘的范围及重点，使查勘工作有针对性，起到补充作用。

② 城市发展状况或企业生产经营状况与技术管理水平，会影响总体设计方案选择及具体工程设计。

③ 在书面资料的基础上，须注意与有关部门专家、领导的意见交流。

④ 对污水性质与特征的分析，不仅要看指标数据，还需对生产工艺深入分析，仔细观察污水的感官状况。

⑤ 不但要调查处理进水口，同样要仔细调查出水口，即要重视污染源调查，也要深入进行选址调查。

⑥ 对同类污水及其处理工程调查，了解其污水性质特征、处理方法与效果、运转经验和存在的问题。

⑦ 及时分析整理现场查勘资料，提出对方案设计的意见，并做好资料的分类和保管，不应随意使之扩散和丢失。

第三节　污染源调查

城市污水一般包括生活污水、工业废水和市政污水，工业废水可分为生产污水和生产废水。一般情况下生活污水、市政污水、生产废水（未被生产工艺过程直接污染的水）水质比较稳定，而生产污水则随生产品种、生产工艺、生产运行状况有很大的变化，即使同一种产品、同种工艺，排出污水水质也会有较大变化，因此准确掌握污水的水质是重要的工作。污染源调查就是要查清主要污染企业的排污状况。

一、污染源调查的目的

① 了解需处理的污水的水质水量，确定需处理污水的污染源组成；

② 了解污染源排污种类、污染危害强度、排污规律，确定主要污染源；

③ 对重点污染源和混合污水进行现场监测，掌握其污水排放量和污水水质。

二、污染源调查的步骤

污染源调查主要是对工业污染源进行调查，应建立在对生产工艺和排污工艺初步了解的基础上。污染源调查可分为三个阶段，即准备阶段、调查阶段和总结阶段。

1. 准备阶段

① 明确调查目的；

② 制订调查计划　明确污染源调查的范围与重点、内容与浓度、方法与频次。

③ 调查准备　组织好专业人员、分工协作，准备采样与测试的器具、交通工具、准备记录与计算图表，准备采样及分析测试所用药品，准备水样保存方法及容器、药品。

2. 调查阶段

① 定点采样　按拟定的采样点、时间、频率、项目（如 pH 值、温度及流量等）采样或测试，做好记录。

② 样品分析　按计划的水质测试项目、测试方法对样品分析。

③ 数据处理　对现场测试结果、室内分析结果进行整理、计算，去除错误数据。

3. 总结阶段

① 评价　评价调查结果的客观性、代表性，评价需处理的污水及重点污染源的性质与特征、水质水理指标，并与其他途径所得数据进行比较。

② 建立档案　将现场记录、分析结果、计算结果分类归档保存。

③ 调查报告。

三、污染源调查的方法与内容

1. 调查方法

污水源调查的方法有实测法、资料分析法、类比调查法及物料衡算法。对于现有企业可以用资料分析法、实测法进行。对新建企业可采用类比调查法、实测法（实测同类生产企业），新建企业无同类企业生产工艺参考时，只有以物料衡算法进行。一般情况宜将资料分析法与实测法结合进行。

（1）资料分析法

搜集现有生产企业原材料消耗、用水排水、污染源及排污口监测数据等资料，搜集环境监测部门的排污监测资料，分析整理可得到企业污水总排放量及其水质、重点污染源排水规律及其水质资料。

（2）类比调查法

对同产品、同工艺、同原料的企业有关生产与排污水工艺、用水排水、污染源及混合污水资料分析整理，可得到新建企业污染源资料。

（3）物料衡算法

确定生产工艺的化学反应方程式，确定生产所用原辅材料及其消耗量，确定污染物的品种与存在形态，确定原辅材料、产品、副产品、污染物之间的物质的量关系，确定产品、副产品、污染物收得率与转化率，确定污染物在产品、副产品及工艺转化定额，确定污染物排放定额，确定用水量、排水量、污水量和污水水质。

（4）实测法

实测法是在重点污染源排污口和总排放口设立监测采样点，连续进行 3～5 日，每日数次（一般为 2h 一次，可根据生产和污水排水变化规律确定）采样和测试，从而获得污水水质水量数据，然后进行数据整理，可得知污水水量和水质变化曲线，水量和水质指标的取值范围、最大值、最小值、平均值等。

在排污口或总排放口实测所得数据的客观性和真实性，取决于生产状态是否正常，监测是否按技术要求准确操作。对监测所得数据可利用资料分析法和类比调查法进行校核。

污水水量的测试方法有容器法、浮标法、插板法及流速仪法，各种方法的操作与计算详见环境监测相关国家标准。

污水水质的采样与分析测试方法，详见有关国家标准。

2. 调查内容

对于工业污染源的调查有其自身特色，一般包括水质、水量调查，必要时可做污水中污染物成分调查。

（1）水量调查

① 各排污点处　污水的来源及组成，一个生产周期内的排水周期，一个排水周期内排污总量、最大流量、平均流量。

② 总出水口处　应在企业总排放口监测污水的平均日流量、最大日流量、最大日最大时流量、平均日最大时流量，掌握总排放口污水水量变化规律。

（2）水质调查

① 物理指标　温度、漂浮物、悬浮物、色度、泡沫度、气味等。

② 化学指标　pH 值、酸（碱）度、氮和磷、油类、全盐量、总溶固、重金属离子、有毒有机物等。

③ 可生物降解有机物指标　BOD、COD_{Cr}、TOC。

④ 生物指标　各种病原菌、细菌指标。

⑤ 特殊指标　如放射性指标。

第四节　现　场　勘　测

在可行性研究报告或方案设计通过论证之后，为保证工程设计的质量，应有建址现场准确的工程勘测资料。现场勘测之前，应搜集已有的勘测资料，在保证质量的前提下尽量加以利用，以缩小新的勘测范围，减少勘测工作量。

一、地形测量

① 区域总平面图　比例尺（1∶10000）～（1∶50000），应包括地形、地物、等高线、坐标等。

② 建址平面图　比例尺（1∶200）～（1∶1000），应包括地形、地物、等高线等，实测范围应包括厂内与厂外相关部分内容（如道路、进出水口、拆迁物等），视具体情况确定。

③ 管渠测量　与本工程有关，需利用其改造或在其附近施工的管渠，应测出地形、管道定线、纵断面高程及交叉点等，比例尺视测量范围而定。

二、工程地质勘察

1. 工程勘察要求

① 工程范围内勘察的地形、地物概述；

② 地下水概述　包括勘测时实测水位，历年地下水水位及其变幅，地下水侵蚀性；

③ 土壤物理分析及力学试验资料；

④ 钻孔布置　主要构筑物（如调节池、泵房、沉淀池、曝气池、浓缩池、厌氧消化池等）和大型建筑物（如综合办公楼、鼓风机房、脱水机房等），一般应布置 2～4 个钻孔，其深度决定于构（建）筑物基础下受力层的深度，一般应钻至基底下 3～6m。水中构筑物的钻孔深度应达到河床最大冲刷深度以下不小于 5m 或钻至中等风化岩石为止。

⑤ 除满足上述要求外，应对设计构筑物的基础砌置深度、基础及上层结构的设计要求、施工排水、基槽处理以及特殊地区的地基（如淤泥、湿土、高填土等）提出必要的处理建议。

2. 不同设计阶段对勘察内容的要求

① 初步设计阶段　要求勘察部门对工程场地稳定性作出评价，对主要构筑物地基基础方案及对不良地质防治工程方案提供工程地质资料及处理建议。

② 施工图设计阶段　要求勘察部门根据设计确定的构筑物位置，在初步设计勘察结论的基础上根据需要进行补充勘察工作，并提出补充报告。

第三章 污水处理系统及其选择

第一节 污水处理系统的类型及其组成

一、概述

污水会将大量无机性污染物和有机性污染物带入水体，造成水体感官污染（漂浮的杂物、浑浊、气味、色度等）、油类污染（隔绝水体复氧）、酸（或碱）污染、重金属污染（直接或间接致死水生生物）、有机物污染（使水体发臭）、植物营养性污染（水体中藻类异常大量增殖），使水体利用价值降低甚至完全丧失。随着人口的剧增和工业的迅猛发展，大量污水排入水体，不仅使地表水质降低，失去饮用、娱乐、灌溉、养殖作用，还会使地下水中的有害物质增加，影响地下水的利用。

我国大中城市中有 1/4 的城市严重缺水，尽管 1996 年我国人均生活用水量由 1994 年的 194 L/d 提高至 208L/d，而供水量却由 1994 年的 490 亿立方米下降至 1996 年的 460 亿立方米。20 世纪 90 年代以来，水体污染日益加剧，到 1996 年，淮河、海河、辽河、太湖、滇池、巢湖等几大水域，甚至黄河均受到污染，几乎使水体失去原有生活用水和农田灌溉的功能。在水源水质恶化和水资源严重缺乏的今日，污水处理和回用，对于国民经济的可持续发展显得尤为重要。

污水处理系统就是处理和利用污水的一系列处理构筑物（或设备）及附属构筑物的综合体系，其任务是避免水环境被污染，促进水资源的良性利用。污水处理系统或设施可以按污水来源、设施功能、对水的处理程度来划分，污水处理系统应按污水处理后达标排放，或对处理后污水和污泥加以利用的要求来进行设置，系统方案的确定应做到工艺技术先进可靠、工程投资经济合理、运行管理方便且费用低。

二、污水处理系统的类型

1. 按污水来源及性质分类

污水处理系统按污水来源的不同可以划分为生活污水处理系统、城市污水处理系统和工业污水处理系统；按污水性质的不同工业污水处理系统又可以划分为生产污水处理系统和生产废水处理系统两种类型；按企业生产类型和污水性质的差异，污水处理系统可以划分为屠宰污水处理系统、啤酒污水处理系统、印染废水处理系统、制药废水处理系统、制浆中段废水处理系统、农药废水处理系统、电镀废水处理系统等许多不同类型。

2. 按规模和投资分类

① 污水处理系统按污水是集中处理还是分散处理，可以划分为区域污水处理系统和点源污水处理系统。

② 污水处理系统按投资规模划分见表 3-1 和表 3-2。

表 3-1　工业污水处理系统按投资规模划分

序　号	级　别	范围/万元	序　号	级　别	范围/万元
1	A	≥1000	4	D	10～100
2	B	500～1000	5	E	<10
3	C	100～500			

表 3-2　城市污水处理系统按投资规模划分

序　号	级　别	范围/万元	序　号	级　别	范围/万元
1	A	≥100000	4	D	5000～10000
2	B	50000～100000	5	E	≤5000
3	C	10000～50000			

③ 污水处理系统按处理规模划分见表 3-3 和表 3-4。

表 3-3　工业污水处理系统按处理规模划分

序　号	级　别	处理水量/(m³/d)	序　号	级　别	处理水量/(m³/d)
1	A	≥10000	4	D	500～1000
2	B	2000～10000	5	E	<500
3	C	1000～2000			

表 3-4　城市污水处理系统按处理规模划分

序　号	级　别	处理水量/(10⁴m³/d)	序　号	级　别	处理水量/(10⁴m³/d)
1	A	≥100	4	D	5～10
2	B	50～100	5	E	<5
3	C	10～50			

3. 按污水和污泥出路分类

污水经二级处理达到排放标准后，一般直接排入江河或湖泊，经深度处理（如混凝沉淀，或混凝沉淀加过滤）后可以重复使用，一般可用作市政杂用水、建筑杂用水、循环冷却水系统补充水。因此，污水处理系统亦可以划分为外排式污水处理系统、复用式污水处理系统两种类型。污水处理厂产生的污泥经浓缩、消化、脱水等处理过程后可以外运出去填埋，亦可以把无毒害作用的污泥施入农田加以利用，相应污水处理系统可以划分为不同类型：污泥可利用型和污泥不可以利用型污水处理系统。

三、污水处理系统构成设施的分类

污水处理是通过处理构（建）筑物及其必要的辅助建筑物或设施来完成的，应采用各种技术与手段，将污水中所含的污染物质分离去除、回收利用，或将其转化为无害物质，使水得到净化。污水处理系统内部的各种构（建）筑物或设施可以按功能、原理与作用分成不同形式。

1. 按设施功能分类

污水处理厂的各种设施根据其使用功能，一般可以分为三类：生产构（建）筑物；辅助生产建筑物；附属生活建筑物。

　　生产构（建）筑物指污水经处理后达标排放或重复使用所必不可少的处理构（建）筑物、设备或装置。一般（二级污水处理厂）应包括配水井、调节池、泵房、沉砂池、沉淀池、好氧生物处理构筑物、浓缩池、厌氧消化池、加药间、污泥脱水间、变配电室等。一般通过工艺设计计算确定其大小和尺寸。

　　辅助生产建筑物指保证生产构（建）筑物能正常运转的辅助设施，一般应包括鼓风机、值班（调度）室、总控制室、化验室、维修车间（机械、电气、仪表、管道及房屋等维修）、锅炉房、仓库、车库等。其中的鼓风机房、总控制室、锅炉房等应按计算设计确定大小尺寸外，其他根据污水处理厂规模参照《城镇污水处理厂附属建筑和附属设备设计标准》（CJJ31—89）选定。

　　附属生活建筑物指污水处理厂职工的办公、食宿、生活福利等场所或设施，一般应包括办公用房、住宿用房、厂内给排水及采暖设施、道路、绿化、围墙等。附属生活建筑物应根据污水处理厂人员编制及相应建筑标准确定。

　　2. 按设施处理程度分类

　　污水处理厂系统或厂内污水处理设施的类型可以按对污水的处理程度分为如下五类。

　　① 调节与存储　如污水调节池、配水井、污水污泥贮柜、堆泥棚、沼气贮柜等。

　　② 一级处理　按水处理程度设计的为一级污水处理厂。主要去除污水中呈漂浮或悬浮状态的污染物质，如纸张、塑料袋、泥砂、油、微粒或胶体无机物或有机物。常用的处理构筑物或设施有格栅、沉砂池、沉淀池、除油池、旋流分离器或离心机等。

　　③ 二级处理　相应的有二级污水处理厂，主要去除污水中胶体和溶解状态的无机和有机污染物。常用处理构筑物或设施有曝气池、生物滤池、生物接触氧化池、混凝沉淀池、气浮池等。

　　④ 三级处理　进一步去除一、二级处理后难降解的有机物、磷和氮（能够导致水体富营养化）或影响回用水水质的可溶性无机物等。主要处理构筑物或设施有混凝沉淀池、砂滤池（或接触滤池）、活性炭吸附设备、臭氧氧化池、离子交换柱、生物接触氧化池等。三级处理在某种意义上亦可以说是深度处理。

　　⑤ 厌氧处理　一般在工业污水处理系统中采用，去除工业污水中高浓度或难降解有机污染物，或在一般城市污水处理厂用来去除污泥中的有机物。常用处理设施为传统厌氧消化池、厌氧生物滤池、升流式厌氧污泥床反应器、复合厌氧反应器等。

　　另外，污水处理系统的生产构（建）筑物中还有一类非处理设施，如泵房、分流井、计量井等。

　　3. 按设施行使处理作用的原理分类

　　污水处理厂的处理构筑物和设备等处理设施，按其技术原理可分为物理处理、化学处理、物理化学处理、生物化学处理四种类型。

　　① 物理处理设施　通过物理作用分离污水中悬浮固体状态污染物质的处理设施，如水力筛、沉淀池、隔油池、旋流分离器等。

　　② 化学处理设施　通过化学反应机理，分离去除污水中各种形态（悬浮的、胶体的、溶解的）污染物质的处理设施，如中和沉淀池、中和滤池、臭氧氧化塔、电解气浮池等。

　　③ 物理化学处理设施　通过物理化学作用（如混凝、吸附、离子交换等）去除污水胶体和溶解性无机盐和有机物的处理设施，去除对象主要是采用物理法、生物法、化学法不能

去除的溶解性成分。这类设施有混凝沉淀池、絮凝滤池、活性炭吸附塔、离子交换柱、电渗析器等。

④ 生物化学处理设施 通过微生物的新陈代谢作用，使污水中呈溶解、胶体状态的有机污染物和部分无机物质转化为无害物质而去除的设施。按微生物代谢所处环境条件的不同，这类处理设施可以分为厌氧处理设施（如厌氧滤池、升流式厌氧污泥床反应器）和好氧处理设施（如曝气池、生物接触氧化池等）。

四、污水处理系统规划设计注意事项

污水处理系统的规划设计，应视具体情况具体分析，科学优化，选择出适用、技术上合理、经济上合算的最佳系统方案。力求做到投资少、建设快、质量好、效益高。所谓适用，就是在可能的基础上，最大限度地适应生产和使用的需要；技术上合理，就是在所用技术上，近远期考虑上，对现有设施利用上，以及与其他事业配合关系上处理得好；所谓经济上合算，是指工程投资低，效益高和经常管理费用少。在规划和设计污水处理系统时，应注意下列问题。

① 在污水处理系统的规划和设计的工作中，应认真贯彻执行国家和地方有关部门制定的现行有关标准、规范和规定；

② 协调好污水区域集中治理与点源分散治理的关系，最好地发挥污水处理系统的整体效益；

③ 充分利用天然水体的自净能力，适当降低污水处理系统的处理要求，节省污水处理的工程投资和运行成本；

④ 与区域内或邻近区域的给水系统、洪水和雨水的排除系统协调，避免相互矛盾，如给水取水口与污水排出口的关系，洪水系统与排放口的位置及水位关系等；

⑤ 为了污水处理达标排放或满足出水水质要求，应尽量采用高效经济的新工艺、新技术；

⑥ 污水处理系统规划时，通过采取改革生产工艺减少排污、"清洁生产"、循环利用等方法与终端处理相结合等措施来综合解决污水污染；

⑦ 对城市或用水量大的企业污水，处理后尽量回用，在解决水污染的同时，应解决某些地区水资源不足的问题；

⑧ 工业污水的水量、水质变化较大，水质复杂，对城市污水处理系统运转要造成一定影响，既要利用城市污水处理系统处理工业污水，又要保证城市污水处理系统的正常运行。

第二节 城市污水处理工艺及其选择

一、污水处理工艺方案的内容与方案确定的依据

1. 污水处理工艺方案的内容

处理工艺方案的主要内容包括以下几项。

① 污水处理工艺基本路线的确定（例如，根据处理要求确定处理级别，是采用一级处理还是二级处理，或是需要三级处理）。

② 主要净化处理构筑物或设施的选择与工艺流程的确定。

③ 净化处理构筑物或设施及其相关设备的计算及其选定（例如二沉池及其刮泥机，曝气池及曝气扩散器）。

④ 其他处理构筑物或设施，辅助构筑物或设施的计算及选定（例如污泥处理系统与相关设施，鼓风机房、泵房、回流污泥泵房等）。

2. 确定污水处理工艺方案的依据

（1）污水处理程度

这是污水处理工艺选定的主要依据，决定于原污水水质和处理后出水水质。

处理程度涉及处理的项目和处理要求。第一，究竟哪些水质项目必须处理，一般来说，凡是原污水水质指标不符合污水排放标准的项目都要进行处理。但是，有时某一个水质项目（如印染废水的色度、农药废水的有机磷等），要使其处理后达标排放很困难，需要经过深度处理或某些特殊预处理，会使工程投资和运行管理费用增加。解决途径除了针对性地增加处理设施以外，还可能通过其他辅助达标措施，其高浓度或处理后不达标是暂时的。第二，满足哪些水质项目的处理要求，每一种处理方法，一般同时对几种水质项目均有去除效果，例如，沉淀法对城市污水及其类似污水，可去除 SS、COD_{cr} 和 BOD_5，对于选煤厂废水却只能去除 SS；生物化学法对城市污水或类似污水，不仅对 COD_{cr}、BOD 有较高去除率，对 SS 亦有好的去除率。而且几种水质项目中，只要一种项目能达到处理要求，其他项目也可达到处理要求，如采用生化处理法处理可生化工业废水时，COD_{cr} 指标能达标，则 BOD_5 肯定能达标，则应选 COD_{cr} 作为首选设计处理项目。第三，当原污水水质变化很大时，究竟用哪个数值作为处理的依据，也是应选择的，选值太高，会使工程投资和运行费用增加很多，若这种高值出现频率较低，则应不选；选值太低，可能会使处理不能达标。

处理后出水水质决定于出水的去向或用途。当排放水体时，污水出水指标可按以下几种方法确定。

① 按水体的水质标准确定，即根据当地政府环境保护部门对受纳水体规定的水质标准进行确定。

② 按城市污水处理厂所能达到的处理程度确定，即以二级处理工艺处理一般城市污水所能达到的处理程度作为依据。如美国规定 $BOD_5 \leqslant 30mg/L$，$SS \leqslant 30mg/L$，且任何时候处理去除率不得低于 85%。我国综合城市污水特征和一般二级处理工艺能力，也规定污水处理厂排放标准，即《污水综合排放标准》GB 8978—1996 表 2 中规定 $COD_{cr} \leqslant 120mg/L$，$BOD_5 \leqslant 30mg/L$，$SS \leqslant 30mg/L$。

③ 考虑受纳水体的自净能力、稀释能力，这样可能在一定程度上降低对处理水水质的要求，降低处理程度，但对此应采取审慎态度，取得当地环境保护部门的同意。

（2）处理规模和原污水水质水量变化规律

某些处理工艺，如完全混合曝气池、塔式生物滤池和竖流沉淀池只适用于水量不大的小型污水处理厂，因此处理方案的选择也要随处理规模调整。

原污水水质水量变化很大时，处理方案中应考虑对水质水量的调节（如设调节池）或选用承受冲击负荷能力较强的处理工艺。

（3）新工艺、新技术的试验资料或类似污水处理厂的运行资料

采用先进技术，应做到技术上先进可靠，经济上高效节能。对于采用新工艺、新技术的设计，应对其设计参数和技术经济指标做精心选择。如采用钟式沉砂池，沉砂效果、砂与水

或有机物分离率、沉砂池占地面积均优于一般沉砂池。采用氧化沟工艺在脱氮除磷效果、剩余污泥稳定性、运行管理复杂程度、节省工程投资方面均优于普通活性污泥法工艺。这些新工艺的采用会对污水与污泥处理工艺带来改变。但应对工艺性能、设计参数和技术经济指标，通过试验或调研确定。

（4）工程造价与运行费用

不同的污水污泥处理工艺方案，在相同原污水水质水量、相同自然条件下，若处理出水均达到排放标准，处理系统的最低的总造价和运行费用是选择处理系统方案的依据。

（5）建址条件

建址地区的气候、地形等自然条件也是污水处理工艺选定的影响因素。如太冷或太热地区，不适合采用普通生物滤池和生物转盘工艺。降雨量明显高于蒸发量的地区，不宜采用污泥干化场。某些特殊的地形，如旧河道、洼地、沼泽地等，可以考虑采用稳定塘、土地处理等工艺。

对建址地区水文、工程地质、原材料、电力供应等具体问题，也要求考虑一些特殊的工艺和土建结构技术。

（6）对计量、水质检验及自控的要求

计量、水质检验及自控所需的仪器设备的设置不单纯是管理工作的需要，更重要的是为了做到严格控制工艺过程达到高效、安全与经济的目的。而且某些工艺在此方面有特殊要求，如三沟式氧化沟的选用需要随时检测氧化沟的水位、水质；新型间歇式活性污泥法要求随时检测曝气池水位、水质（如DO）、运行时间等，并采用计算机进行自动控制。

（7）污泥处理工艺的影响

污泥处理工艺作为污水处理系统方案的一部分，决定于污泥的性质与污泥的出路（农用、填埋、排海等）。污水处理构筑物排出的剩余污泥性质不同，对选用污泥处理工艺有较大影响。如采用普通活性污泥法工艺，污泥一般需进行消化处理，采用低负荷的氧化沟工艺，剩余污泥处理可不进行厌氧消化。

二、城市污水特征与处理程度

1. 城市污水特征

（1）城市污水的组成

由城市排水管网收集的污水称为城市污水，是由居住区等区域排出的生活污水和城市排水系统集水范围内工业企业污水组成，在雨季还包括部分雨水。详细组成如下。

$$城市污水\begin{cases}生活污水\begin{cases}家庭污水\\公共场所污水（如宾馆）\\医院污水（经消毒预处理）\end{cases}\\工业污水（经预处理达标排放）和工业废水\\初期雨水\end{cases}$$

（2）城市污水水质

功能综合的城市，排水系统接纳的生活污水约占总污水量的45%～65%，相应城市污水具有生活污水的特征。城市污水的水质随接纳的工业污水水量和工业企业生产性质的不同而有所变化，尤其是一些特殊的污染物指标，如重金属离子与冶金工业，有毒有机物与农药、染料等工业等，但由于特殊工业企业的数量与其排水量所占比例很小，因而对城市污水整体影响不大（特别是工业污水经预处理后）。

典型的生活污水水质变化范围可参考表 3-5。

表 3-5 典型生活污水水质

序 号	指 标	浓度/(mg/L)		
		高	中	低
1	总固体（TS）	1200	720	350
2	溶解性总固体	850	500	250
3	非挥发性	525	300	145
4	挥发性	325	200	105
5	悬浮物（SS）	350	220	100
6	非挥发性	75	55	20
7	挥发性	275	165	80
8	可沉降物	20	10	5
9	生化需氧量（BOD$_5$）	400	200	100
10	溶解性	200	100	50
11	悬浮性	200	100	50
12	总有机碳（TOC）	200	60	80
13	化学需氧量（COD）	1000	400	250
14	溶解性	400	150	100
15	悬浮性	600	250	150
16	可生物降解部分	750	300	200
17	溶解性	325	150	100
18	悬浮性	325	150	100
19	总氮（N）	85	40	20
20	有机氮	35	15	8
21	游离氮	50	25	12
22	亚硝酸氮	0	0	0
23	硝酸氮	0	0	0
24	总磷（P）	15	8	4
25	有机磷	5	3	1
26	无机磷	10	5	3
27	氯化物（Cl$^-$）	200	100	60
28	碱度（CaCO$_3$）	200	100	50
29	油脂	150	100	50

2. 城市污水设计水量

城市污水处理厂设计时，有以下几种设计水量。

① 平均日流量（m³/d）　用来表示污水厂的公称规模，并用以计算污水厂年抽升电耗、耗药量、处理总水量、总泥量等。

② 最大日最大时流量（m³/h 或 m³/s）　用来确定管渠和泵站、风机房等设备容量的基本数据。一般情况下，污水厂各构筑物（除水力停留时间超过 5.0h 的构筑物外）应按此流量设计。

③ 平均日平均时流量（m³/h）　当污水厂构筑物水力停留时间大于 4.0h 时，该构筑

物及其后续处理构筑物按此流量校核。

④ 降雨时的设计流量（m³/h 或 L/s） 包括旱季流量和截流（n 倍的初期雨水）流量。须用这种流量校核初沉池及其以前的构筑物或设施，此时初沉池水力停留时间不小于 30min。

⑤ 当污水厂为分期建设时，设计流量用相应的各期流量。

3. 城市污水设计进出水水质设计

（1）设计进水水质

① 生活污水 根据我国近年实测资料，生活污水的 BOD_5 和 SS 设计值可取为：BOD_5 20～35g/（人·d），SS 35～50g/（人·d）。

② 工业废水 工业废水的设计水质按企业实际排水水质数据计算，可由当地环境保护部门或市政部门提供。

③ 城市污水厂设计进水水质 应根据工业废水和生活污水所占比例确定设计进水水质范围，并根据城市污水水质常年监测资料进行对比、参考重点工业企业污染源监测资料，确定污水厂设计进水水质范围。

（2）出水水质标准

①《污水综合排放标准》GB 8978—1996

②《地表水环境质量标准》GB 3838—2002

③《生活杂用水水质标准》GJ 25.1—89

④《农田灌溉水质标准》GB 5084—2005

出水水质校准应根据排放去向、纳污水体功能、与被保护水体的关系由第①或②确定，亦可根据④或③确定。

4. 污水处理程度的确定

城市污水处理程度可按下式计算。

$$\eta_i = \frac{S_{io} - S_{ie}}{S_{io}} \times 100\%$$

式中 η_i——污水某水质项目需处理的程度，%；

S_{io}——污水某水质项目进水指标，mg/L；

S_{ie}——污水某水质项目出水指标，mg/L。

三、城市污水处理工艺的典型流程

1. 水中杂质与处理工艺

从处理方法的作用原理来看，各种方法适合处理不同状态、性质的污染物，如沉淀池适合于处理悬浮液污水，而生物滤池、活性炭吸附则适合于处理溶解性污水。水中杂质与处理工艺的关系详见图 3-1。

2. 城市污水处理工艺典型流程

由于污水来源的多样性和其组成的复杂性，采用的处理方法一般是几种方法的组合而不是单纯一种方法。图 3-2 是城市污水处理的典型工艺流程。其中三级处理一般城市污水厂可能不设置，只有污水需要回用时才设置该级处理。

3. 各级处理方法与处理效果

城市污水各级处理方法和效果见表 3-6。

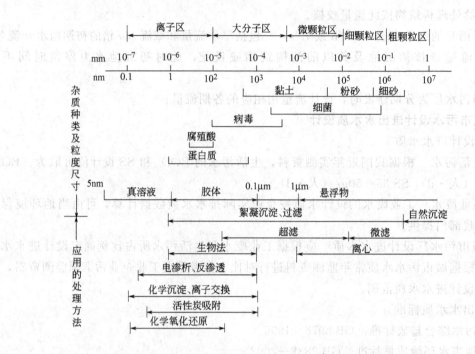

图 3-1　水中的杂质与处理工艺的关系

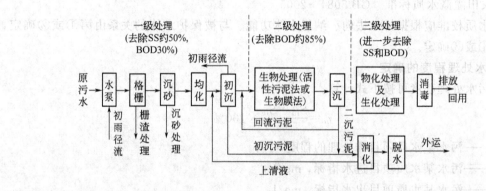

图 3-2　城市污水处理工艺典型流程

表 3-6　各级处理方法与处理效果

级　别	去除的主要污染物	处理方法	处理效果
一级	悬浮固体	沉砂、沉淀	SS 50%、BOD_5 30%
二级	胶体和溶解性有机物、悬浮物	好氧生化处理	SS 80%、BOD_5 85% TN 30%、TP 10%
三级	悬浮物、溶解性有机物和无机盐、氮和磷	混凝、过滤、吸附、电渗析、生物接触氧化、A-O 或 A-A-O 法	SS 40%、BOD_5 60% TN 80%、TP 65%

四、城市污水处理构筑物的选型

同一级处理构筑物，不同的型式具有各自的特点，表现在它的工艺系统、构造形式、适应性能、处理效果、运行与维护管理等。同时，其建造费用和运行费用也存在差异。因此，确定了处理工艺流程后，应进行处理构筑物型式的选择，必要时可通过技术经济比较确定。

1. 一级处理构筑物的选型

（1）格栅

① 按清渣方式选择　每日栅渣量大于 $0.2m^3$，需采用机械格栅；否则采用人工清渣格栅。

② 按保护对象选择　保护入流设施、拦截粗大漂浮物，应选粗格栅，栅条间距 50～100mm。由于栅渣量小，多为尺寸大的物品，故采用人工清渣格栅；保护污水提升泵房，选中格栅，栅条间距 10～40mm（一般为 25mm）；保护曝气扩散器或填料等装置，选细格栅，栅间距 3～10mm。

③ 按占地面积选择　立式格栅，安装倾角 75°～95°，节省占地；倾斜格栅，安装倾角 45°～55°，占地面积大，尤其是大型污水厂，由于格栅井垂直深度大，采用倾斜格栅占地面积会很大。

④ 按栅渣处理方式选择　重力分离渣和水，人工除渣卫生条件差，劳动强度大，投资低；离心分离渣和水，机械破碎、包装栅渣，卫生条件好，机械自动操作，投资高。

⑤ 按运行维护来选择　机械格栅运行费用较高，操作与维修较复杂；非机械格栅操作与维修简单，费用较低。

（2）沉砂池

常用的沉砂池有平流沉砂池、曝气沉砂池、钟式（旋流式）沉砂池。三者的技术特征见表 3-7 所示。

表 3-7　沉砂池的比较

池 型	优 点	缺 点	适用条件
平流沉砂池	构造简单、沉砂效果较好且稳定，运行费用低，重力排砂方便	重力排砂时施工困难，沉砂含有机物多，不易脱水	小型、中型污水厂
曝气沉砂池	构造简单，沉砂效果较好，沉砂清洁易于脱水、机械排砂，能起预曝气作用	占地面积大投资大运行费用较高	中型、大型污水厂
钟式沉砂池	沉砂效果好且可调节，适应性强，占地少、投资省	构造复杂运行费用高	大、中、小型污水厂

（3）沉淀池

按水流形式划分，沉淀池可分为平流式沉淀池、竖流式沉淀池、辐流式沉淀池和斜板（管）式沉淀池。平流式沉淀池静压排泥时，若不设刮泥机，采用多斗则构造复杂。竖流式沉淀池一般可采用单斗静压排泥，不需排泥机械。辐流式沉淀池一般采用刮泥机或吸泥机。大型污水处理厂用平流式沉淀池和辐流式沉淀池作二沉池时，须采用吸泥机排泥，排泥系统较复杂。

各种沉淀池的详细比较见表 3-8。

表 3-8 沉淀池的比较

池型	优 点	缺 点	适用条件
平流式	沉淀效果较好 耐冲击负荷 平底单斗时施工容易、造价低	配水不易均匀 多斗式构造复杂,排泥操作不方便,造价高 链带式刮泥机维护困难	适用地下水位高,大中小型污水厂
竖流式	静压排泥系统简单 排泥方便 占地面积小	池深池径比值大,施工较困难 搞冲击负荷能力差 池径大时,布水不均匀	适用地下水位低,小型污水厂
辐流式	沉淀效果较好 周边配水时容积利用率高 排泥设备成套性能好,管理简单	中心进水时配水不易均匀 机械排泥系统复杂、安装要求高 进出配水设施施工困难	适用于地下水位高、地质条件好、大中型污水厂
斜板式	沉淀效果效率高 停留时间短 占地面积小 维护方便	构造比较复杂 造价较高	适用于地下水位低、小型污水厂

沉淀池产生的污泥常用静压重力法排泥、机械设备排泥,各种排泥方法的比较见表 3-9。

表 3-9 沉淀池排泥方法比较

方 法	优 点	缺 点	适用对象
斗式静压排泥	单斗时操作方便不易堵塞 设施简单造价低	增加池深,池底构造复杂 多斗时操作不方便 排泥不彻底	中小型、含泥量少污水厂
穿孔管排泥	操作简便排泥历时短 系统简单造价低	孔眼易堵塞,池宽太大时不宜采用 泥砂量大时效果差 有时需配排泥泵	小型、含泥砂量少污水厂
吸泥机	排泥效果好 可连续排泥 操作简便	机械构造复杂,安装困难 造价高 故障不多但维修麻烦	大、中型污水厂
刮泥机	排泥彻底效果好 可连续排泥 操作简便	机械构造较复杂 水力部分设备维修量大 还需配排泥管或泵	大、中型污水厂

2. 二级处理构筑物选型

城市污水二级处理的主要方法有活性污泥法和生物膜法两类,两类又有很多具体工艺形式,选用时应根据城市污水构成和水质指标精心论证,尤其是工艺参数的确定最好通过试验来确定。

(1) 活性污泥法

活性污泥法的运行工艺有很多种形式,如传统活性污泥法、阶段曝气活性污泥法、吸附-再生活性污泥法、延时曝气活性污泥法、高负荷活性污泥法、完全混合活性污泥法、深水曝气活性污泥法、深井曝气活性污泥法、纯氧曝气活性污泥法等。这些方法中传统活性污

泥法、吸附-再生活性污泥法、完全混合活性污泥法、延时曝气活性污泥法（又称为氧化沟）
四种方法常用。

阶段曝气法为传统活性污泥法的改进，能适当提高曝气池处理能力（去除率相当时，N_v 及 MLSS 略有提高，HRT 略有降低）。高负荷活性污泥法一般为老系统提高处理水量时的改造形式（N_v 及 N_s 均提高，HRT 降低，但处理效率低只有 70% 左右）。深井曝气活性污泥法、深水曝气活性污泥法、纯氧曝气活性污泥法则为某些特殊情况下采用的方法。

常用的几种活性污泥比较见表 3-10，表中占地面积、投资、构造等仅指曝气池，不包括初沉池、二沉池、污泥回流设施等。

表 3-10　活性污泥法工艺比较

方　法	优　点	缺　点	适用对象
传统活性污泥法	BOD 去除率高达 90%～95% 工作稳定 构造简单 维护方便	占地大投资高 产泥多且稳定性差 抗冲击能力较差 运行费用较高	出水要求高的大中型污水厂
吸附-再生活性污泥法	构造简单维护方便 具有抗冲击负荷能力 运行费用较低 占地少投资省	BOD 去除率 80%～90% 剩余污泥量大且稳定性较差	悬浮性有机物含量高的大中型污水厂
完全混合活性污泥法	抗冲击负荷能力强 运行费用较低 占地不多投资较省	BOD 去除率 80%～90% 构造较复杂 污泥易膨胀 设备维修工作量大	污水浓度高的中小型污水厂
氧化沟法	BOD 去除率 95% 以上 有较高脱氮效果 系统简单,管理方便 产泥少且稳定性好	曝气池占地多,投资高 运行费用较高	悬浮性 BOD 低有脱氮要求的中小型污水厂

除以上几种常用活性污泥法之外，随着城市污水厂出水中 N、P 控制标准的提高（为了防止纳污水体富营养化），A-O 活性污泥法与 A-A-O 活性污泥法得到广泛应用，包括氧化沟法（因具有硝化-反硝化脱氮作用），也得到广泛应用。

① 生物脱氮（A-O）工艺　该工艺是将曝气池分为前段缺氧（DO≤0.5mg/L）和后段好氧（DO=2.0mg/L）。将好氧段出水（氨氮已被硝化），部分回流到缺氧段。在微生物作用下，利用进水中 BOD_5 作碳源，利用硝酸盐中的结合氧，使硝酸氮还原成 N_2 由水中逸出，完成脱氮，进而在好氧段完成 BOD_5 的去除和氨氮的硝化。处理效率，BOD_5 和 SS 为 90%～95%，总氮为 70% 以上。低温时脱氮效果明显下降。

该工艺的基建费高于传统活性污泥法，主要是反应池的总停留时间增加（一般为 8～12h），并增加了内回流系统及搅拌设备，扩大了鼓风曝气系统。

该工艺的用电量和运行费用均高于传统活性污泥法，主要是因为增加了硝化需氧量，按一般城市污水水质计算，总用电量要增加 50% 以上。该工艺适用于大中型污水厂。

② 生物除磷脱氮（A-A-O）工艺　该工艺是将曝气池分为厌氧段、缺氧段和好氧段，

在厌氧段（DO<0.2mg/L），回流污泥与进水混合（BOD$_5$/P 不小于 10），活性污泥向污水中释放磷，同时进水 BOD 下降约 50%，在好氧段污泥又过量吸磷，最后通过排放剩余污泥的方式，将磷去除。而污水在好氧段的氨氮被硝化和通过内回流再回缺氧段的脱氮过程，与 A-O 脱氮工艺一样。处理效率，BOD$_5$ 和 SS 为 90%～95%，总氮为 70% 以上，磷为 90%。

该工艺适用于纳污水体对水质要求（包括对氮和磷的要求）很高时的大型污水厂。由于基建费、用电量和运行费均高于传统活性污泥法，目前从国情考虑，不宜大力推广。

（2）生物膜法

生物膜法处理工艺有生物滤池、生物转盘、生物接触氧化三种形式。它们在工艺构造、运行管理、要求的水质与环境条件、配套设施等方面均有较大差异。

① 生物滤池　具体形式有普通生物滤池、高负荷生物滤池、塔式生物滤池。尽管它们在工艺构造和运行负荷方面有所差异，另外单个塔式生物滤池可能节省占地，但三者均存在占地面积大、卫生条件差、易堵塞、不适宜低温环境等缺点。尽管有运行过程比较省电、进水悬浮性有机物浓度低时管理简单的优点，其应用还是受到限制，仅适用于低浓度、低悬浮物的小型污水厂。

② 生物转盘　其优点是构造简单、动力消耗低、抗冲击负荷能力强、操作管理方便、污泥净生长量小且稳定比较好、不发生污泥膨胀，不需污泥回流，具有脱氮和除磷能力。其缺点是盘片数量多、材料贵，水深浅占地面积大，基建投资大，处理效率易受环境条件影响，卫生条件差（或需加保护罩）。适用于气候温和的地区、水量小的污水厂。

③ 生物接触氧化　其优点是处理能力较大、占地面积省，对冲击负荷适应性强，不发生污泥膨胀现象，污泥产量少且稳定性（比活性污泥）稍好，不需污泥回流，出水水质较好。缺点是布水、布气不易均匀，填料价格昂贵影响基建投资，运行不当易堵塞。适用于悬浮性有机物浓度低的中小型污水厂。

3. 三级处理工艺选择

城市污水经二级处理后，一般能达标排放，但要满足更高水质要求，还需进行混凝法或过滤法、吸附法、臭氧氧化法、电渗析、液氯或次氯酸钠氧化等方法处理。其中混凝、过滤是常用的三级处理方法，有时也使用吸附（如处理水用作循环冷却水系统补充水），而其他方法使用较少。

污水三级处理，又称为深度处理，其目的有以下几方面：①去除处理水中残有的悬浮物（包括微生物絮体）；脱色、脱臭，使水进一步得到澄清；②进一步降低 BOD$_5$、COD、TOC 等指标，使水质进一步稳定；③脱氮除磷，消除能够导致水体富营养化的因素；④消毒杀菌，去除水中的有毒有害物质。

要达到上述第一个目的，可采用过滤、混凝等技术，满足第二个目的可采用混凝、过滤、吸附、臭氧氧化等技术。脱氮除磷则使用 A-O 法或 A-A-O 法，一般与去除 BOD、COD 的活性污泥法一起运行。消毒杀菌，可用臭氧氧化、液氯或次氯酸钠消毒法。

混凝、过滤与吸附方法的比较见表 3-11。表中处理效果是指一般城市污水厂二级处理水采用该法能达到的效果。占地面积、投资、运行费用包括整个系统，而不仅仅是滤池或吸附粒。括号内指接触过滤时的效果。

当城市污水二级处理效果不好，或受纳水体卫生条件要求高时（如水源保护地区）须采用消毒法进行处理。常用消毒方法的比较见表 3-12。

表 3-11　常用三级处理方法比较

方法	净化对象	处理效果/%			工艺系统与设施	运行管理	占地面积	投资	运行成本
		SS	BOD	COD					
混凝	悬浮物有机物	70	40	25	混合、反应、沉淀	简单	大	低	中
过滤	悬浮物有机物	65 (80)	35 (50)	20 (35)	(混合、反应)过滤	复杂	中	中	中
吸附	有机物悬浮物	90	90	80	过滤、吸附	复杂	大	高	高

表 3-12　常用消毒方法比较

方法	优　点	缺　点	适用对象
液氯消毒	效果可靠稳定 投配设备简单 造价运行费低	可能形成有害的氯化有机物	大中型污水厂
漂白粉消毒	漂白粉直投设备简单 运行控制简单 价格低	含氯量低，用量多	小型污水厂
臭氧氧化	效率高并能降解有机物、色、味等 接触时间短且不受 pH 与温度影响 不产生有害副产物	设备复杂，投资高 消耗电能多，运行费用高 需避免残余臭氧	纳污水体卫生条件要求高 的大中小型污水厂
紫外线消毒	效率高 接触时间短 无气味产生 不改变水的理化性质	消耗电能多，运行费用高 照射灯具消耗较高	小型污水厂

第三节　工业废水处理工艺及其选择

由于工业废水的特征与城市污水相差较大，尽管污水处理工艺方案论证应包括的内容、处理方法的原理，构筑物构造及设施或设备均相同，但某种工业污水的处理具体采用什么工艺，却存在很大差异。

一、工业废水特征与处理目标

1. 工业废水特征

（1）工业废水的组成

在工业企业生产区一切生产生活废弃水的总称，为工业废水，其组成如下。

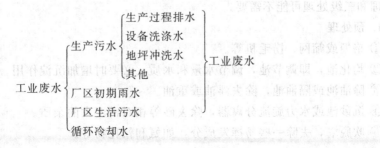

其中，设置露天生产设备的厂区，初期雨水受到工业污染，应纳入污水处理系统。生活污水是指宿舍、办公、食堂、车库建筑物排出的污水，应接受处理。循环冷却水，又称生产废水或洁净废水，于降温池简单处理后利用（如作绿化、地面浇灌）或直接外排。各部分需处理的废水称为工业污水。

（2）工业废水的特点

由于工业企业产品性质的不同，生产工艺过程的不同，工业废水的水量、水质亦不同。这种不同表现在两方面，其一是不同的产品产生的污水不同，其二是同一种产品，因原辅料选用、生产操作状态、技术管理水平甚至工艺路线的不同，所产生的污水不同。

同一种工业废水，随着生产工艺的间歇性、周期性的变化，水质、水量亦会发生周期性的变化，这种变化对污水处理系统的运行会产生影响。因此设计污水处理厂（站）需掌握这种变化，对工业污染源水质、水量变化规律进行调查，并设法改变这种变化。

2. 工业废水处理目标

工业废水经处理后的去向有以下几种途径，直接排入纳污水体、排放进入城市污水系统、重复使用。不同途径，处理后污水应达到不同的标准。

（1）直接排入纳污水体

水体是工业废水的最终出路。此时，排放标准的选择，应根据纳污水体的功能及相关水环境质量标准（如《地表水环境质量标准》GB 3838—2002，《农田灌溉水质标准》GB 5084—2005），参考排污口与水体保护区的关系，在充分利用水环境容量的基础上，按照环境保护部门的要求制定。

（2）排入城市污水系统

无论城市污水系统是否建有城市污水厂，工业废水处理后排放，首先应达到《污水综合排放标准》GB 8978—1996，其次还应考虑工业废水对下水道及其污水处理厂的影响，参考《污水排入城市下水道水质标准》CJ 18—86，或参见参考文献［8］P571。

（3）重复使用

处理后工业废水，若作为建筑、道路和绿化杂用水，排水水质应符合《生活杂用水水质标准》CJ 25.1—89。

处理后污水若作为生产工艺循环用水、循环冷却水系统（补充）用水，应按用水系统水质状况及相关水质标准综合分析（包括必要的试验）后确定。

二、工业废水处理方法

工业废水水质、水量与处理后水质标准确定后，应确定污水处理的要求，根据此要求和污水的特征与状态，来选择处理工艺。工业废水处理可能的基本工艺路线见图3-3。该基本工艺流程反映出不同的处理水去向及相应处理程度。当污水水质变化或处理要求低时，图中预处理和三级处理可能不需要。

1. 预处理

① 格栅或筛网、捞毛机等。

② 均化池，即调节池，调节水量和水质，必要时增加沉淀作用。

③ 除油池或隔油池，除去浮油或重油。

④ 沉砂池或水力旋流分离器，除去砂等相对密度大的杂质。

⑤ 吹脱塔，去除一些易挥发成分，如氨和氰化物等。

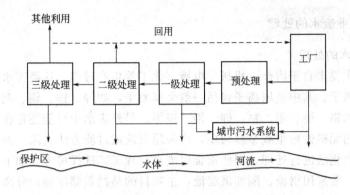

图 3-3 工业废水处理可能的基本工艺路线

⑥ 冷却池，降低水温同时起沉淀作用。

⑦ 加热池（塔），若一级处理采用厌氧反应器，且要维持温度较高并稳定时采用。

2. 一级处理

① 沉淀池，也可能是絮凝沉淀池，去除悬浮物和胶体。

② 中和池，或中和沉淀池、中和滤池，主要是调整污水 pH 值，亦可能去除部分悬浮物。

③ 化学沉淀池，以化学反应去除一些重金属离子或溶解些无机盐、有机物。

④ 气浮池，除去浓度较高的乳化油，或相对密度小难于沉淀的悬浮物。

⑤ 厌氧生物处理装置，主要降解高浓度（$BOD_5 > 1000mg/L$）有机污染物，如生物水解酸化池，厌氧反应装置（如 UASB、UF、UBF 等）。

3. 二级处理

① 好氧生物处理，如活性污泥法或生物膜法，去除低浓度（$BOD_5 > 1000mg/L$）的悬浮态、胶态、深解态有机污染物。

② 过滤，或接触过滤、微滤机等，进一步去除细小悬浮物和胶体。

③ 化学氧化或还原，如臭氧氧化、电解等，去除一些化学法不能去除的重金属离子和无机盐。

4. 三级处理

① 生物氧化塘，或生物滤池、污水土地处理系统，进一步去除可溶性有机物、无机盐、重金属离子等。

② A-O 或 A-A-O 工艺，对氮和磷有更高处理要求时采用的活性污泥法。

③ 化学氧化或还原，如臭氧氧化、药剂还原、电解等，作用对象同二级处理。

④ 离子交换，去除溶解盐（阴、阳离子）。

⑤ 吸附，去除可溶性有机物、重金属盐等。

⑥ 电渗析、反渗透、超滤等，进一步去除溶解盐、大分子物质和超微细颗粒。

确定工业废水处理工艺时，应根据水质指标和处理要求，分析废水中污染物构成、污染物化学性质、污染物生物降解性、污染物在水中的存在状态（密度、粒度、溶解度），参照各级处理方法的作用与去除对象，选择所需各级方法，组合形成处理工艺方案。由于工业废水性质差异和变化很大，在分析处理工艺所用方法时，应参考类似企业废水的处理工艺及运行效果。若无类似治理工程可参考，最好通过试验来确定所要选的处理工艺。

三、各类工业废水的处理

1. 重金属废水的处理

重金属废水主要来自于冶金、机械、电镀、化工等生产过程。这类废水含有粉尘、细小金属杂质、金属离子。其中金属离子包括一般金属离子，如锌、铁、锡、铜，还有毒性很大的重金属离子，如铬、镉、汞、钴、砷、铅、镍等。另外废水中可能还存在一定的矿物油。

该类废水中的无机性粉尘或金属杂质，可采用沉淀或过滤方法去除，而对于金属离子则需采用化学法或物化法进行处理。因此重金属废水处理工艺选择可考虑如下要点。

（1）预处理　常采用格栅、隔油沉淀池，主要目的是拦截漂浮物，分离浮油，沉淀去除重油及大颗粒金属杂质。

（2）一级处理　常采用沉淀、混凝沉淀方法，主要去除悬浮性无机粉尘，细小金属杂质，通过混凝沉淀（如用石灰乳和碱式氯化铝联合混凝）可去除部分重金属离子（如铅、铬、铜、镉等）。

（3）二级处理　常采用过滤、化学还原、电解还原方法。若经一级处理后，还有部分微小悬浮物未去除，可采用过滤法除去，若其中的溶解性重金属离子不能由混凝、化学沉淀法去除，则可考虑将其还原成低价离子或金属去除，如 Cr^{6+} 的化学还原法处理，Cu^{2+} 及 Hg^{2+} 的铁屑还原法处理。

（4）三级处理　常采用吸附、离子交换、电渗析等方法，用来去除废水中二级处理不能去除的溶解性重金属离子。

2. 含油废水的处理

含油废水主要来自于石油、石油化工、轻工、钢铁、机械加工、焦化等生产过程。石油、石油化工、轻工生产排放的含油的废水一般为有机废水；钢铁、机械加工、焦化生产则排放无机性含油废水。这类无机性含油废水，含油浓度不太高，一般通过隔油池、除油机等方式预处理，再按无机废水处理工艺处理即可。

有机性含油废水含油浓度较高。油在水中可能以浮油、分散油、乳化油和溶解油等形式存在，一般须先将浮油和分散油部分去除，再以生物化学处理方法处理。

不同形式的油，应采取不同方法去除。浮油、分散油可以采用隔油池，依靠油自身上浮聚集来去除。乳化油可能占较大比例，应采用表面活性剂使油珠破乳，形成非乳液再去除，如采用气浮法。溶解油粒径小至几纳米，一般方法难以去除。但其含量与比例较低，一定要处理时，可采用吸附法进行净化。

3. 无机废水的处理

含有机污染物少的这类无机废水，来源广泛，如无机化工（化肥、硫酸及氯碱工业等）、机械、建材、木材加工、烟草等行业。其主要污染物为酸或碱、悬浮物、溶解盐等。对于酸或碱，可采用中和法（中和沉淀法）处理，酸或碱浓度过高时，应考虑回收利用。对于悬浮物或胶体可采用沉淀、混凝等方法去除，而溶解盐的去除，主要应依靠吸附、离子交换、电渗析、反渗透等方法。

4. 有机废水的处理

有机废水来源广泛，差异很大。按浓度划分，有机废水可分为高浓度（$BOD_5 >$ 1000mg/L）有机废水和低浓度有机废水。按污染物构成与性质划分，可分为有机性有机废水和混合性有机废水（有机物和无机物均占较大比例）。按有机污染废水的可生化性，可分为易生化（$BOD_5/COD>0.45$）、可生化（$0.3<BOD_5/COD<0.45$）、难生化（$0.25<BOD_5/COD<0.3$）和不可生化（$BOD_5/COD<0.25$）四种类型有机废水。

有机废水中有机污染的可净化性，除了通过可生化性来衡量外，还可以有机污染物的可吹脱性（在常温常压或减压条件下，低沸点、易吹脱的有机性污染物能通过吹脱予以除去的特性）、可化学氧化性（在催化剂条件下被氧化，或在强氧化剂，如臭氧、过氧化氢等作用下进行氧化分解的特性）、可吸附性（被活性炭吸附剂除去的特性）、可燃烧性（在热或火焰作用下表现出有机物被氧化破坏的特性）来衡量。

（1）易生化有机废水的处理

这类废水一般来自于食品工业、农牧产品加工业。有机污染物浓度较高，但无机盐、有机毒物等污染较少，如淀粉废水、制糖废水等。

该类废水按沉淀、厌氧、好氧的基本工艺路线处理，即可达到处理目标。浓度很高时须采用厌氧装置处理，浓度低时仅采用好氧生物处理即可。属于这两者之间，可以用厌氧生物水解（酸化）代替沉淀和厌氧。

（2）可生化有机废水的处理

这类废水有机污染物浓度较高，可以生物降解，但废水中含有有害污染物。如制药废水中的抗生素残留物，化工废水中的油、溶媒等。

该类废水通过以下基本工艺路线可以达到处理目标，即预处理、厌氧处理、好氧处理。预处理的目的是要去除一些有害物质，或将难降解的有机物转化为易降解有机物。预处理可以采用的方法有混凝沉淀、气浮、酸解或碱解、化学预氧化、微生物水解（酸化）。可以按有机废水有害物质的种类和浓度高低来选择预处理方法。

（3）不可生化有机废水的处理

这类有机废水不可生物降解，具有两方面含义。其一是废水含有可生物降解有机物，但废水中有机与无机有害物质、无机盐等污染物浓度更高，尽管可以采用生物化学法处理，但其处理工程的技术效果和经济性均不是太理想，如有机磷、染料、造纸废水等。其二是废水中有机污染物根本就无法生物降解，如农药、涂料、草浆黑液等废水。

对于后者，无法采用生物化学法处理，应该通过化学方法（如强氧化、催化氧化）、物理化学方法（如吸附）和其他方法（如湿式氧化或燃烧）处理。

对于前者，可采用第（2）条中的基本工艺路线，只是预处理须强化其作用，势必造成投资和运行费用的提高。

第四章 污水处理工程的方案比较

第一节 污水处理工程方案比较的内容

一、污水处理工程的方案比较层次

污水处理工程方案比较，涉及以下几个方面。

① 污水处理系统的基本工艺路线比较，许多污水（尤其是工业污水）处理的基本工艺路线有许多差异较大的形式，如酒精糟液可以按照厌氧-好氧的生物处理路线进行处理，亦可以按照分离-烘干的基本工艺路线进行处理。制浆黑液处理有碱回收、物化-生化两种不同基本工艺路线。基本工艺路线选定之后，只需要确定具体处理设施或设备，补充部分辅助工艺装置即可。

② 各处理单元的构筑物或设施形式、结构材料、控制方式的比较。比较结果对技术效果、工程造价、运行管理均会有影响。

二、污水处理工程的方案比较内容

1. 工程的技术比较

一般在经济合算的原则下，比较其技术，包括污水、污泥处理工艺技术、主要单体的结构技术、自动控制技术等方面是否先进合理。

比较污水处理工艺技术水平时，应比较污水处理基本工艺路线与主要处理单元的技术先进性与可靠性，运行的稳定性与操作管理的复杂程度，各级处理的效果与总的处理效果，出水水质，处理后污水、污泥的出路及其利用价值，处理厂（站）占地面积，施工难易程度，劳动定员等。例如，可通过比较单位水量或 COD 去除量的投资和运行费用，比较总体工艺的技术水平，比较容积负荷反映处理单元的技术水平。

2. 工程的经济比较

污水处理方案比较，一般选择技术上先进合理的几个方案来比较其经济合理性，即技术上均满足要求的情况下，看哪个方案更加"多、快、好、省"。

经济比较包括以下指标：工程总投资（包括工程造价和其他费用，如征地费、建设管理费、技术培训费、勘测设计调试费等）、经营管理费用（如折旧与大修费、管理费用等）和处理成本（污水污泥处理过程所发生的各费用）。

在技术论证的基础上，污水处理工程方案，还需进行技术经济比较。

第二节 污水处理工程的技术经济指标

一、污水处理工程的技术经济指标的内容

为满足给排水工程项目概预算、经济评价以及投资决策的需要，国家城市给水排水工程

技术研究中心组织中国市政工程华北、东北、西北、西南、中南设计院共同编写了《给水排水工程概预算与经济评价手册》，主要包括两方面内容：①给水排水工程综合技术经济指标；②排水工程单项构筑物技术经济指标。

1. 综合技术经济指标

是综合基本建设工程方面的各项经济指标，未包括经营处理和其他方面的经济因素。综合指标包括直接费、施工管理费、临时设施费、劳保基金、法定利润、税金、独立费用和其他费用。指标中其他费用包括：建设单位管理费、生产职工培训费、科研试验费、办公及生活家具购置费、勘察设计费和预备费等，不包括三通一平、土地征用、赔偿等费用。

排水枢纽工程综合指标划分为三种：①污水工程综合指标，分为污水管道和污水处理厂；②雨水管（渠）综合指标；③排水泵站综合指标，分为污水泵站和雨水泵站。

综合指标中还包括了投资指标、设备指标、用地指标、人工指标和材料指标。

① 投资指标　综合指标中投资指标是工程的全部投资，包括了间接费用和其他费用。

② 设备指标　指主要设备（不包括备用设备）的功率计算，主要是指保证处理过程正常运行的设备，如泵、风机、反应与搅拌设备、刮（吸）泥设备等污水污泥处理设备，次要设备如起重机及照明未计算在内。

③ 用地指标　是指生产所必需的土地面积，不包括预留远期发展的用地和卫生防护地带的用地。

④ 人工指标　是指基本建设所需的实耗工日，即预算定额中规定的人工工日数，不包括管理人工在内。

⑤ 材料指标　是指预算定额用量计算，各类材料有：a. 钢材，包括各种规格的钢筋、型钢及钢板，不包括铁件、铁钉及铁丝等；b. 水泥，不分品种与标号；c. 木材，不分成材、原木，按定额消耗量计算；d. 金属管材，包括各种钢管、铸铁管及其管件，不包括闸阀；e. 非金属管材，按所用陶土管、混凝土管、钢筋混凝土管或石棉水泥管成品计算。

由于综合指标系按北京市 1992 年的工料预算价格及费率标准，选用时应进行价差调整。某些特殊气候、特殊地质条件的影响，应参照相关工程调整。

2. 单项构筑物技术经济指标

单项构筑物技术经济指标中投资指工程直接费，不包括工程间接费和其他费用。

单项构筑物技术经济指标内简要说明了该项构筑物的工艺标准、结构特征、主要设备和简图，以便选用时参考比较，选用时应根据设计标准、地区条件等差异进行调整。

单项构筑物技术经济指标，分为直接费（分为土建、配管及安装、设备三部分）、主要工程量、主要工料三部分指标。

单项指标分为构筑物（包括一组构筑物）面积指标或体积指标、过滤面积或容积指标、长度指标或水量指标等。

二、评价设计方案的技术经济指标

上述污水工程的综合技术经济指标和单项构筑物技术经济指标，反映基本建设工程的投资费用构成，是方案设计确定工程投资的基础，亦是方案评价时的基础。

评价设计方案的技术经济指标分为两种，第一种是主要指标，表示整个工程的经济性；第二种是辅助指标，表示设计方案中某些问题的经济性。

设计时不仅要保证建设项目在建设过程的经济性，也要保证使用过程的经济性。因此，设计方案的技术经济指标又可分为建设时期指标和使用时期指标。

主要指标和辅助指标是互相补充的，但评价设计方案经济性时必须以主要指标为主，辅助指标作为必要的补充。这就是说，要在主要指标分析的基础上，着重分析和解决辅助指标所反映的薄弱环节。一个设计方案的经济效果指标不可能全部优于另一方案，因此多指标比较方案，除注意可比性外，还必须结合不同时期、不同地区的实际，即考虑各项主要指标的比较，也考虑辅助指标的比较。在特定情况下，某些辅助指标，有时反而在决定中起重要作用，例如，当能源缺乏时，能源消耗指标就很重要，在气候寒冷的地区，劳动力消耗指标就成为确定方案的重要因素。

建设时期与使用时期，衡量设计方案经济性的主要指标和辅助指标，参见表 4-1。

表 4-1　评价设计方案的技术经济指标

序号	建 设 时 期	序号	使 用 时 期
	主要指标		主要指标
1	基本建设投资总额/万元	1	经常费/万元
2	单位生产能力投资/（元/单位产量）		（1）工业项目按年生产成本费或单位产品成本
3	单方造价/（元/m²）		（2）民用建筑按年使用费（包括折旧、维修、采暖、电
4	建设工期/月		梯费等）
5	建设安装投资占投资的比重/%	2	劳动生产率/（元/人年、实物/人年）
		3	劳动生产率/（元/人年、实物/人年）
		4	利润
		5	投资回收期/（年、月）
		6	投资效果系数
	辅助指标		辅助指标
1	建筑体积系数	1	原料、燃料、动力消耗
2	劳动耗用量/（工日、工时）		（1）总费用
3	主要材料消耗		（2）实物量/（t、m³、kW·h、kW 等）
	木材/m³、水泥/kg、钢材/t	2	厂内运输费/万元
4	建筑密度	3	工程管线使用费/（万元/m）
5	装配系数	4	建筑物使用期限/年
6	建筑自重/（kg/m³）		
7	能源消耗（施工、运输的能耗、用实物计量）		

第三节　污水处理工程设计方案的经济比较方法

设计方案经济效果的比较，有指标对比法和经济评价法两种。对于大中型基本建设项目和重要的基本建设项目，应按经济评价法进行设计方案的评价，对于小型简单项目可按指标对比法进行评价。

一、指标对比法

当几个方案的各项指标计算出来以后，将每一项指标与其他方案的相应指标逐项进行对比，较小的指标数值即反映了较大的经济效果。这样，全面分析各指标所体现的经济效果即可选出推荐方案。表 4-2 为各项指标对比的比较表。

表 4-2　污水工程方案技术经济比较表

序号	指 标 名 称	单 位	第一方案	第二方案
1	一、主要指标			
	基建投资 K			
	(1) 准备工程费	万元		
	(2) 主要工程基建费	万元		
	(3) 其他工程费用	万元		
	(4) 建设单位管理费及生产人员培训费	万元		
	(5) 施工大型临时施设费及施工机械	万元		
	(6) 未预见费	万元		
2	年经管费 S	万元/年		
	(1) 折旧提成	万元/年		
	(2) 工资福利	万元/年		
	(3) 电费	万元/年		
	(4) 药剂费	万元/年		
	(5) 检修维护费	万元/年		
	(6) 其他费用	万元/年		
3	总费用 $W=K+tS$	万元		
1	二、辅助指标			
	占用土地	亩		
2	基建劳动力	工		
3	主要材料消耗			
	(1) 钢材	t		
	(2) 水泥	t		
	(3) 木材	m^3		
	(4) 金属管	t		
	(5) 非金属管	t		

注：总费用　$W=K+tS$（万元）

式中　t——资金偿还期，年；K——基建投资，万元；S——年经管费，万元/年。

主要指标体现了方案的建设总费用、项目建成后经营管理总费用等其他费用，所以应首先进行主要指标对比。对比时，若某方案的建设投资与年经营费用两项主要指标均为最小，一般情况下此方案是可以推荐的。但在对比时，经常会遇到建设投资与年经营费用两项主要指标数值互有大小的情况，采用逐项对比法产生一定困难。这时，一般可采用辅助指标对比，这种对比法反映了某些具体问题，如占地多少，需要材料、设备当地能否解决等。

二、经济评价法

经济评价是建设项目可行性研究的有机组成部分和重要内容，它是在项目决策前可行性研究过程中，采用现代分析方法对拟建项目计算期（包括建设期和生产使用期）内投入产出诸多经济因素进行调查、预测、研究、计算和论证，遴选推荐最佳方案，作为项目决策的重要依据。

1. 经济评价的目的

经济评价的目的在于最大限度地提高投资效益，如何以较小的投资、较短的时间、较少的投入获得最大的产出效益。

2. 经济评价的作用

经济评价可以合理地确定污水处理项目的处理成本、年经营费用和排污收费标准，选择最佳设计和投资方案，起到预测投资风险，提高投资盈利率的作用。同时也可以从宏观的、综合平衡的角度考察项目对国民经济的净效益，借以鼓励或抑制某些行业或项目的发展，指导投资方向，促进国家资源的合理配置。

3. 经济评价的层次

我国现行的项目经济评价分为两个层次，即财务评价和国民经济评价。财务评价是在国家现行财税制度和价格的条件下，从企业财务方面再度分析、预测项目的费用和效益，考察项目的获利能力、清偿能力和外汇效果等财务状况，以判别项目在财务上的可行性。国民经济评价是从国家、社会的再度考察项目，分析计算项目需要国家付出的代价和对国家与社会的贡献，以判别项目的经济合理性。一般情况下，作为城市基础设施项目应以国民经济评价结论作为项目取舍的主要依据。

4. 可行性研究阶段的经济评价

可行性研究阶段的经济评价任务，是在完成市场需求预测、厂址选择、工艺技术方案选择等可行性研究的基础上，对拟建项目投入、产出的各种经济因素进行调查、研究、预测、计算及论证，运用定量分析与定性分析相结合，动态分析与静态分析相结合，宏观效益分析与微观效益分析相结合的方法，遴选推荐最佳方案。其主要计算指标有内部收益率、净现值、投资利润率、投资回收期。对大中型重要基本建设项目应使用影子价格、影子汇率、社会折现率等国家参数，计算相应的国民经济评价指标。

5. 财务评价与国民经济评价

给水排水建设项目财务评价的主要方法是静态计算和动态计算相结合，对相关的基础数据进行分析、计算和整理，最终得到结论性的数据，这种数据就是财务评价指标。将具体建设项目的指标与国家或部门规定的基准参数进行比较，从财务方面再度衡量建设项目的可行性。

基础数据通常归纳为7个基本财务报表，即投资来源和使用计划表、借款利息计算表、总成本表、利润表、现金流量表、借款偿还平衡表。通过这些报表可直接或间接求得财务评价指标，并可进一步进行财务盈利性分析、清偿能力分析、资金构成分析、资金平衡分析和其他比率分析，主要财务评价的动态指标是财务内部收益率，静态指标是投资回收期、借款偿还期、投资利润率和投资利税率。

国民经济评价在评价角度、评价目的、收益计算范围、评价指标、计算基础与评价效果等方面，与财务评价均不同。

第四节　污水处理工程的建设投资和经营管理费用

从工程经济角度来讲，建设项目的综合经济评价应包括项目的建设总费用以及投产后的生产经营管理总费用两大部分的综合评价，尽管计算方法多种多样，但都反映了工程投资估算与经济评价成果的实质关系。

给水排水工程建设项目从可行性研究、设计、施工到投产运营各阶段，由于不同深度要求的工程估价与经济评价在同一项目中先后进行，它们之间具有内在的有机联系，其计算内容不尽相同，却具有共同的目的性，都是为了考察建设项目投资行为的合理性，通过分析比较选优，使建设项目总费用最低、效益最佳。

一、基本建设投资

基本建设投资是以货币表现的基本建设工作量，反映基本建设规模和建设进度，是经济评价十分重要的基础数据，直接影响经济评价的准确程度。

基本建设投资由工程建设费用，其他基本建设费用，工程预备费，设备、材料价差预备费和建设期利息组成。在估算和概算阶段通常称工程建设费用为第一部分费用，其他基本建设费用为第二部分费用。其按时间因素分为静态投资和动态投资。静态投资指第一部分费用、第二部分费用和工程预备费。动态投资指包括设备、材料价差预备费和建设期利息的全部费用。

1. 第一部分费用——工程建设费用

工程建设费用由建筑工程费用、设备购置费用、安装工程费用、工器具及生产用具购置费等组成。

① 建筑工程费用由直接费、间接费、计划利润和税金组成。建筑工程项目包括一切构筑物（如各种水池、渠、井等）、建筑物，设备和管道的土方与基础工程，场地准备、厂区整理、道路和绿化等。

② 设备购置费用由设备本身价值和设备运杂费组成，包括一切需安装与不需安装的设备。

③ 安装工程费由直接费、间接费、计划利润和税金组成，指需要安装的设备和管道的装配、安装制作工程，被安装的设备的绝缘、保温和油漆等工程，为测定设备安装工程质量对单个设备进行试车的费用等。

④ 工器具及生产用具购置费为设备购置费与规定费率的乘积，指车间、实验室等的应配备的各种工具、器具、仪器及生产用具的购置费。

2. 第二部分费用和其他基本建设费用

其他基本建设费用是根据有关规定应列入投资的一些费用，包括土地、青苗等补偿和安置费，建设单位管理费，研究试验费，生产职工培训费，办公和生活家具购置费，联合试运转费，勘察设计费，供电贴费，施工机械迁移费，引进技术和进口设备的其他费用等。

3. 工程预备费

指建设项目在批准的建设投资范围内，修改设计增加的费用；由于一般自然灾害所造成的损失和预防自然灾害所采取的措施费用；在上级部门组织竣工验收时为鉴定工程质量必须开挖和修复隐蔽工程的费用。

4. 设备、材料价差预备费

设备、材料价差预备费指价格浮动引起的造价变化。此项费用根据建设周期、物价上涨指数和建设进度综合计算。

5. 建设期利息

指项目的借贷资金在建设期的利息，生产期的利息不计入投资之内。

以上基本建设投资构成，可以通过图4-1反映。

二、可行性研究阶段污水处理工程直接费

1. 单项构筑物土建工程

按水质水量要求与工艺流程查用相应的综合经济指标估算工程总的土建直接费；

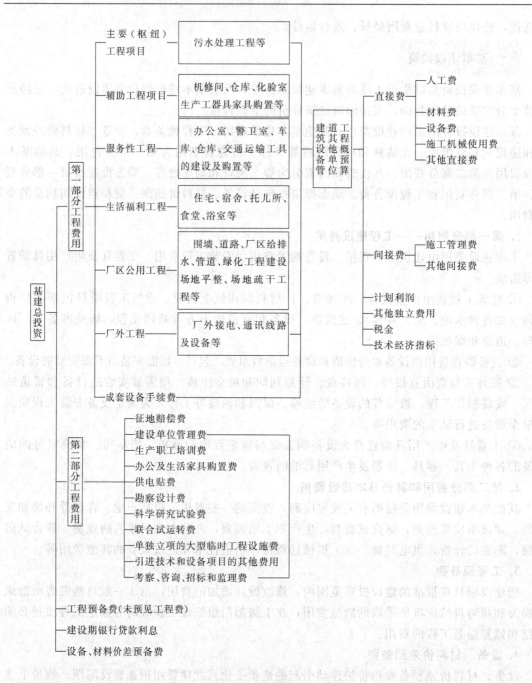

图 4-1　基本建设投资构成

按单项构筑物技术经济指标乘以量差、价差系数估算单位工程土建直接费；

按主要工程量及概算（估算）指标、地区价格调整计算单位工程土建直接费。

2. 设备及安装工程

根据设计方案采用的主要设备与非标设备逐一列项，汇编设备概算（估算）价格；

次要设备及零部件加工按主要设备估算价格的费率计算；

安装工程直接费按设备估算价格比例计算；

引进设备费用按设备报价及专门规定单独列项计算。

3. 管道与渠道工程

根据方案提出的不同管材、口径、长度查管渠技术经济指标乘以价差系数计算；

根据方案提出的处理规模工艺流程、污水厂（站）面积、管渠及其附件规格查用相应污水厂总图单项指标计算。

4. 附属建筑物工程

根据方案的建筑面积、标准，按照地区工业与民用建筑经济指标进行价差调整估算；

按类似建筑物技术经济指标进行量差、价差估算。

三、经营管理费用

1. 固定资产折旧（A_1）

指可提折旧固定资产与建设期贷款利息之和乘以折旧提存率。

可提折旧固定资产包括第一部分费用、建设单位管理费、科研试验费、联合试运转费、勘察设计费、引进技术和设备费用、工程预备费。

折旧提成率＝[（1－净残值）/折旧所限]×100％

国家规定城市公用事业企业单位固定资产报废时的净残值为4％。

建设部、财政部规定了城市公用事业企业单位固定资产分类折旧年限，见表4-3。

表 4-3　固定资产折旧年限

序　号	分　　类	折旧年限	序　号	分　　类	折旧年限
一	自来水		3	电器设备	18
1	厂区工艺管道	30	4	载货汽车	12
2	输送管道	管网基金	5	载人汽车	15
3	水泵	20	6	自动化控制设备	10
4	电动机	20	四	房屋	
5	液氯钢瓶	复置金	1	生产用房	30～50
6	水表	复置金	2	非生产用房	40～60
7	挖泥船	20	五	公用企业专用建筑物	
8	泵船		1	清水池	30
	其中：钢质船	25	2	水塔	30
	木质船	15	3	沉淀池	30
	水泥船	20	4	专用深井	20
二	各种专用仪器仪表	10	5	露天库	20
三	通用设备		6	电缆沟道	20
1	起重设备	14	7	暖气沟道	20
2	动力设备	20	8	修车槽	30

折旧提成率也可以按综合折旧提成率，污水工程项目取5.3％。

2. 大修理基金（A_2）

企业用于固定资产大修理的专用基金，指可提折旧固定资产与建设期利息的和乘以大修提存率。

现行财务评价通常采用的理论大修提存率，污水项目为1.7％～2.0％。

3. 维护费（A_3）

指固定资产的备品备件、低值易耗和固定资产的经常维护修理费。一般取固定资产的

1‰为综合费率。

4. 电费（A_4）

指企业运行的动力费用，其值为：

$$运行时设备开机功率之和×开机时间×电价$$

5. 药剂费（A_5）

各种药剂的使用量乘以单位药价。

6. 工资福利费（A_6）

根据方案确定的劳动定员，乘以平均工资（按当地同行业实际水平定）计算。

7. 其他费用（A_7）

如水费、蒸汽费用，按方案设计用量×单位价格计算。

8. 管理费及其他（A_8）

指企业为组织、管理全企业生产和全企业生产服务所发生的费用。按以上 7 项之和乘以综合费率计算。综合费率一般取 10%。

9. 直接经营费（S）

即污水处理成本

$$S = A_3 + A_4 + A_5 + A_6 + A_7 + A_8$$

污水处理单位成本（M）

$$M = \frac{S}{365Q}（元/m^3）$$

式中　Q——污水平均日处理水量，m^3/d。

第五章 污水处理厂设计

第一节 污水厂设计的内容及原则

一、污水厂设计内容

污水要达标排放，一般需经预处理、一级处理、二级处理才能达到要求，甚至需要三级处理才能达到目的。城市污水和工业废水处理的典型流程分别见图 3-2 和图 3-3。

污水厂的设施，一般可以分为处理构筑物、辅助生产构（建）筑物、附属生活建筑物。

根据污水的特征、水质、水量、处理后排放标准，比较确定了污水处理方案之后，就应根据批准的设计方案，去完成设计计算与绘图工作。

污水厂处理工艺设计一般包括以下内容：根据城市或企业的总体规划或现状与设计方案选择处理厂厂址；处理工艺流程设计说明；处理构筑物型式选型说明；处理构筑物或设施的设计计算；主要辅助构（建）筑物设计计算；主要设备设计计算选择；污水厂总体布置（平面或竖向）及厂区道路、绿化和管线综合布置；处理构（建）筑物、主要辅助构（建）筑物、非标设备设计图绘制；编制主要设备材料表。

二、污水厂设计原则

① 污水厂的设计和其他工程设计一样，应符合适用的要求，首先必须确保污水厂处理后达到排放要求。考虑现实的经济和技术条件，以及当地的具体情况（如施工条件），在可能的基础上，选择的处理工艺流程、构（建）筑物型式、主要设备、设计标准和数据等，应最大限度地满足污水厂功能的实现，使处理后污水符合水质要求。

② 污水厂设计采用的各项设计参数必须可靠。设计时必须充分掌握和认真研究各项自然条件，如水质水量资料、同类工程资料。按照工程的处理要求，全面地分析各种因素，选择好各项设计数据，在设计中一定要遵守现行的设计规范，保证必要的安全系数。对新工艺、新技术、新结构和新材料的采用持积极慎重的态度。

③ 污水处理厂（站）设计必须符合经济的要求。污水处理工程方案设计完成后，总体布置、单体设计及药剂选用等要尽可能采取合理措施降低工程造价和运行管理费用。

④ 污水厂设计应当力求技术合理。在经济合理的原则下，必须根据需要，尽可能采用先进的工艺、机械和自控技术，但要确保安全可靠。

⑤ 污水厂设计必须注意近远期的结合，不宜分期建设的部分，如配水井、泵房及加药间等，其土建部分应一次建成；在无远期规划的情况下，设计时应为今后发展留有挖潜和扩建的条件。

⑥ 污水厂设计必须考虑安全运行的条件，如适当设置分流设施、超越管线、甲烷气的安全贮存等。

⑦ 污水厂的设计在经济条件允许情况下，厂内布局、构（建）筑物外观、环境及卫生等可以适当注意美观和绿化。

第二节　污水厂厂址选择

污水厂厂址选择是进行设计的前提，应根据选址条件和要求综合考虑，选出适用可靠、管道系统优化、工程造价低、施工及管理条件好的厂址。选址时，应考虑以下几方面。

① 应符合城市或企业现状和规划对厂址的要求。

② 应与选定的污水处理工艺相适应，如采用稳定塘或土地处理系统等处理工艺时，必须有适当可利用的土地面积。

③ 厂址选择，应尽量做到少占农田和不占良田，选择在有扩建条件的地方，为今后发展留有余地。

④ 厂址必须位于给水水源下游，并应设在城镇、居住区夏季主风向的下风向，为保证卫生防护要求，厂址应与城镇、厂区、生活区及农村居民点保持一定的距离，但也不宜太远，以免增加管道长度，提高造价。

⑤ 厂址应在工程地质条件较好的地方，在有抗震要求的地区还应考虑地震、地质条件。目的是减少基础处理和排水费用，降低工程造价并有利于施工。一般应选在地下水位较低、地基承载力较大，湿陷性等级不高，岩石无断裂带，以及对工程抗震有利的地段。

⑥ 厂址应尽量选在交通方便的地方，以利施工运输和运行管理，否则就要增辟道路，增加工程量和工程造价。

⑦ 厂址应尽量靠近供电电源，以利安全运行和降低输电线路费用。对大型或不允许间断供水的工程需要连接两路电源。

⑧ 当处理后的污水或污泥用于农业、工业或市政时，厂址应考虑与用户靠近，或方便运输，当处理水排放时，应与受纳水体靠近。

⑨ 厂址不宜设在雨季易受水淹的低洼处，要考虑不受洪水威胁，防洪标准应不低于城镇或工厂防洪标准，有良好的排水条件。

⑩ 要充分利用地形，应选择有适当坡度的地区，以满足污水处理构筑物高程布置的需要，减少土方工程量。若有可能，宜采用污水不经水泵提升而自流进入处理构筑物的方案，以节省动力费用，降低处理成本。

第三节　污水处理工艺设计

污水处理工程工艺设计是整个工程设计的基础，起主导作用，常常会碰到一些值得思考的问题。

一、污水处理厂规模

污水处理厂的设计规模是指进厂污水多年平均的每日水量数值，包括旱流污水量，也可能包括部分雨水量，宜按城镇或工厂排水系统多年统计数据确定。处理设施和管渠的设计流量根据处理厂规模，参照相关设计规范合理确定。污水处理厂设计规模的准确确定，有利于污水处理工程的设计与发展（分期建设）有效进行。但城市或企业污水处理厂都存在设计规模与实际情况相脱节的现象，值得分析。具体原因很多，例如以下情况。

① 污水处理规模难以准确掌握，尤其是服务对象处于较快的发展阶段时。

② 市政建设不配套，污水处理厂建成后长期达不到设计规模。

③ 企业生产长期不正常，污水量达不到设计规模，或原设计的低浓度污水未并入。

④ 排水系统改造，服务面积增大，污水处理厂建成后马上要扩建。

⑤ 由于资金限制，污水处理规模设计只设计一部分，当环保管理严格时全部污水需处理，污水处理厂需扩建。

⑥ 企业产量成倍增长，污水量大增，污水处理厂建成后满足不了实际处理规模。

⑦ "三同时"建设的污水处理厂，为保证污水处理安全达标，污水处理规模估算过大。

⑧ 由于污水水质预测不准或设计单位技术未完全掌握，主要处理单元能力不够，污水处理厂（站）建成后即需扩建。

二、进出污水水质

1. 进水水质预测

目前存在的常见问题是进水水质预测值与实测值有较大差异。城市污水厂预测值往往偏高，原因包括：污水收集系统不配套；某些工业废水浓度较高；居民楼或小区已建化粪池，粪便污水浓度降低；生活用水量和市政用水量增大，污染物浓度得到稀释，雨水大量汇入。

工业污水厂预测值有时偏高，原因是企业和设计单位为了提高污水处理达标的可靠性，增大处理工艺的效率，过大预测水质。有时偏低，原因是对生产工艺及污染排放不了解，高浓度污水水质预测偏低，或高浓度污水水量估算过低。

2. 处理后出水水质标准

污水处理厂出水水质标准是按排水水域类别，依照国家或地方现行污水综合排放标准或行业污水排放标准，由当地环保部门制定的。现行的污水综合排放标准或行业污水排放标准，确定的排放标准各项指标要求比较高。对于不排入需重点保护的天然饮用水水源的污水，也需要进行深度处理才能达标，致使污水处理厂经常运行费用大增，值得商议。在这种情况下，若污水二级处理后外排，不严重污染水体水质，经当地环保部门认可，可适当放宽某指标（如COD、色度）要求，促进企业污水治理的积极性。

三、处理工艺选择

污水处理的总体工艺路线与主要处理单元型式的选择，除了考虑污水来源及性质、污水排放标准和地表水域环境保护目标，处理工艺的先进性与实用性以外，强调考虑降低工程占地与投资时，往往忽视运行费用与维护管理水平。目前，一些污水处理厂建成后，由于运行费用高而无法正常运转；一些污水处理厂引进了高级自动监控仪表设备，由于缺乏具有一定水平的维护人员，自控仪表闲置甚至报废。所以，处理工艺选择应避免盲目跟风。例如，氧化沟法虽然工艺路线简单节省占地和投资，但节能效果不如传统活性污泥，大型污水处理厂不宜采用。而对于有荒漠土地可以利用时，采用自然生物处理法更具优势。南方城市污水水质浓度低些，不妨选用负荷能力和运行费用均有优势的生物接触氧化法。当污水水质浓度较高，一般好氧生物处理法处理不能达标，而又适宜采用厌氧生物处理法时，利用SBR法，会在处理效果、工程占地和投资方面取得优势，而其他场合采用SBR是否具有优势需具体分析。

污水处理厂处理设施的处理效率应结合试验研究资料、实际应用效果和相关设计规范确定。

四、污水预处理与一级处理

1. 格栅

城镇和工厂污水处理厂（站）必须设置格栅，一般采用机械清渣方式。是否安装格栅及选择何种清渣方式应视污水中浮渣量来定，不可一概而论，必要时可预留格栅的安装位置。

栅条间距一般采用5～40mm，实际也应视污水中浮渣量成分、含量及保护对象来确定，更小的间距能有效地保护空气扩散器、吸泥机、脱水机等，但水头损失与栅渣量会增加。

从运行角度看，格栅应能利用格栅前后水位差自动工作，污水过栅流速一般为0.6～1.0m/s，前后水位差不宜大于0.5m，且格栅机提升高度不宜大于9.0m。

为减少气味，除及时将栅渣清除以外，格栅除污机、栅渣输送机和压榨脱水机可设喷水装置，便于清洗。必要时可设除臭装置，格栅间应设通风设施和有毒有害气体的检测与报警装置。

2. 调节池

城镇污水厂一般不设调节池，工业污水厂若采用有较大的负荷调节能力的处理工艺（如SBR法），可不设调节池，其他情况一般均设调节池。

调节池容积，理论上应根据一个污水变化周期内污水泵累积输出流量与污水累积进水流量之差来计算。但一般按调节时间计算，调节时间应包含一个生产周期或污水变化周期。

调节池最低水位由其构造和污水泵保护高度而定，最高水位决定于来水水位及池体构造尺寸。

采用空气搅拌防止沉淀时，空气仅起搅拌作用，而不起供氧作用，通气量可为每立方米池容0.5～1.0m³。

调节池仅起均化作用，池中可能设置隔板加强水力混合作用，但调节池不像反应池或沉淀池需严格的均匀配水和水力条件。

功能单一的大型调节池或寒冷地区调节池应加保护盖。调节池宜考虑通风设施和污水污泥排空设施。

调节池可与其他处理单元如沉淀池、混凝沉淀池、格栅间合建。

3. 沉砂池

沉砂池主要是为去除相对密度2.65、粒径为0.2mm以上的砂粒，去除率要求达到80%。

城镇污水处理厂一般采用曝气沉砂池，目前设计有效水力停留时间，最大流量时为3～5min，而平均流量时为5～7min，水平流速小于0.1m/s，气水比为（0.1～0.2）∶1。目前正在推广应用竖流或旋流沉砂池，它具有池容积小、投资省（水力表面负荷可为150～200m³/m²·h）、沉砂效率高（达到90%，且砂中有机物含量小于5%）等优点。

工业污水处理厂（站）一般采用平流沉砂池、曝气沉砂池，沉砂池除砂宜采用机械方法和旋流除砂器，并经砂水分离后贮存或外运。

4. 初次沉淀池

平流式、竖流式、辐流式及斜板（管）式沉淀池均被用作初次沉淀池，城市污水处理多用平流式和辐流式，工业污水处理则多用竖流式、平流式与斜板（管）式沉淀池。初沉池的作用是去除悬浮物及一定的有机负荷，因而设计的表面负荷及水力停留时间应与污水水质相适应，当以无机悬浮物为主时，可选较高表面负荷和较短停留时间，当污水中悬浮性有机物较多，且欲减轻后续生物处理的负荷时，可选较小表面负荷和较长沉淀时间。

初次沉淀池要求进水、出水保证均匀性，进水可以采用中心式或单侧式，只要均匀配水即可，出水则宜采用周边式或多侧式，均匀溢流的负荷不应大于 3.0L/（s·m）。

初沉池必要时可设超越排放管，以使污水直接进入后续生物处理设施。必要时可将后续生物处理的好氧活性污泥排入初沉池，可改变剩余污泥排泥性状。初沉池排泥可设置一根向曝气池排泥的专用管道。初沉池一般要考虑浮渣排除系统。

平流式沉淀池、竖流式沉淀池、辐流式沉淀池和斜管（板）式沉淀池的进出水、构造和撇渣排泥设施的设计应参照相关设计规范执行。

5. 中和

为了使用量比污水量少得多的药剂与污水较好作用，中和处理常用到混合、反应设施，产生污泥时还需有沉淀池。

混合设施形式很多，如水力混合、管道混合器、水泵混合和机械混合。目前常用比较简单的水泵和管道混合器；水力混合池效果好，但投资高且不便于控制；机械混合效果好，便于调节控制，但投资高、维修工作量大。

混合效果除决定于混合时间（一般小于 2.0min）外，主要在于水流搅拌强度，如水泵转速或扬程、搅拌机转速。水力混合处理必要时可加空气搅拌。

当中和反应不产生絮状体时，可以不设中和反应池，可设置反应时间较短、构造简单的水力反应池即可，反应时间一般在 15min 以内。若中和反应产生絮状污泥沉淀，为促进絮状污泥的成长，应有良好的反应设施，多采用水力反应池，停留时间为 30min。

当需要分离去除污泥时，常用竖流式沉淀池或斜板（管）式沉淀池，表面负荷 1.5～5.0m³/（m²·h），沉淀时间 1.5～2.0h。

五、厌氧生物处理

1. 厌氧反应器

目前常用的厌氧反应器有升流式厌氧污泥床（UASB）、厌氧生物滤池（AF）、厌氧接触氧法和厌氧复合床反应器（UBF）。一些污水处理厂也用到内循环厌氧反应器（IC）、膨胀颗粒污泥床反应器（EGSB）等新型厌氧反应器。

厌氧接触法适合有机物浓度高（COD 一般在 5000mg/L 以上）、悬浮物浓度高（SS 一般在 5000mg/L 以上）的废水处理，厌氧生物滤池则适合于悬浮物浓度低（SS<500mg/L）和有机物浓度较低（COD<5000mg/L）的废水处理，而 UASB 和 UBF 则介于两者之间。

厌氧反应器对含大分子有机物污水的降解性能一般优于好氧生物处理，尤其 UASB 具有很高的降解效率和运行稳定性。厌氧反应器的设计负荷，主要决定于水质（有机物易降解且浓度高，负荷会高些）、温度（反应为中温 33℃时，运行负荷明显比常温 23℃时高）、污泥性状（形成颗粒污泥时运行负荷比絮状污泥负荷高 2～5 倍）。

厌氧反应器结构形式目前多为钢结构，因其具有质量轻、机械及防腐施工方便、造价较低的优点，但使用寿命较短。对于大型厌氧反应器（直径和高度均大于 15.0m），建议采用钢筋混凝土结构。

厌氧反应器是否加热，应综合考虑多方面因素。首先，提高厌氧反应温度有利于有机物降解，特别是难生物处理的污染物。其次对于污水加热，需增加一定投资和运行费用。再者，加热难保证水温度变化幅度较小（每日温度变化小 2℃）。

厌氧反应器设计需注意以下几方面。

① 厌氧反应器目前多采用竖流式，但不易解决反应器高度与产气强度矛盾的问题。

② 厌氧反应器的配水方式及其设计，是中、低有机物和悬浮物浓度污水处理的基础。设计时需控制配水点服务面积（一般为 2～7m²）和配水点出流流速（一般为 1.5～2.5 m/s），应根据反应器设计容积负荷和污泥性状考虑。

③ 污泥反应区和滤层高度，应根据水质、污泥特征及反应器负荷来确定，不宜太高，两者分设时，前者不宜大于 6.0 m，后者不宜大于 3.0m，两者合设时，高度应不大于 7.0m。

④ 三相分离装置设计应同时保证分离和沉淀效果。为保证沼气从液相分离出来，沉降回流缝的流速应不大于 2.0m/h，并应校核脱气条件；为保证污泥沉淀，应使沉淀表面负荷小于 0.7～1.0m/h，沉淀时间为 1.5～2.0h。

⑤ 对于大型厌氧反应器，进水悬浮物浓度高时，宜设置内循环与外循环装置，可以定期对反应器底部积泥和池外沉淀池污泥回流循环。

⑥ 对于大型厌氧反应器，设计为平底时，排泥管应有多点排泥口（一般可 15～25m² 一个点），也可以设置高位排泥口。

⑦ 厌氧反应器液面必要时设刮渣与冲渣装置。

⑧ 大型污水处理厂厌氧生物处理系统，应尽量设计成一个系统，系统内各反应器需保证进水负荷、出水、排气的平衡与均匀，尤其是反应器数量多时。

2. 水解（酸化）池与两相厌氧

微生物水解（酸化）可以作为独立一级厌氧生物处理，亦可以作为两相厌氧生物处理的第一相（即产酸相），其目的均是改善原污水的可生化性，降低后续生物处理的负荷，提高后续处理的稳定性和效果。

水解（酸化）池是一种高负荷厌氧生物处理单元，运行负荷是一般厌氧生物处的 3～5 倍。水解（酸化）池构造宜简单，它起负荷调节、酸化（或分解）作用，而不像一般厌氧反应去除大量有机负荷，在水解（酸化）池内不安装复杂的配水和水流整流装置（如折流板、三相分离器、出水溢流堰），无集气装置，进水不需预先调节水质、水量和水温。水解（酸化）池有生物膜形式、活性污泥形式或两者结合的形式，有竖流式、平流式和折流式。

两相厌氧工艺，即在主体厌氧反应器（主要去除有机负荷产生 CH_4 气体）之前增设一级水解（酸化）池，起到均衡水量水质、分解大分子有机污染物（即酸化）、去除有毒污染物（如 SO_4^{2-}）等作用，创造一个稳定高效的厌氧处理系统。

3. 厌氧沉淀池

当厌氧混合液在厌氧反应器中不能很好沉淀时，须在厌氧反应器外设置沉淀池。当厌氧混合液微粒污泥产气旺盛时，进入沉淀池之前，应设法阻止污泥继续进行厌氧反应，如急速冷却或好氧曝气。

厌氧沉淀池的表面负荷应视流失污泥的性状选取，选值一般为 0.7～1.0m³/（m²·h）。厌氧沉淀池应能将沉淀的污泥回流到厌氧反应器。

六、好氧生物处理

1. 活性污泥法

活性污泥污水处理厂应根据污水性质与营养比例，碳、氮、磷去除程度，污泥稳定性和外部环境等条件，选择传统活性污泥法、氧化沟法、序批式活性污泥法和生物脱氮除磷法等适宜的活性污泥处理工艺，并选择合适的生物反应池形式、浓缩池等污泥处理设施形式和污泥脱出液的出路及其处理工艺。而生物硅藻土、短程反硝化和厌氧氨氧化等工艺的选择应慎重。

根据可能发生的条件和运行控制要求，设置普通曝气、阶段曝气、吸附再生曝气、多点变速曝气、限制性曝气、连续与间歇式进出水和不同点位回流等不同运行方案。

活性污泥处理系统及其生物反应池的设计负荷、污泥龄、污泥浓度、污泥产率、供氧速率和回流比等设计参数，应充分考虑污水性质、处理程度、处理工艺、处理效率、污泥稳定性和污水温度等因素，根据试验资料、实际运行效果和设计规范等确定，必要时可考虑设置负荷、泥龄、水力停留时间、保温或增温和运行方式等调整措施。

生物反应池可以采用完全混合式、推流式、循环廊道式等形式的曝气池，其中完全混合式曝气池多用于处理工业废水，且更容易出现泡沫、污泥膨胀等问题，而后两者更多地用于处理城市污水。完全混合式曝气池多为方形或长方形，也有圆形的；推流式曝气池一般为多个廊道并列的矩形池；循环廊道式曝气池采用各种形式首尾相连的环形廊道。

曝气池的有效水深应结合流程设计、地质条件、供氧设施类型和选用风机压力等因素确定，曝气方式不同有效水深差异较大，如采用鼓风曝气，有效水深决定于鼓风机出口风压，表面曝气有效水深决定于曝气机提升能力，以及是否采用其他搅拌或推进装置。

曝气方式决定于处理工艺、曝气池形式、需氧量和曝气设备性能等因素。完全混合式一般采用表面曝气（立轴）和射流曝气，当处理规模大时也有采用鼓风曝气的。推流式一般采用鼓风曝气，空气扩散器常用金山Ⅰ型扩散器、穿孔管扩散器、刚玉或橡胶的微孔扩散器，选用时主要在于提高效率、防止堵塞和降低投资。循环廊道式曝气池一般为表面曝气，即表曝机或曝气转刷，也可采用鼓风曝气。

生物反应池的进出水设施，导流设施，排空、排泥设施，除泡沫措施，事故排水装置，浮渣清除设施，超高与设备平台，走道等设施，应参照相关设计规范的要求设计。

2. 生物膜法

生物膜法适用于中小规模污水处理厂，可单独应用，也可与其他污水处理工艺组合应用。

污水进入生物滤池等生物膜法处理设施前，必须经沉淀、除油和除垢等预处理，进入生物接触氧化池前，宜经沉淀处理。

生物膜法选择填（滤）料时，应考虑对微生物无毒害、附着性好易挂膜、比表面面积和空隙率高、耐冲洗不易堵塞、高强度抗老化、质轻耐用、价格低等因素。

生物膜法反应池进水应配水均匀防止短流，出水多采用堰式出水。

生物接触氧化池作为生物膜法的一种形式，由于有机负荷能力较高、不受气候条件影响、不易堵塞等优点，比其他生物膜法得到更多应用。近年来，在原有工艺的基础上，通过将填料或运行方式进行优化，衍生出流动床生物膜法（MBBR）和序批式生物膜法（SBBR）等得到普遍认可的生物接触氧化法的变形工艺，包括采用多孔泡沫塑料的复合床生物处理反应器——LINPOR 技术。这些技术的发展在污水深度处理和微污染原水处理方面有较多应用。

生物接触氧化法应根据进水水质和处理程度确定采用一段式或二段式。对于低浓度、易降解的有机废水可以采用一段式接触氧化法工艺，对于中高浓度的有机废水宜采用二段或多段式接触氧化法工艺，二段式或多段式接触氧化法工艺的中间沉淀池可以舍去。当需要同时去除废水中的有机物和 TN 时，需要采用缺氧＋好氧的组合工艺流程，通常在缺氧区内设置填料，将接触氧化池的出水回流到缺氧区内以达到脱氮的目的。以往的接触氧化工艺流程中都没有设置污泥回流，但考虑到功能设置和运行控制方面的要求可以设置污泥回流。生物膜法的生物强化除磷效果很差，过度的磷负荷去除通常只能采取化学除磷方法。

生物接触氧化法除碳、脱氮方面的设计负荷，应根据试验资料确定，无资料时，参照类似污水实际运行参数或相关设计规范的规定确定。

生物接触氧化池平面形状宜为矩形，多采用曝气区与填料区合建的形式，曝气装置的布置形式应与填料的布置形式相适应。氧化池不宜少于两个，设计时要求每格池均匀配水和布气，且宜均匀出水。

生物接触氧化池的填料包括：焦炭或炉渣等颗粒填料，玻璃钢蜂窝管波纹板等硬质填料，半软性填料、组合填料、弹性立体填料和球形填料等纤维填料。填料多采用全池布置，硬质填料一般分层安装，每层 1.0m，颗粒填料一般为单层 1.5～3.0m，纤维填料则应根据填料组装规格、布水布气要求确定，最高可达 5.0m。

曝气生物滤池作为近年应用的较多生物膜处理工艺，按进水方式来划分有上向流或下向流两种形式。曝气生物滤池根据处理程度不同可分为碳氧化、硝化、后置反硝化或前置反硝化等。碳氧化、硝化和反硝化可在单级曝气生物滤池内完成，也可在多级曝气生物滤池内完成。

曝气生物滤池的容积负荷宜根据试验资料确定，无试验资料时，曝气生物滤池的五日生化需氧量容积负荷宜为 $3 \sim 6 kgBOD_5/(m^3 \cdot d)$，硝化容积负荷（以 NH_3-N 计）宜为 $0.3 \sim 0.8 kgNH_3$-$N/(m^3 \cdot d)$，反硝化容积负荷（以 NO_3-N 计）宜为 $0.8 \sim 4.0 kgNO_3$-$N/(m^3 \cdot d)$。

曝气生物滤池宜分别设置曝气充氧和反冲洗供气系统。曝气装置可采用单孔膜空气扩散器或穿孔管曝气器，曝气器可设在承托层或滤料层中。反冲洗宜采用气水联合反冲洗。

曝气生物滤池的滤料宜选用球形轻质多孔陶粒或塑料球形颗粒，宜选用机械强度和化学稳定性好的卵石作承托层，并按一定级配布置。

生物膜法反应池底部应设置排泥和放空设施。生物膜法反应池应根据当地气温和环境等条件，采取防冻、防臭和灭蝇等措施。

3. 二次沉淀池

二次沉淀池在处理水量大时一般采用短形平流式沉淀池、圆形或方形辐流式沉淀池，处理水量小时采用圆形或方形竖流式沉淀池。

二沉池按表面负荷设计，活性污泥法系统的二沉池一般取水力负荷 $0.75 \sim 1.50 m^3/(m^2 \cdot h)$，生物膜法系统的二沉池一般取水力负荷 $1.00 \sim 2.00 m^3/(m^2 \cdot h)$，但实际运行中水力负荷不超标，往往固体负荷超标。设计时应以固体负荷校核，建议二沉池固体负荷小于 $120 \sim 150 kg/(m^2 \cdot d)$。

大型辐流式二沉池可采用周进周出和中进周出的配水形式，这样可以提高二沉池的容积利用率，提高水力负荷。周边配水的形式有：变槽宽等水头等孔距配水，等槽宽变水头变孔距配水。周边配水的水力计算比较繁琐，一般利用计算机进行才能完成，且一些计算参数需试验确定。二次沉淀池的出水堰最大负荷不宜大于 1.7L/(s·m)。

辐流式二沉池沉积的活性污泥不能用刮泥机刮出，而必须用吸泥机。传统的虹吸式吸刮泥机，靠池中水位与集泥槽的液位差将污泥虹吸到周集泥槽，然后汇集于排泥井中，集泥槽做圆周运动，排泥井固定不动（其间密封用橡胶易老化磨损），污水便流入排泥井中。现有新型的中心传动单管吸刮泥机，底层一端用吸泥管吸取上层活性污泥，通过中心管进入套筒阀中回流，另一端安装曲线刮板，将下层污泥刮至中心集泥斗，由于多孔的吸泥管设在池底层，不会将污水混入泥中。

当采用污泥斗排泥时，每个污泥斗均应设单独的闸阀和排泥管。采用机械排泥时，活性污泥法的二沉池污泥区容积，宜按不大于 2h 的污泥量计算，并应有连续排泥措施；生物膜法的二沉池污泥区容积，宜按 4h 的污泥量计算。

二沉池的静水头，生物膜法处理后不应小于 1.2m，活性污泥法处理后不应小于 0.9m。

二沉池缓冲层高度，非机械排泥时为 0.5m，机械排泥时，应根据刮泥板高度确定，且缓冲层上缘宜高出刮泥板 0.3m。池底纵坡不宜小于 0.01～0.05。

二沉池应设置浮渣的撇除、输送设施。

4. 回流污泥和剩余污泥

回流污泥设施，宜采用离心泵、混流泵、潜水泵、螺旋泵或空气提升器。当生物处理系统中带有厌氧区（池）、缺氧区（池）时，应选用不易复氧的回流污泥设施。

回流污泥设施宜分别按生物处理系统中的最大污泥回流比和最大混合液回流比计算确定。回流污泥设备，宜有调节流量的措施，设备台数不应少于 2 台，并应有备用设备。

剩余污泥应包括进入生物反应池的惰性悬浮物产生的污泥。

七、供氧设施

生物反应池中好氧区的供氧，应满足污水需氧量、混合和处理效率等要求。生物反应池中好氧区的污水处理需氧量，根据去除的五日生化需氧量、氨氮的硝化和除氮等要求计算。

选用曝气装置时，应根据装置的特性、位于水面下的深度、水温、污水的氧总转移特性、当地的海拔高度以及预期生物反应池中溶解氧浓度等因素，将计算的污水需氧量换算为标准状态下清水需氧量。

鼓风曝气系统中，曝气器应选用有较高充氧性能、布气均匀、阻力小、不易堵塞、耐腐蚀、操作管理和维修方便的产品，并应具有不同服务面积、不同空气量、不同曝气水深，以及标准状态下的充氧性能等技术资料。

机械表面曝气系统中，机械曝气设备的充氧能力应根据测定资料或相关技术资料采用。曝气设备的尺寸规格（例如直径）宜符合相关设计规范的要求，曝气池宜有调节叶轮（转刷、转碟）速度或淹没水深的控制设施。

鼓风曝气系统宜设置单独的鼓风机房，鼓风机房可设有值班室、控制室、配电室和工具室，必要时应设置鼓风机冷却系统和隔声的维修场所。

鼓风机的出口风压应由曝气扩散器的淹没水深、空气管路的风压损失计算确定，应包括空气扩散器、调节阀门、计量仪表等装置的风压损失，应考虑使用时阻力增加等因素。

鼓风机的选型应根据使用的风压、单机风量、控制方式、噪声和维修管理等条件确定。鼓风机的台数，应根据气温、风量、风压、污水量和污染物负荷变化等对供气的需要量确定，并设置备用鼓风机。在同一供气系统中，应选用同一类型的鼓风机，并应根据当地海拔高度，最高、最低空气的温度，相对湿度对鼓风机的风量、风压及配置的电动机功率进行校核。

目前常用的鼓风机为罗茨鼓风机和离心式鼓风机。罗茨鼓风机一般为低风压低风量时选用，当风压高于 50kPa 时机器噪声和振动均大大增加。风量大、风压高时宜选用离心式鼓风机，尤其是单级高速离心式鼓风机占地面积小于多级低速离心式鼓风机，且效率都在80％以上。

选用离心式鼓风机时，应详细核算各种工况条件时鼓风机的工作点，不得接近鼓风机的湍振区，并宜设有调节风量的装置，自动或手动调节进风口叶片来调节风机风量简单可靠，调节范围达到 50％～100％。

鼓风机应根据产品本身和空气曝气器的要求，设置不同的空气除尘设施。鼓风机进风管口的位置应根据环境条件而设置，宜高于地面。大型鼓风机房宜采用风道进风，风道转折点宜设整流板。风道应进行防尘处理。进风塔进口宜设置耐腐蚀的百叶窗，并应根据气候条件加设防止雪、雾或水蒸气在过滤器上冻冰结霜的设施。

选择输气管道的管材时，应考虑强度、耐腐蚀性以及膨胀系数。当采用钢管时，管道内外应有不同的耐热、耐腐蚀处理，敷设管道时应考虑温度补偿。当管道置于管廊或室内时，在管外应敷设隔热材料或加做隔热层。

鼓风机与输气管道连接处，宜设置柔性连接管。输气管道的低点应设置排除水分（或油分）的放泄口和清扫管道的排出口；必要时设置止回阀防止气水回流。必要时可设置排入大气的放泄口，并应采取消声措施。鼓风机进风出风管路上应装设消声器，大型鼓风机（风机功率大于 80kW）宜安装减振装置。

生物反应池的输气干管宜采用环状布置。进入生物反应池的输气立管管顶宜高出水面0.5m。在生物反应池水面上的输气管，宜根据需要布置控制阀，在其最高点宜适当设置真空破坏阀。

八、污水自然处理

在环境影响评价和技术、经济比较合理时，污水量较小的城镇（用作二级处理时，处理规模不宜大于 $5000m^3/d$ ），可审慎采用稳定塘、土地处理等污水自然处理。污水处理厂二级处理后出水水质不能满足排放要求时，有条件的地方可采用稳定塘或土地处理等技术进一步处理。但是，应根据区域特点选择适宜的污水自然处理具体方式，避免对周围环境以及水体的影响。

在集中式给水水源卫生防护带、含水层露头地区、裂隙性岩层和熔岩地区，不得使用稳定塘或土地处理作为二级处理。

污水稳定塘处理包括厌氧塘、兼氧塘、好氧塘，污水土地处理包括慢速渗滤法（SR）、快速渗滤法（RI）、地面漫流法（OF）和人工湿地（CW）等，均应根据土地处理的工艺形式对污水进行预处理。

处理城镇污水时，稳定塘、土地处理的设计数据应根据试验资料确定。无试验资料时，参照污水水质、处理程度、土壤、气候和日照等条件，根据下列数据确定：稳定塘总平均表面负荷 $1.5～10.0gBOD_5/(m^2 \cdot d)$ ，总停留时间可采用 20～120d；土地处理水力负荷：慢速渗滤 0.5～5.0m/a、快速渗滤 5～120m/a、地面漫流 3～20m/a。

稳定塘、土地处理的设计，应符合国家现行有关设计规范的要求。

九、污水深度处理

污水经过二级处理以后，可采用混凝、沉淀（澄清、气浮）、过滤、消毒、曝气生物滤池、生物脱氮除磷等方法进行深度处理，以进一步去除 SS、有机物、TN、TP 和色度等。而一些投资和运行费用均较高的工艺方法，如膜过滤、臭氧氧化、活性炭吸附则应用不多，自然处理方法也应用不多。

污水深度处理工艺应根据原水特性、出水目标、工艺性能和环境条件等选择，工艺单元的组合形式应进行多方案比较，满足实用、经济、运行稳定的要求。

深度处理工艺的设计参数宜根据试验资料确定，也可参照类似运行经验确定。混合、絮凝、沉淀、澄清、气浮、过滤、吸附、臭氧氧化和曝气生物滤池等工艺的设计，宜符合现行相关设计规范的要求。

1. 混凝沉淀

混凝沉淀可有效去除二级出水中的悬浮物与胶体颗粒，对于 COD、色度、重金属离子、磷有较好的去除效果，对 NH_3-N 或 TN 基本没有去除作用。混凝沉淀效果，随絮凝剂种类和投药量会有较大的变化。对于工业废水深度处理，絮凝剂投药量一般会比较大，而且产生的污泥压缩性较差。

絮凝剂常用的有：聚合氯化铝（PAC）、三氯化铁、聚丙烯酰胺（PAM）。新型的高效絮凝剂，如聚合硫酸铁、聚合氯化铁正在进一步开发之中。必要时这些絮凝剂应组合投加，可提高效果、降低费用。

混合的目的是使药液迅速而均匀地分散污水中，要求控制较短的时间和足够的动力搅拌强度（混合设施平均速度梯度宜采用 $300s^{-1}$，混合时间宜采用 30～120s）。

反应池应有足够长的絮凝时间（t 为 15～30min）和较弱的水力搅拌强度，沉淀池应按表面负荷设计。反应池与沉淀池可以合建，参照自来水净化工艺设计要求运行。反应池一般选用水力反应池，沉淀池则采用斜板（管）式沉淀池。

2. 接触过滤

接触过滤，是不经过混凝沉淀而直接加入絮凝剂进行的过滤，又称为絮凝过滤。当二级出水 SS 含量很高时，应在过滤之前设置沉淀或气浮。一般来说对于高浓度工业废水的二级处理出水，采用絮凝过滤，深度处理效果略优于混凝沉淀，但过滤周期较短，反冲洗要求高。

滤池的形式很多，但污水深度处理实际采用较多的为单层滤料的普通快滤池或压力式滤罐。

滤料，除石英砂外，还有无烟煤、焦炭、炉渣、陶粒等。其中经过过筛选的炉渣或焦炭渣，价格较低，且具有吸附作用。单层滤料的滤床厚度一般为 700～900mm，滤料粒径应大些，可取 0.5～2.0mm（石英砂），1.5～3.0mm（无烟煤），不均匀系数 K_{80} 为 1.5～2.0。

过滤速度可采用 5～10m/h，过滤周期 12～24h，反冲洗强度 15～20L/(s·m²)，冲洗历时约 7～10min，必要时前一半时间可用等强度的压缩空气反冲。

3. 曝气生物滤池

深度处理的生物接触氧化，不采用塑料或纤维填料，而采用颗粒填料，如砂子、焦炭、陶粒、沸石等，即曝气生物滤池（BAF）。一般选用质轻耐用，比表面积大，具有一定吸附能力的陶粒，填料层高度 $1.0\sim1.5m$，表观密度为 $1.30\sim1.60g/cm^3$，粒径 $2.0\sim3.0mm$。

当进水 SS 较低时，曝气生物滤池可采用上向流，此时后面不接其他处理设施，但应有反冲洗装置。当进水 SS 和有机物浓度均较高时，可采用下向流，出水还应进行沉淀或过滤，必要时可用中等强度的压缩空气反冲洗滤料表面。

十、污水消毒

城镇污水处理应设置消毒设施，消毒程度应根据污水性质、排放标准或再生水要求确定。

污水宜采用紫外线或二氧化氯消毒，也可用液氯消毒。消毒设施和有关建筑物的设计，应符合现行国家标准《室外给水设计规范》（GB 50013）的有关规定。

污水的紫外线剂量宜根据试验资料或类似运行经验确定，也可按下列标准确定：二级处理的出水为 $15\sim22mJ/cm^2$；再生水为 $24\sim30mJ/cm^2$。

紫外线照射渠的设计，应符合下列要求：照射渠水流均布，灯管前后的渠长度不宜小于 1m；水深应满足灯管的淹没要求。紫外线照射渠不宜少于 2 条。当采用 1 条时，宜设置超越渠。

二级处理出水的加氯量应根据试验资料或类似运行经验确定。无试验资料时，二级处理出水可采用 $6\sim15mg/L$，再生水的加氯量按卫生学指标和余氯量确定。

二氧化氯或氯消毒后应进行混合和接触，接触时间不应小于 30min。

十一、污泥处理和处置

污水处理厂的污泥，应根据地区经济条件和环境条件进行浓缩、机械脱水、消化和无害化处理，并逐步提高资源化程度。污泥的处置方式包括作肥料、作建材、作燃料和填埋等，污泥的处理流程应根据污泥的最终处置方式选定。

污泥的最终处置，宜考虑综合利用。污泥作肥料时，其有害物质含量应符合国家现行标准的规定。

污泥处理过程中产生的污泥水应返回污水处理系统，返回前，必要时做化学除磷等处理。

1. 污泥浓缩

污泥浓缩的方法包括重力浓缩、气浮浓缩和机械浓缩，当采用生物除磷工艺进行污水处理时，不应采用重力浓缩。

连续流污泥重力浓缩池，可采用竖流式或辐流式，但设计固体负荷均不宜超过 $50kg/(m^2 \cdot d)$（以好氧活性污泥为主），或 $100kg/(m^2 \cdot d)$（初沉污泥），浓缩时间分别不少于 24h 和 12h。为避免水流影响，出水应为周边形式。竖流式浓缩池多为重力排泥，大型辐流式浓缩池多采用带搅拌栅的刮泥机（线速度不宜大于 $2m/min$）排泥。连续流浓缩池应设浮渣刮排装置。

间歇式重力浓缩池：浓缩时间一般为 24h，池深 $5\sim6m$ 左右。浓缩池容积一般为 24h，池深 $5\sim6m$ 左右。浓缩池容积应包括每次进泥体积与每次未排尽污泥体积。浓缩池应考虑不同深度排水。

气浮浓缩池，具有负荷能力大、效果优、占地少的优点，尤其适合于好氧活性污泥的浓缩。在工业废水处理中采用较多的，一般为加压溶气气浮系统。对于 SVI 为 80~120 的剩余活性污泥，气浮浓缩池固体表面负荷为 30~60kg/(m² · d)，水力负荷为 20~50m³/(m² · d)，气固比一般为 0.03~0.05，气浮浓缩总的水力停留时间 1.5~2.0h，浓缩后污泥含固率可达 4.0%~5.0%。但气浮浓缩系统组成较复杂，运行与维护管理难度大。

2. 污泥消化

根据污泥性质、环境要求、工程条件和污泥处置方式，选择经济适用、管理方便的污泥消化工艺，可采用污泥厌氧消化或好氧消化工艺。污泥经消化处理后，其挥发性固体去除率应大于 40%。

厌氧消化可采用单级或两级中温消化。单级厌氧消化池（两级厌氧消化池中的第一级）污泥温度应保持 33~35℃。

单级厌氧消化池（两级厌氧消化池中的第一级）污泥应加热并搅拌，宜有防止浮渣结壳和排出上清液的措施。

采用两级厌氧消化时，一级厌氧消化池与二级厌氧消化池的容积比应根据二级厌氧消化池的运行操作方式，通过技术经济比较确定；二级厌氧消化池可不加热、不搅拌，但应有防止浮渣结壳和排出上清液的措施。

厌氧消化的污泥搅拌宜采用池内机械搅拌或池外循环搅拌，也可采用污泥气搅拌等。每日将全池污泥完全搅拌（循环）的次数不宜少于 3 次。间歇搅拌时，每次搅拌时间不宜大于循环周期的一半。

厌氧消化池污泥加热，可采用池外热交换或蒸汽直接加热。厌氧消化池总耗热量应按全年最冷月平均日气温通过热工计算确定，应包括原生污泥加热量、厌氧消化池散热量（包括地上和地下部分）、投配和循环管道散热量等。选择加热设备应考虑 10%~20%的富余能力。厌氧消化池及污泥投配和循环管道应进行保温。

厌氧消化池和污泥气贮罐应密封，并能承受污泥气的工作压力，消化池和污泥气贮罐应有防止池（罐）内产生超压和负压的措施，厌氧消化池的出气管上，必须设回火防止器。

污泥气应综合利用，可用于锅炉、发电和驱动鼓风机等。根据污泥气的含硫量和用气设备的要求，可设置污泥气脱硫装置。脱硫装置应设在污泥气进入污泥气贮罐之前。

小规模污水处理厂，污泥消化可采用好氧消化工艺。好氧消化池可采用敞口式，根据环境评价的要求，采取加盖或除臭措施。当气温低于 15℃时，寒冷地区应采取保温措施。

好氧消化池的设计参数宜根据试验资料确定。无试验资料时，好氧消化时间宜为 10~20d；挥发性固体容积负荷一般重力浓缩后的原污泥宜为 0.7~2.8kgVSS/(m³ · d)；机械浓缩后的高浓度原污泥，挥发性固体容积负荷不宜大于 4.2kgVSS/(m³ · d)。

好氧消化池多采用鼓风曝气，采用中气泡空气扩散装置，鼓风曝气应同时满足细胞自身氧化和搅拌混合的需气量，宜根据试验资料或类似运行经验确定。无试验资料时，可按下列参数确定：剩余污泥的总需气量为 0.02~0.04m³ 空气/(m³ 池容 · min)；初沉污泥或混合污泥的总需气量为 0.04~0.06m³ 空气/(m³ 池容 · min)。

3. 机械脱水

目前常用的污泥机械脱水设备有板框压滤脱水机、带式压滤脱水机、离心脱水机等。污泥脱水机械的类型，应按污泥的脱水性质和脱水要求，经技术、经济比较后选用。

污泥进入脱水机前的含水率一般不应大于 98%。污泥在脱水前，应加药调理，投药种类和数量宜通过试验确定。污泥加药以后，应立即混合反应，并进入脱水机，这有利于污泥的凝聚。

脱水后的污泥应设置污泥堆场或污泥料仓贮存，污泥堆场或污泥料仓的容量应根据污泥出路和运输条件等确定。

板框压滤脱水机，一般脱水时间 1.0～3.0h，过滤周期为 2.0～5.0h，不能连续工作，且工作压力高，一般要求 0.4～0.6MPa，泥饼吹脱时压缩空气用量为 1～3m^3/(m^3 滤室容积·min)，压力为 0.1～0.3MPa。对生物污泥，生污泥过滤能力为 5～10kg（干）/(m^2·h)，消化污泥2～4kg（干）/(m^2·h)，对无机化学污泥过滤能力更低，由于脱水能力小，一般只用于小型污水处理站。但其脱水效果较好，消化污泥含水率可降至 70%～75%，生污泥含水率可降至 75%～80%，絮凝剂（PAM）投加量宜根据试验资料或类似运行经验确定。无试验资料时，絮凝剂（PAM）投加量为 2‰（消化污泥）～4‰（生污泥）。

带式压滤脱水机能连续运行，带速 2～5m/min（对于混合污泥），不适用于难以压缩的好氧活性污泥与物化污泥其对于初沉污泥脱水能力为 250～500kg（干）/(m·h)（消化污泥取高值），初沉污泥和剩余活性污泥的混合污泥脱水能力为 120～300kg（干）/(m·h)。絮凝剂（PAM）投加量宜根据试验资料或类似运行经验确定。无试验资料时，絮凝剂 PAM 投加量为 2‰～5‰（生污泥），1‰～3‰（消化污泥）。

离心脱水机，一般为离心分离因数 α＜1500～3000 的中低速离心机，对难以压缩的好氧活性污泥和物化污泥亦有较好的脱水效果。初沉污泥脱水后含固率可达 25%～35%，混合污泥可达 20%～25%，物化污泥和好氧活性污泥可达 15%～20%，絮凝剂 PAM 投加量相应分别为：2‰～3‰，3‰～5‰，6‰～10‰。

离心脱水机前应设置污泥切割机，切割后的污泥粒径不宜大于 8mm。

污泥脱水间的机组布置、通道宽度、起重设备和机房高度、泥饼输送等参照泵房的设计，应按相关设计规范的有关规定执行。

污泥脱水机房应根据主要设备和机械类型，采取降噪措施。污泥机械脱水间应设置通风设施，每小时换气次数不应小于 6 次。

4. 其他

有条件的地区，污泥干化宜采用干化场；其他地区，污泥干化宜采用加热干化。污泥热干化产品应妥善保存、利用或处置。

污泥加热干化尾气应达标排放。污泥干化场及其附近，应设置监测地下水质量的设施；污泥加热干化厂及其附近，应设置监测空气质量的设施。

污泥的综合利用，应因地制宜，考虑农用时应慎重。污泥的土地利用，应严格控制污泥中和土壤中积累的重金属和其他有毒物质含量。农用污泥，必须符合国家现行有关标准的规定。

第四节 污水厂的总体布置

一、污水厂总体布置的内容

污水厂的总体布置包括平面布置和高程布置两部分。

1. 平面布置

平面布置的内容主要包括：各种构（建）筑物的平面定位；各种输水管道、阀门的布置；排水管渠及检查井的布置；各种管道交叉位置；供电线路位置；道路、绿化、围墙及辅助建筑的布置等。

2. 高程布置

高程布置的内容主要包括：各处理构（建）筑物的标高（例如池顶、池底、水面等）；管线埋深或标高；阀门井、检查井井底标高，管道交叉处的管线标高；各种主要设备机组的标高；道路、地坪的标高和构筑物的覆土标高。

二、污水厂的平面布置

1. 污水厂平面布置原则

① 按功能分区，配置得当。主要是指对生产、辅助生产、生产管理、生活福利等各部分的布置，要做到分区明确、配置得当，而又不过分独立分散。其设置与平面布置应符合现行室外排水设计规范的要求，既有利于生产，又避免非生产人员在生产区通行和逗留，确保安全生产。在有条件时（尤其建新厂时），最好把生产区和生活区分开，但二者之间不必设置围墙。

② 功能明确、布置紧凑。首先应保证生产的需要，结合地形、地质、土方、结构和施工等因素全面考虑。布置时力求减少占地面积，减少连接管（渠）的长度，便于操作管理。厂区布置应符合国家现行有关防火规范的要求。

③ 顺流排列，流程简捷。指处理构（建）筑物尽量按流程方向布置，避免与进（出）水方向安排相反，各构筑物之间的连接管（渠）应以最短路线布置，尽量避免不必要的转弯和用水泵提升，严禁将管线埋在构（建）筑物下面，目的在于减少能量（水头）损失、节省管材，便于施工、检修、养护和管理。

④ 充分利用地形，平衡土方，降低工程费用。某些构筑物放在较高处，便于减少土方，便于放空、排泥，又减少了工程量，而另一些构筑物放在较低处，使水按流程按重力顺畅输送。

⑤ 必要时应预留适当余地，考虑扩建和施工可能（尤其是对大中型污水处理厂）。

⑥ 构（建）筑物布置应注意风向和朝向。将排放异味、有害气体的构（建）筑物布置在居住与办公场所的下风向；为保证良好的自然通风条件，建筑物布置应考虑主导风向。

2. 污水厂的平面布置

污水厂的平面布置是在工艺设计计算之后进行的，根据工艺流程、单体功能要求及单体平面图形进行，污水厂总平面图上应有风向玫瑰图、构（建）筑物一览表、占地面积指标表及必要的说明，比例尺一般为1：（200～500），图上应有坐标轴线或方格控制网。

① 首先对处理构筑物和建筑物进行组合安排（可按比例剪成硬纸块）。布置时对其平面位置、方位、操作条件、走向、面积等通盘考虑。安排时应对高程、管线和道路等进行协调。

为了便于管理和节省用地、避免平面上的分散和零乱，往往可以考虑把几个构筑物和建筑物在平面、高程上组合起来，进行组合布置。构筑物的组合原则如下。

a. 对工艺过程有利或无害，同时从结构、施工角度看也是允许的，可以组合，如曝气池（或氧化池）与沉淀池的组合，反应池与沉淀池的组合，调节池与浓缩池的组合。

b. 从生产上看，关系密切的构筑物可以组合成一座构筑物，如调节池和泵房，变配电室与鼓风机房，投药间与药剂仓库等。

c. 为了集中管理和控制，有时对于小型污水厂还可以进一步扩大组合范围。

构筑物间的净距离，按它们中间的道路宽度和铺设管线所需要的宽度，或者按其他特殊要求来定，一般为 5～20m。

布置管线时，管线之间及其他构（建）筑物之间，应留出适当的距离，给水管或排水管距构（建）筑物不小于 3m，给水管和排水管的水平距离，当 $d \leqslant 200m$ 时，不应小于 1.5m，当 $d > 200m$ 时不小于 3m。详见表 5-1。

表 5-1　管道离构（建）筑物最小距离　　　　　　　　单位：m

项　　目	建筑物	围墙和篱栅	公路边缘	高压电线杆支座	照明电讯杆柱	上水干管（>300m）	污水管	雨水管
上水干管（>300m）	3～5	2.5	1.5～2	2	3	2～3	2～3	2～3
污水管	3	1.5	1.5～2	3	1.5	2～3	1.5	1.5
雨水管	3	1.5	1.5～2	3	1.5	2～3	1.5	0.8

② 生产辅助建筑物的布置，亦应尽量考虑组合布置，如机修间与材料库的组合，控制室、值班室、化验室、办公室的组合等。

③ 预留面积的考虑。必要时预留生产设施的扩建用地。

④ 生活附属建筑物的布置，宜尽量与处理构筑物分开单独设置，可能时应尽量放在厂前区。应避免处理构（建）筑物与附属生活设施的风向干扰。

⑤ 道路、围墙及绿化带的布置。人行道，宽度 1.5～2.0m；单车道路面宽为 3～4m，双车道宽 6～7m，转弯半径为 6m；道路边缘至房屋或构筑物外墙面的最小距离为 1.5m。道路纵坡结合地形确定。

污水厂布置除应保证生产安全和整洁卫生外，还应注意美观、充分绿化，在构（建）筑物处理上，应因地制宜，与周围情况相称，在色调上做到活泼、明朗和清洁。应合理规划花坛、草坪、林荫等，使厂区景色园林化，但曝气池、沉淀池等露天水池周围不宜种植乔木，以免落叶入池。污水厂周围根据现场条件应设置围墙，其高度不宜小于 2.0m。

⑥ 污泥区的布置。由于污泥的处理和处置一般与污水处理相互独立，且污泥处理过程卫生条件比污水处理差，一般将污泥处理放在厂区后部；若污泥处理过程中产生沼气，则应按消防要求设置防火间距。由于污泥来自于污水处理部分，而污泥处理脱出的水分又要送到调节池或初沉池中，必要时，可考虑某些污泥处理设施与污水处理设施的组合。

⑦ 管（渠）的平面布置。在各处理构筑物之间应有连通管（渠），还应有使各处理构筑物独立运行的管（渠）。当某一处理构筑物因故停止工作时，使其后接处理构筑物，仍能够保持正常的运行，污水厂应设超越全部或部分处理构筑物，直接排放水体的超越管。此外还应设有给水管、空气管、消化气管、蒸汽管及输配电线路等，这些管线有的敷设在地下，但大部分都在地上，对它们的安排，既要便于施工和维护管理，也要紧凑，少占用地。污水厂内各种管渠、管线的平面布置应符合现行室外排水设计规范的要求。

三、污水厂的高程布置

污水厂处理流程高程布置的主要任务是计算确定主要控制点（水高、接管等）的标高，使污水能够沿流程在各处理构筑物之间通畅地流动，保证污水处理厂的正常运行。污水厂高程设计应充分利用地形，符合排水通畅、降低能耗、平衡土方的要求。高程图上的垂直和水平方向比例尺一般不相同，一般垂直的比例大（取 1∶100），而水平的比例小些(1∶500)，使图纸醒目、协调。

污水厂处理高程布置时，所依据的主要技术参数是构筑物高度和水头损失。

1. 水头损失的确定

在处理流程中，相邻构筑物的相对高差，取决于这两个构筑物之间的水面高差，这个水面高差的数值就是流程中的水头损失，它主要由三部分组成，即构筑物本身的、连接管（渠）的及计量设备的水头损失。所以进行高程布置时，应首先计算这些水头损失，而且计算所得的数值应考虑一些安全因素，以便留有余地。

（1）处理构筑物的水头损失

构筑物的水头损失与构筑物种类、形式和构造有关。初步设计时，可按表 5-2 所列数据估算。污水流经处理构筑物的水头损失，主要产生在进口、出口和需要的跌水处，而流经构筑物本身的水头损失则较小。

（2）构筑物连接管（渠）水头损失

表 5-2　处理构筑物的水头损失

构筑物名称		水头损失/cm	构筑物名称	水头损失/cm
格栅		10～25	生物滤池（工作高度为 2m 时）	
沉砂池		10～25	① 装有旋转式布水器	270～280
沉淀池	平流式	20～40	② 装有固定喷洒布水器	450～475
	竖流式	40～50	混合池或接触池	10～30
	辐流式	50～60	污泥干化场	200～350
双层沉淀池		10～20	配水井	10～20
曝气池	污水潜流入池	25～50	混合池（槽）	40～60
	污水跌水入池	50～150	反应池	40～50

包括沿程与局部水头损失，可按下式计算确定。

$$h=h_1+h_2=\sum iL+\sum \xi \frac{v^2}{2g}\ (m)$$

式中　h_1——沿程水头损失，m；

h_2——局部水头损失，m；

i——单位管长的水头损失，根据流量、管径和流速等查阅《给水排水设计手册》获得；

L——连接管段长度，m；

ξ——局部阻力系数，查设计手册；

g——重力加速度，m/s²；

v——连接管中流速，m/s。

连接管中流速一般为 0.6～1.2m/s，进入沉淀池时流速可以低些；进入曝气池或反应池时，流速可以高些。流速太低，会使管径过大，相应管件及附属构筑物规格亦增大；流速太高时，则要求管（渠）坡度较大，会增加填、控土方量等。

确定管径时，必要时应适当考虑留有水量发展的余地。

（3）计量设施的水头损失

计量槽、薄壁计量堰、流量计的水头损失可通过有关计算公式、图表或设备说明书确定。一般污水厂进、出水管上计量仪表中水头损失可按 0.2m 计算，流量指示器中的水头损失可按 0.1～0.2m 计算。

2. 高程布置时的注意事项

① 选择一条距离最长、水头损失最大的流程进行水力计算，并应适当留有余地，以保证在任何情况下，处理系统能够正常运行；

② 污水尽量经一次提升就应能靠重力通过净化构筑物，而中间不应再经加压提升；

③ 计算水头损失时，一般应以近期最大流量作为处理构筑物和管渠的设计计算流量；

④ 污水处理后污水应能自流排入下水道或水体，包括洪水季节（一般按 25 年一遇防洪标准考虑）；

⑤ 高程的布置要考虑某些处理构筑物（如沉淀池、调节池、沉砂池等）的排空，但构筑物的挖土深度又不宜过大，以免土建投资过大和增加施工难度；

⑥ 高程布置时应注意污水流程和污泥流程的配合，尽量减少需抽升的污泥量；污泥浓缩池、消化池等构筑物高程的决定，应注意它们的污泥水能自动排入污水井或其他构筑物的可能性；

⑦ 进行构筑物高程布置时，应与厂区的地形、地质条件相联系；当地形有自然坡度时，有利于高程布置；当地形平坦时，既要避免二沉池埋入地下过深，又应避免沉砂池在地面上架得很高，这样会导致构筑物造价的增加，尤其是地质条件较差、地下水位较高时。

第五节　工程结构与辅助工程

一、工程结构

1. 工程结构形式

（1）处理设施结构形式

处理设施采用的结构形式有钢筋混凝土形式和钢结构形式，在某些情况下，可能采用砖混或配筋砖石结构形式。

（2）辅助设施结构形式

大多数辅助设施是建筑物，一般采用砖混结构。若为多层综合楼，可采用框架结构，若为一层建筑，亦可采用砖木结构。某些辅助设施可能是钢筋混凝土结构（如回用水水池）、钢结构（溶药罐、投药罐）或钢筋混凝土与钢的混合形式（如沼气贮气柜）。

厂区其他小型设施或管（渠）系统附属构筑物多采用砖结构或砖混结构。

厂区道路一般采用灰土、炉渣、石块、沥青、混凝土等材料。

2. 常用形式的特点及适用条件

辅助生产设施和附属生活设施常采用的砖混结构形式，其特点本文不叙，参见有关资料。在此，就处理设施常用的钢筋混凝土和钢结构形式的特点和适用条件做一些说明。

钢筋混凝土结构的优点有：保温隔热效果好（由于厚度大、传热系数低），耐火性能好，耐久性好（寿命长），抗震性较好，现场施工方便。但也有以下缺点：抗渗性、抗裂性及抗冻性较差，自重力大，加固和改建困难，低温下施工困难，内部复杂的细部施工困难。因而钢筋混凝土结构适用于容积大，水深不太大，内部构造简单的构筑物。

与钢筋混凝土结构相比较，钢结构具有抗渗、抗裂、抗冻性能优，施工容易（尤其是小型装置构件的施工），自重小，结构稳定性好等优点。但同时具有易腐蚀（防腐造价高），保温隔热效果差，耐火性、耐久性差（寿命短）等缺点。因此，钢结构适合于干燥气候条件下，建成容积小、高径比大、内部构造复杂的构筑物。

从埋深角度看，构筑物可以设计成地下式、半地下式及地上式三种形式。地下式或半地下式有利于克服温差效应的影响，地震烈度高的地区最好采用地下式，但大型构筑物，遇到较浅地下水时，须克服浮力的影响。地上式则有施工方便，土方工程量小的优点。

3. 工程结构与工艺设计的协作关系

工程结构设计的任务是依据已经完成的工艺设计，根据工程地质、水文地质、气象特点和材料供应等，分析各构筑物受力特点，确定结构形式与计算简图后，选定结构材料的品种与规格，再根据内力分析结果计算构筑物结构尺寸、数量、构造措施、制作加工与装配措施及其技术要求，最后完成结构施工图。

结构设计应向工艺设计提供对工艺构筑物构造设计（尤其是细部构造）的意见，构件、设备、管道与附件加工制作安装意见，以及构筑物结构设计尺寸。

同时结构设计应从工艺设计获得以下资料：构筑物工艺施工图（包括细部构造详图、设备、构件、管道及其附件安装图），大型设备重量、基础设置要求，预埋件和预留孔洞的位置和尺寸要求。同样，构筑物工艺布置时就结构方面应考虑以下问题。

① 小型处理构筑物平面尺寸布置时，长度宜控制在 20m×(1.1~1.2)m 之内，否则池长方向需设沉降缝等，池直臂深度与池宽之比 H/B 宜控制在 2.0 之内，否则垂直墙厚度变化过大。工艺设计时，对于结构部件要有尺寸概念，否则有时会造成工艺布置的返工。

② 房屋的尺寸取决于工艺设备的尺寸，但决定工艺尺寸时也要照顾到建筑设计的尺寸确定原理，其中一条就是建筑模数的确定。

③ 工艺设计时要经常想到设备等如何与结构部件衔接，特别是由于工艺的特殊要求，需要在墙、板上开孔或穿洞时更要注意，否则结构设计就不好处理。

④ 工艺构筑物内可能会出现水压变化的情况，应与结构设计协调考虑，如构筑物（SBR 反应池、浓缩污泥池）内水面的升降变化；构筑物本身深度的差异（平流式沉淀池的平底与污泥斗处的水深差，混凝沉淀池反应区浅沉淀区深等）。

⑤ 构筑物基础的埋深主要考虑以下因素：在冰冻线下面，在埋没深度处土壤耐压力是否足够，尽量避免埋在地下水位下（土壤的允许耐压力是随深度增加而增加，但遇水时施工需排水，且可能有浮力影响问题）。

二、电气与自控

污水处理工程电气与自控设计的任务包括：确定供电的负荷等级、变（配）电所的位置、电气与自控的设计方案及设备线路布置走向，完成变（配）电所、控制室的布置、线路布置和用电设备安装等施工图（施工图内容详见第一章）。该专业设计应力求简单、运行可靠、操作方便、设备少且便于维修。

进行电气与自控制设计之前，设计人员应了解污水处理工程的概况，并由工艺设计提供以下资料。

① 工艺总体布置图、工艺流程图；

② 工程用电设备的型号、规格、工作制、安装和备用的台数、安装位置（工艺施工图）等；

③ 工艺对用电设备控制的设计要求；

④ 工艺过程或设备的自动运行程序和要求。

继电保护设计是应有的，其作用是确保安全供电和电能质量，使电气设备在规定的电气参数范围内安全可靠的运行。

自动控制设计是提高科学管理水平、降低劳动强度、保证处理质量、节约能耗和药耗的重要技术措施。如某鼓风曝气池中，若溶解氧保持一定，使鼓风量随进水污染负荷而变化，其结果可节约电量10%。自动控制的目的一般如下。

① 实现用电设备控制的自动化；

② 通过主要用电设备的自动控制（如变频调速的泵、风机、曝气机等），协调供求矛盾，提高运行效率；

③ 实现工艺过程的自动控制（如曝气量、水位、排泥量、回流量、温度、时间、pH 值等），保证处理过程最优运行，提高处理效果。但是实现最优化控制需要大量的统计资料和建立各种数控模型，需要工艺与自控技术人员反复摸索。是否采取自动控制，选择时应根据工艺要求、自控技术成熟程度、技术管理水平、投资等方面进行综合考虑。

污水处理运行（尤其是大型污水厂）的自动监测、自动记录、自动操作、自动调节和控制是今后的技术发展方向。

三、计量与检测

1. 概述

完善的计量与检测是污水处理厂保证处理效果和提高技术管理水平的重要而又必要的手段。污水处理厂的设计即使是非常合理，但如运行管理不善，也不能使整个处理厂运行正常和充分发挥其净化功能。

通过计量和检测手段，对污水处理厂的运行做好观测、监测、记录与调节控制，具体内容如下。

① 处理的污水量；

② 污泥产量或污泥处理量；

③ 消化气（沼气）产量；

④ 空气、药剂、蒸汽耗用量；

⑤ 污水处理厂和主要处理构筑物的处理效率；

⑥ 某些指导运行的参数，如曝气池的溶解氧、污泥浓度、回流污泥浓度；

⑦ 微生物观测（主要对生化处理装置）。

污水处理厂的运行和化验工作，都必须备有值班记录本，逐日记录其运行情况、处理效率、事故、设备维修等事项。以上记录，还应设立技术档案妥善保管。

2. 污水流量计量

污水处理厂应设置计量设备，准确掌握污水处理厂的处理水量，为运行管理和技术分析提供基础资料。

对污水水量计量设备的要求是精度高、操作简单、不积杂物，最好能够自动检测与记录。

污水处理厂总处理水量的计量是必要的。总水量的计量设备一般设在一级处理构筑物之前的管（渠）道上，或设在污水厂总出水管（渠）道上。为了均衡各主要处理构筑物的处理状态，如有可能，在主要处理构筑物上都应安装计量设备，但这样会增加水头损失。

污水处理厂常用的水量计量设备有计量槽、薄壁堰和流量计。对于中、小型污水处理厂，可以采用计量槽或薄壁堰来测量污水处理量，但不能实现自动连续计量，且只适用于安装在明渠上，对于大型污水处理厂广泛采用电磁流量计或超声波流量计，进行连续自动计量，并实现远距离输送。

一般根据量测范围，购买成套流量计设备安装使用，其优点是：①压力损失小、不易堵塞；②结构简单，内部无活动部件；③安装方便；④测量精度不受被测污水各项物理参数的影响。但其亦具有价格较贵、需精心保养、难于维修的缺点。

巴氏计量槽、薄壁堰的形式、制作与安装要求、测量与计算，可参见国家有关水文测量标准或其他资料。

3. 污水处理厂运行效果的检测

（1）检测目的

通过检测项目的分析、比较，反映污水处理厂及主要处理设施的运行效果。与自动控制系统联合作用，自动调节处理设备的运行状态，如曝气池的曝气机或曝气转刷的开启台数与位置、污泥回流的流量、加热的蒸汽用量等。

（2）检测项目

① 反映处理效果的项目　进出水的 COD_{Cr}、BOD_5、SS、pH 值、色度、TN 及 TP 等。

② 反映运行状态的项目　曝气池的溶解氧、污水水量、回流污泥量、加热蒸汽温度及用量、污水水位及水温、沼气气量、污泥浓度及沉降比等。

③ 反映污泥情况的项目　污泥浓度、可挥发分含量、污泥沉降比、污泥指数、微生物观测等。

④ 反应进水水质的项目　污水原水污染物中有机物、无机物、营养物与有毒物质的项目。

（3）检测频次

反映污水处理厂总的处理效果的指标，应每天或每班测试一次；反映主要处理设施运行效果的指标，应每 1~2 周测试一次；反映处理设施运行状态的指标，应每班测试 2~3 次，或由在线检测仪器连续自动检测；反映污泥情况的项目，应每 1~2 周测试一次，并根据运行需要（如发生故障）增加不定期检测；进水水质项目仅需根据生产及其变化适当检测即可。

运行状态和水质的自动监测，有利于提高处理效果和实现节能降耗，但自动检测与控制系统中的一、二次仪表，还存在抗干扰性差、精度低、寿命短的缺点，同时亦受技术管理水平的限制，因而实际应用水平尚较低，有待于进一步提高。

四、其他辅助工程

城市大中型污水处理厂，一般需设置独立的给水、排水、再生水、雨水、采暖与通风系统，由相关专业参照国家设计规范设计。企业小型污水处理厂的这些辅助工程由总厂直接配套，污水处理项目可不做设计。

第六节　污水处理工程节能设计

一、污水处理中的能耗

1990 年以来，我国城市和企业建设了大量的污水处理厂，但很多均未能正常运行，或全厂停止运行，或处理规模减半运行，或某些处理单元未运行。导致这种现象的主要原因是运行成本高，污水处理厂无法正常运行。

污水处理厂的建设不仅要考虑污水处理工艺的先进性、可靠性和实用性，考虑工程投资的大小，而且更重要的是要考虑处理过程的能源消耗。从生态学观点来看，能耗增加将导致气候和生态的严重影响，从经济学角度来说，能耗增加将导致污水处理厂运行的困难。因此，污水处理的工程设计人员必须从管理的角度出发，设计出能更有效、更经济地利用能源的污水处理厂。

污水处理是一个能源消耗密集性的过程，污水处理所消耗的能量通常包括直接能耗和间接能耗。

直接能耗是指污水处理厂运行过程中现场消耗的能量。直接能耗一般包括电力、燃油或煤、天然气。

间接能耗是指污水处理厂建设和运行过程使用的非能源产品所涉及的能耗，一般包括：建设时所用建筑材料、机电设备的生产所需的能耗，施工与安装过程消耗品的生产所需的能耗，施工与安装所用设备的生产和使用涉及的能耗，运输过程能耗，运行时所用药剂和其他原材料涉及的能耗（如自来水、蒸汽），尤其是药剂，如絮凝剂、絮凝助剂、酸或碱、化学分析所用药剂等，消耗量大，价格高，使运行成本大大提高。

污水处理厂的直接能耗中，主要是污水与污泥的提升所消耗的电力及好氧生物处理供氧所耗用的电力，两者分别占整个污水厂直接能耗的 35% 和 40% 左右。

污水处理厂的间接能耗中，主要是各种原材料，如自来水、蒸汽、絮凝剂。在污水的物理化学处理过程或污泥脱水过程，大量使用价格高的絮凝剂，如 PAC 和 PAM 等，是导致污水厂停止运行的主要原因。

二、污水处理的节能技术

从污水处理厂的能耗分析、污水处理厂设计和运行实践来看，污水处理厂的节能技术主要表现在：确定合理的处理工艺（包括尽量不用化学药剂来处理污水），高能效的总体设计，选用节能的设备与装置，污水与污泥综合利用。

1. 选择高能效的处理工艺

污水处理工艺的选择，除了根据污水水质水量、排放标准、工程投资等来确定以外，尚需从节能角度合理选择。污水处理的工艺方法中，物理处理法能耗较低；其次是厌氧生物处理法，处理费用约为前者的 5～10 倍；好氧生物处理法能耗较高，处理费用约为厌氧生物处理的 5～8 倍；而物理化学处理法则能耗最高，尤其是对于难处理的工业废水，选用价格高的絮凝剂、吸附剂时。

（1）充分利用厌氧生物处理技术

采用物理处理法，能耗最低，但一般只能作为预处理或一级处理，用以去除漂浮物、可沉淀或上浮的悬浮物，对于绝大多数污水处理厂不可能经物理处理达标排放。厌氧生物处理具有能耗低，外加营养少，产泥量少，污泥稳定化程度高等优点，并且可以把有机物转化为甲烷，作为一种清洁燃料。污水处理厂应当充分发挥厌氧生物处理的作用。对于可生物处理的工业废水，只要有机污染物的组成和浓度合适，宜采用厌氧生物处理，可以避免采用好氧生物处理带来的高能耗。对于工业或生活小区废水处理，亦可以采用厌氧水解技术，以便大大降低后续（好氧生物）处理的负荷。

（2）合理利用好氧生物处理技术

对于众多的好氧生物处理技术，工艺的选用及其节能效果，往往取决于污水处理厂的规模、处理出水标准等。例如，当出水要求脱氮、除磷时，中小型污水处理厂宜采用氧化沟工艺，而大型污水处理厂却适合采用生物脱氮除磷工艺。一般而言，好氧生物处理工艺中，延时曝气活性污泥法能耗高于传统活性污泥法，后者与生物接触氧化的能耗接近，它们的能耗均高于生物转盘或纯氧曝气，能耗最低的当属生物滤池。生物膜法是兼性生物处理过程，有机污染物的部分降解是在厌氧条件下完成的，降低了生物代谢所需的氧量，即能源。然而，由于生物膜（尤其是生物滤池）对进水水质和负荷的限制，设计中对传氧能力与效率、工艺性能还不能准确定量表示，其节能应用受到限制。

某些新的好氧生物处理工艺，运行中包括厌氧或兼氧过程，并且有技术路线简捷、投资低、处理效率高、运行方式灵活等综合优势，使其具有较好的节能效果，如 SBR 法、A-B 法和氧化沟法。

2. 优化处理系统总体设计

污水处理厂的处理工艺复杂，尤其是对难处理的工业废水，厂内建筑物、构筑物、管线多，做好总体设计不仅能减少占地、节省投资、方便生产、美化环境，而且能降低污水处理的能耗。处理系统总体设计时可考虑以下因素。

① 在条件许可时，污水应一次提升，利用重力自流经过处理构筑物，以避免多次重复提升，节省能耗。当有多股不同浓度污水进入时，或存在某些特殊工艺要求（如 SBR 法间歇排水），可能会出现污水经一次提升不能完成整个处理过程。

② 合理设计构筑物的进水、出水形式和管道之间的连接形式，减少污水处理流程的水头损失。构筑物和管线的布置应力求紧凑、简洁，避免不必要的拐弯和长距离输送。这样往往可以有效地降低污水处理厂提升扬程，大大降低直接能耗。

例如，同样均采用传统活性污泥法（鼓风曝气），流程都是曝气沉砂池→初沉池→曝气池→二沉池，西安邓家村污水处理厂、天津东郊污水处理厂总水位差（从提升泵出水水面至厂出水口水面）分别是 5.92m 和 4.50m。两者相差 1.42m，前者污水多提升 1.42m，经计算每年多耗电近 100×10^4 kW·h。

③ 充分考虑构筑物的特征和构筑物之间的相互关系，合理集中布置某些构筑物，如污泥浓缩池与调节池或初沉池集中。

④ 条件许可时，将某些处理单元合建，如中和反应池与沉淀池，反应池与气浮池或滤池，调节池与浓缩池，格栅与沉砂池，多功能配水井与泵房等，以降低土建工程量。减少间接能耗的同时，亦能减少水力输送环节，降低直接能耗。

3. 选用高能效的设备与装置

（1）污水提升泵

选用流量与扬程尽量达到设计要求的污水提升泵，选用高效率的污水泵，选用高能效的污水泵。例如：液下泵、潜污泵与普通卧式离心泵相比，安装形式简单，没有吸水管与启动辅助设备，直接能耗相同时，间接能耗要低得多；WG/WGF 型污水泵在同一工况下比 PW 型污水泵效率高。

对污水提升流量调节时，要避免阀门调节来节省能耗，可采用调速泵或多台定速泵组合调节的形式。

（2）曝气系统

仅从降低能耗的角度考虑，表面曝气机的性能要优于穿孔管曝气，微孔曝气器效率高于中气泡、大气泡曝气器，亦优于表面曝气机。几种主要空气曝气器的性能比较见表 5-3。

表 5-3　几种空气曝气器的性能比较

型式 名称 性能	大中气泡型							小气泡型
	固定 单螺旋	固定 双螺旋	固定 三螺旋	水下叶轮 曝气机	盆形 曝气器	金山 I型	射流 曝气器	微孔 曝气器
氧利用率/%	7.4~11.1	9.5~11.0	8.7		6.5~6.8	8.0	16.0	16~20
动力效率/ [kgO$_2$/(kW·h)]	2.24~2.48	1.5~2.5	2.2~2.6	1.1~1.4	1.75~2.88		1.6~2.2	2.0~4.7
服务面积	5.0~6.0	5.0~8.0	3.0~8.0		4.0~5.0	1.0	1.5	0.17

天津纪庄子污水处理厂曝气系统改造工程的运行实践证明，微孔曝气器电耗比穿孔管降低一半，该厂 1986 年曝气系统电耗为 0.250kW·h/m³ 污水，改造后的 1987 年为 0.124kW·h/m³ 污水。

另一个节能的重要措施是对曝气池供氧系统采用自动调节，根据曝气池中的溶解氧浓度由现场 PLC 自动调节供气量可节省气量 10%。

鼓风机选用时，小风量、高风压的污水处理厂选用罗茨鼓风机，大风量低风压的污水处理厂选用离心式鼓风机。设计和运转时宜采用变频调速技术，根据曝气池溶解氧情况调节供风量，以节能降耗。另外，单级高速离心风机比多级低速离心风机节能，效率可由 60% 提高至 80%，这也在天津纪庄子污水处理厂 1986 年的曝气系统改造中得到证明。

4. 污水处理系统资源利用

经处理后的污水是一种资源，污水中还存在一定潜能，对这些资源加以利用，也是污水处理厂节能降耗的有效途径。

(1) 污水的重复利用

污水处理后可回用于灌溉农田，经深度处理后，可作为市政或生活杂用水，亦可作为工业生产中循环冷却水。

(2) 厌氧沼气的利用

污水的厌氧处理和污泥的厌氧消化可产生甲烷沼气，该沼气送至锅炉燃烧产生蒸汽，可用于厌氧系统加热和取暖。沼气用于发电可回收大量电能。天津东郊污水处理厂年产沼气 500×10⁴~1000×10⁴m³，除回收热量外，每年可发电 600×10⁴kW·h 以上，占全厂用电量 18%。

(3) 污泥的综合利用

污水处理厂的污泥，尤其是生物污泥含有一定有机质，目前综合利用的技术形式很多，但是比较实际的利用方式是土地利用，用做生产复合肥。

第六章　污水处理厂工程验收与运行管理

第一节　污水处理厂工程竣工验收

一、工程验收组织与程序

当污水厂的处理构（建）筑物、辅助构（建）筑物及附属建筑物的土建工程、主要工艺设备安装工程、室内室外管道安装工程已全部结束，已形成生产运行能力（达到设计规模），即使有少数非主要设备及某些特殊材料短期内不能解决，或工程虽未按设计规定的内容全部建成（指附属设施），但对投产、使用影响不大，此时可报请竣工验收。

1．工程验收的组织

工程施工完毕后必须经过竣工验收。竣工验收由建设单位组织施工、设计、管理（使用）、质量监督及有关单位联合进行。隐蔽工程必须通过中间验收，中间验收由施工单位会同建设、设计及质量监督部门共同进行。

2．工程验收的程序

工程项目的竣工验收程序主要有自检自验（施工单位完成）、提交正式验收申请和验收报告与资料（施工单位完成）、现场预验收（由施工、建设单位、设计及质检部门完成）、正式验收（由以上单位完成）。并做好以下工作。

① 对各单体工程进行预检，查看有无漏项，是否符合设计要求；

② 核实竣工验收资料，进行必要的复检和外观检查；

③ 对土建、安装和管道工程的施工位置、质量进行鉴定，并填写竣工验收鉴定书；

④ 办理验收和交接手续；

⑤ 建设单位将施工及竣工验收文件归档。

3．验收的依据与标准

（1）竣工验收依据

验收依据一般包括设计任务书、扩初设计、设计报告、施工图设计、设计变更通知单、国家现行标准和规范。

（2）竣工验收标准

一般验收标准包括建设工程验收标准、安装工程验收标准、生产准备验收标准和档案验收标准。其中污水厂工程验收标准有：《给水排水构筑物施工及验收规范》GB/J 141、《机械设备安装工程施工及验收规范》第一册 TJ 231（一）、《化工机械设备安装施工及验收规范（通用规定）》HG/J 203、机械设备自身附带的安装技术文件、《给水排水管道工程施工及验收规范》GB 50268—2008。

二、工程验收的准备

工程项目在竣工验收前，施工单位应做好下列竣工验收的准备工作。

1. 完成收尾工程

收尾工程的特点是零星、分散、工程量小、分布面广，如果不及时完成，将会直接影响工程项目的竣工验收及投产使用。

2. 竣工验收的资料准备

竣工验收资料和文件是工程项目竣工验收的重要依据，从施工开始就应完整地积累和保管，竣工验收时经编目建档。

3. 竣工验收自检自验

竣工项目自检自验是指工程项目完成后施工单位自行组织的内部模拟验收，自检自验是顺利通过正式验收的可靠保证。通过自检自验，可及时发现遗留问题，事先予以处理，为了工作顺利进行，自检自验宜请监理工程师参加。

三、工程验收的内容

工程项目竣工验收内容分为工程资料验收和工程内容验收两个部分。前者包括工程综合资料、工程技术资料和竣工图。后者包括土建工程验收、设备与管道安装工程验收。

1. 工程综合资料

主要包括以下内容。

① 项目建议书及批件；

② 设计任务书；

③ 土地征用申报与批准文件及红线、拆迁补偿协议书；

④ 承包发包合同，招标与投标等协议文件；

⑤ 施工执照；

⑥ 整个建设项目的竣工验收报告；

⑦ 验收批准文件、验收鉴定书；

⑧ 项目工程质量检验与评审材料；

⑨ 工程现场声像资料；

⑩ 消防、劳动卫生等设施验收资料。

2. 工程技术资料

① 工程地质、水文、气象、地震资料；

② 地形、地貌、控制点、构筑物、重要设备安装测量定位、观测记录；

③ 设计文件及审查批复卡；图纸会审和设计交底记录；

④ 工程项目开工、竣工报告；

⑤ 分项、分部工程和单位工程施工技术人员名单；

⑥ 设计变更通知单、变更核实单；

⑦ 工程质量事故的调查和处理资料；

⑧ 材料、设备、构件的质量合格证明资料，或相关试验、检验报告；

⑨ 水准点的位置、定位测量记录、沉降及位移观测记录；

⑩ 隐蔽工程验收记录及施工日志；

⑪ 分项、分部、单位工程质检评定资料；

⑫ 电气与仪表安装工程竣工验收报告；

⑬ 设备试车、运转验收记录；

⑭ 国外采购设备的技术协议或资料。

3．竣工图

工程项目竣工图是真实记录各种地下、地上工程等详细情况的技术文件，是对工程进行交工验收、维护、扩改建的依据，也是使用单位长期保存的技术资料。

若施工中没有变更或有少数一般性变更，则可在原施工图或局部修改补充的施工图上加盖"竣工图"标志，即作为竣工图。

凡结构形式、工艺构造、平面布置、技术项目改变以及其他重大改变，不宜再在原施工图上修改补充的，应重新绘制改变后的竣工图。

四、水池工程验收

1．水池常规验收内容

① 水池整体及分项。底板、池壁、柱、梁的位置，高程，平面尺寸，预埋管道、管件等安装位置和数量。

② 水池的水密性、消化池的气密性检验结果。

③ 水池的结构强度，抗渗、抗冻标号。

④ 水池四周的回填土夯实及平整情况。

2．水池配管工程

① 配管工程要验收管材、管径、长度、走向、埋深、坡度及连接方式、位置。

② 管道的严密性，防腐情况。

③ 闸阀的数量、位置，是否启闭灵活、严密。

3．现浇钢筋混凝土施工允许偏差

现浇钢筋混凝土施工允许偏差见表 6-1。

表 6-1　现浇钢筋混凝土施工允许偏差

项　目		允许偏差/mm	项　目		允许偏差/mm
轴线位置	底板	15	截面尺寸	池壁、柱、梁、顶板	$+10$ -5
	池壁、柱、梁	8		洞、槽、沟净空	±10
高　程	垫层、底板、池壁、柱、梁	±10	垂直度	$H<5m$	8
平面尺寸（底板和池体的长、宽或直径）	$L<20m$	±20		$5m<H<20m$	$1.5H/1000$
	$20m<L<50m$	$\pm L/1000$	表面平整度（用 2m 直尺检查）		10
	$50m<L<205m$	±50	中心位置	预埋件、预埋管	5
				预留洞	10

注：1. L 为底板和池体的长、宽或直径。

　　2. H 为池壁、柱的高度。

4．水池满水试验

（1）水池满水试验的前提条件

① 池体结构混凝土的抗压强度、抗渗标号或砖砌水池的砌体水泥砂浆强度达到设计要求；

② 现浇钢筋混凝土水池的防水层、水池外部防腐层施工以及池外回填土之前；

③ 装配式预应力混凝土水池施加预应力以后，水泥砂浆保护层喷涂之前；

④ 砖砌水池的内外防水水泥砂浆完成之后；

⑤ 进水、出水、排空、连通管道的安装及其穿墙管口的填塞已经完成；

⑥ 水池抗浮稳定性，满足设计要求；

⑦ 满足设计图纸中的其他特殊要求。

（2）水池满水试验前的准备工作

① 池体混凝土的缺陷修补；

② 池体结构检查；

③ 临时封堵管口；

④ 检查闸阀，不得渗漏；

⑤ 清扫池体杂物；

⑥ 注入的水应准备清水，并做好注水和排空准备；

⑦ 有盖池顶部的通气孔、人孔盖应装备完毕，必要的安全防护设施和照明等标志应配备齐全；

⑧ 设置好水位观测标尺、水位计等；

⑨ 准备现场测定蒸发量的设备；

⑩对水池有观测沉降要求时，应先布置观测点，至测量记录水池各观测点的初始高程。

（3）满水试验步骤及检查测定方法

① 注水　向池内注水分三次进行，每次注入设计水深的1/3。注水水位上升速度不宜超过 2m/24h，相邻两次充水的间隔时间不少于 24h，以便混凝土吸收水分后，有利于混凝土微裂缝的愈合。

每次注水后宜测读 24h 的水位下降值。同时应仔细检查池体外部结构混凝土和穿墙管道的填塞质量情况。

如果池体外壁混凝土表面和管道堵塞有渗漏的情况，同时水位降较大时，应停止注水。待经过检查、分析处理后，再继续注水。

即使水位降（渗水量）符合标准要求，池壁外表面出现渗漏的迹象，也认为结构混凝土不符合规范要求。

② 水位观测

a. 注水时的水位用水位尺观测；

b. 注水至设计深度进行渗水量测定时，应用水位测针测定水位降，水位测读精度1/10mm；

c. 注水至设计深度 24h 以后，开始测读水位测针的初读数；

d. 测读水位的末读数与初读数的时间间隔应不少于 24h；

e. 可测读多次，计算平均渗水量。

③ 蒸发量测定

a. 有盖时不测，蒸发量可忽略不计。

b. 无盖时，做一严密不渗的钢板水箱，尺寸为 $\phi50cm \times H30cm$。水箱中充入 20cm 水放入池中固定，并测水箱中水位。

④ 水池渗水量的计算　水池渗水量按下式计算

$$q = (A_1/A_2)[(E_1 - E_2) - (e_1 - e_2)]$$

式中　q——渗水量，$L/(m^2 \cdot d)$；

　　A_1——水池的水面面积，m^2；

　　A_2——水池的浸湿总面积，m^2；

　　E_1——水池中水位的初读数，mm；

　　E_2——测读 $24h$ 后水池水位末读数，mm；

　　e_1——测读 E_1 时水箱中水位读数，mm；

　　e_2——测读 E_2 时水箱中水位读数，mm。

计算结果超过标准规定值，应多次测定确定渗水量。

（4）满水试验标准

水池施工完毕，必须进行满水试验。在满水试验中，应进行外观检查，不得有漏水现象。水池渗水量按池壁（不包括内隔墙）和池底的浸湿面积计算，钢筋混凝土水池不得超过 $2L/(m^2 \cdot d)$，砖石砌体水池不得超过 $3L/(m^2 \cdot d)$。

5. 消化池的闭气试验

（1）准备工作

消化池满水试验合格后，即可进行闭气试验。应做好以下准备工作。

① 完成工艺测温孔的加堵封闭。

② 完成池顶盖板的封闭，安装测温仪、测压仪及充气阀门。

③ 采用 U 形水银压力计，用于测量池内气压。

④ 使用温度计测量池内气温，刻度精确至 $1℃$。

⑤ 使用大气压计测量池外大气压力，刻度精确至 $10Pa$。

⑥ 使用空气压缩机往池内充气。

（2）测读气压

① 池内充气至试验压力，稳定后测读池内气压值，即为初读数；间隔 $24h$，测读末读数。

② 在测读池内气压的同时，测读池内的气温和池外大气压力，并将大气压力换算成同于池内气压的单位。

③ 池内气压降按下式计算

$$p = (p_{d_1} + p_{a_1}) - (p_{d_2} + p_{a_2}) \times \frac{273 + t_1}{273 + t_2}$$

式中　p——池内气压降，$10Pa$；

　　p_{d_1}——池内气压初读数，$10Pa$；

　　p_{d_2}——池内气压末读数，$10Pa$；

　　p_{a_1}——测量 p_{d_1} 时的相应大气压力，$10Pa$；

　　p_{a_2}——测量 p_{d_2} 时的相应大气压力，$10Pa$；

　　t_1——测量 p_{d_1} 时相应池内气温，$℃$；

　　t_2——测量 p_{d_2} 时相应池内气温，$℃$。

（3）气密性试验

压力宜为消化池工作压力的 1.5 倍；$24h$ 的气压降不超过试验压力的 20%。

五、机械设备安装工程验收

机械设备在安装及验收过程中，应参照国家有关规范，如《机械设备安装工程施工及验收规范》第一册 TJ 231（一），《化工机械设备安装施工及验收规范（通用规定）》HG/J 203

进行，或按照《城市污水处理厂工程质量验收规范》GB 50334—2002 的相关规定进行。此外，验收应按设备或机械的设计或技术文件对安装的要求进行，必要时应由设备生产厂技术人员指导安装验收。

1. 通用安装技术要求

（1）设备基础

土建工程应依照设计要求和图纸浇筑机械或设备的基础；基础的混凝土标号、基面位置与高程应符合图纸和技术文件规定；依据混凝土规程，强度应符合龄期后的规定，即使赶工期安装，其强度也不应低于设计强度的 75%；预埋的地脚螺栓等预埋件，依照原机的出厂说明书要求进行施工，有关参数应符合规定要求，保证安装后机械的稳固性。

（2）设备开箱

按照安装要求，开箱逐台检查设备的外观和保护包装情况，按照装箱单清点零件、部件、工具、附件、合格证和技术文件，并作出记录。

（3）设备定位

设备定位的基准线应以建（构）筑物柱子等的纵横中心线或墙的边缘为准，其允许偏差为 ±10mm。设备定位时平面位置和标高的允许偏差，一般应符合表 6-2 的规定。

表 6-2　设备基准面与基准线的允许偏差

项　　目	允许偏差/mm		项　　目	允许偏差/mm	
	平面位置	标　高		平面位置	标　高
与其他设备无机械上的联系	±10	+20 −10	与其他设备有机械上的联系	±2	±1

设备找平时，必须符合设备技术文件的规定，一般横向水平度偏差为 1mm/m，纵向水平度偏差为 0.5mm/m。设备不应跨越地坪的伸缩缝或沉降缝。

（4）地脚螺栓和灌浆

地脚螺栓上的油脂和污垢应清除干净。地脚螺栓离孔壁应大于 15mm。其底端不应碰孔底，螺纹部分应涂油脂。当拧紧螺母后，螺栓必须露出螺母 1.5~5 个螺距。灌浆处的基础或地坪表面应凿毛，被油玷污的混凝土应凿除，以保证灌浆质量。灌浆一般宜用细碎石混凝土（或水泥砂浆），其标号应比基础或地坪的混凝土标号高一级。灌浆时应密实。

（5）清洗

设备上需要装配的零部件应根据装配顺序清洗洁净，并涂以适当的润滑脂。加工面上如有锈蚀或防锈漆，应进行除锈及清洗。各种管路也应进行清洗洁净并使之畅通。

（6）设备装配

① 滑动轴承装配　同一传动中心上所有轴承中心应在一条直线上，即具有同轴性。轴承座必须紧密、牢靠地固定在机体上。机械运转时，轴承座不得与机体发生相对位移。轴瓦合缝处放置的垫片不应与轴接触，离轴瓦内径边缘一般不宜超过 1mm。

② 滚动轴承装配　滚动轴承安装在对开式轴承座内时，轴承盖和轴承座的接合面间应无空隙，但轴承外圈两侧的瓦口处应留出一定的间隙。凡稀油润滑的轴承，不准加润滑脂；采用润滑脂润滑的轴承，装配后在轴承空腔内应注入相当于空腔容积 65%~80% 的清洁润滑脂。滚动轴承允许采用机油加热进行热装，油的温度不得超过 100℃。

③ 联轴器装配　各类联轴器的装配，应符合有关联轴器标准的规定。各类联轴器的轴

向（x）、径向（y）、角向（a）许用补偿量见表 6-3。

表 6-3 联轴器的许用补偿量

形　　式	许用补偿量/mm			形　　式	许用补偿量/mm		
	（x）	（y）	（a）		（x）	（y）	（a）
锥销套筒联轴器		≤0.05		弹性联轴器		≤0.2	≤40′
刚性联轴器		≤0.03		柱销联轴器	0.5～3	0.2	30′
齿轮联轴器		0.4～6.3	≤30′	NZ 挠性爪型联轴器		0.01(轴径＋0.25)	≤40′

④ 传动皮带、链条和齿轮装配

a. 每对皮带轮或链轮装配时两轴的平行度不应大于 0.5/1000；两轮的轮宽中央平面应在同一平面上（指两轴平行），其偏移三角皮带或链轮不应超过 1mm，平皮带不应超过 1.5mm。

b. 链轮必须牢固地装在轴上，并且轴肩与链轮端面的间隙不大于 0.10mm，链条与链轮啮合时，工作边必须拉紧。当链条与水平线夹角≤45°时，弛垂度应为两链轮中心距离的 2%；夹角＞45°时，弛垂度应为两链轮中心距离的 1%～1.5%。主动链轮和被动链轮中心线应重合，其偏移误差不得大于两链轮中心距的 2/1000。

c. 安装好的齿轮副和蜗杆传动的啮合间隙应符合相应的标准或设备技术文件规定。可逆传动的齿轮，两面均应检查。

⑤ 密封件装配　各种密封毡圈、毡垫、石棉绳等密封件装配前必须浸透油。钢板纸用热水泡软。O 形橡胶密封圈，用于固定密封预压量为橡胶圆条直径的 25%，用于运动密封预压量为橡胶圆条直径的 15%。装配 V 形、Y 形、U 形密封圈，其唇边应对着被密封介质的压力方向。压装油浸石棉盘根，第一圈和最后一圈宜压装干石棉盘根，防止油渗出，盘根圈子的切口宜切成小于 45°的剖口，相邻两圈的剖口应错开 90°以上。

⑥ 螺纹与销连接装配　螺纹连接件装配时，螺栓头、螺母与连接件接触紧密后，螺栓应露出螺母 2～4 螺距。不锈钢螺纹连接的螺纹部分应加润滑剂。用双螺母且不使用胶黏剂防松时，应将薄螺母装在厚螺母下。设备上装配的定位销，销与销孔间的接触面积不应小于 65%，销装入孔的深度应符合规定，并能顺利取出。销装入后，不应使销受剪力。

⑦ 过盈配合零件装配　装配前应测量孔和轴配合部分两端和中间的直径。每处在同一径向平面上互成 90°位置上各测一次，得平均实测过盈值。压装前在配合表面均需加合适的润滑剂。压装时必须与相关限位轴肩等靠紧，不准有串动的可能。实心轴与不通孔压装时，允许在配合轴颈表面上磨制深度不大于 0.5mm 的弧形排气槽。

2. 各种污水处理机械设备安装的允许偏差

① 格栅除污机安装允许偏差见表 6-4～表 6-6。

表 6-4 格栅除污机安装时定位允许偏差

项　　目	允　许　偏　差		
	平面位置偏差 /mm	标高偏差 /mm	安装要求
格栅除污机安装后与设计要求	≤20	≤30	
格栅除污机安装在混凝土支架			连接牢固、垫块数＜3 块
格栅除污机安装在工字钢支架		＜5	两工字钢平行度＜2mm；焊接牢固

表 6-5　移动式格栅除污机轨道重合度、轨距和倾斜度允许偏差

序号	项　目	允许偏差	序号	项　目	允许偏差
1	轨道实际中心线与安装基线的重合度	3mm	4	两根轨道的相对标高	5mm
2	轨距	±2mm	5	行车轨道与格栅片平面的平行度	0.5/1000
3	轨道纵向倾斜度	1/1000			

表 6-6　格栅除污机安装允许偏差

项　目	允　许　偏　差					
	角度偏差 /(°)	错落偏差 /mm	中心线平行度	水平度	不直度	平行度 /mm
格栅除污机与格栅井	符合设计要求					
格栅、栅片组合		<4				
机架			<1/1000			
导轨				<1/1000		
导轨与栅片组合					0.5/1000	两导轨间≤3
						≤3

② 旋转滤网安装允许偏差见表 6-7。

表 6-7　旋转滤网安装的允许偏差

名　　称	允　许　偏　差/mm
轨道中心线在任何 1m 长度内, 其直线度	≤1mm, 应小于全长的 0.5/1000
同一水平高度左右两侧的轨道中心线平行度	≤2
轨道中心线的垂直度	≤全长的 1/1000
链轮轴水平度	≤两轴承距离的 0.5/1000
传动轴中心线对旋转滤网中心线的垂直度	≤2/1000
两链轮中心距	≤±1

③ 撇油与撇渣设备安装允许偏差

a. 桁架与运行机构允许偏差见表 6-8。

表 6-8　桁架和运行机构允许偏差

名　称　及　代　号	偏差/mm	备　　注
主梁上拱度 F (应为 $L/1000$) 的偏差	$+0.3F$ $-0.1F$	
对角线 L_3、L_4 的相对差 　箱形梁 　单腹板和桁架梁	 5 10	
箱形梁旁弯度 f 　单腹板和桁架梁 $L\leqslant16.5\text{m}$ 　　　　　　　$L>16.5\text{m}$	 ±5 $\pm L/3000$	
跨度 L 的偏差	±5	
跨度 L_1、L_2 的相对差	5	
车轮垂直偏差 (只允许下轮缘向内偏斜)	$h/400$	h 为车轮的垂直高度

注: 此表为大车行走机构桁架的允许偏差所通用。

b. 其他机件安装允许偏差见表6-9。

表6-9　其他机件允许偏差（安装后）

名称或项目	偏差范围	备注
车轮与轨道接触面 导向轮与张紧轮中心线 主动轴的水平度 主动轴垂直度、平行度 主动轴与从动轴相对标高	不允许悬空，主动从动两轮在同一平面重合度＜±2mm 一致，重合度＜0.2mm ＜0.5/1000 1/1000 ±2mm	指链条传动撇油撇渣机

④ 刮泥刮砂机安装允许偏差

a. 池底预埋导轨安装允许偏差和链条刮砂机安装允许偏差见表6-10和表6-11。

表6-10　池底预埋导轨安装允许偏差

项　目	允　许　偏　差	
	水平度/(mm/m)	全长不平整度/mm
导　轨	≤2	＜1/1000

表6-11　链条刮砂机安装允许偏差　　　　单位：mm

项　目	允　许　偏　差			
	平行度	重合度	间　隙	标高偏差
主动轴与各从动轴	＜1/1000			
主动轮与各从动轮		＜±2		
刮板与托架及池底			刮板与托架接触良好，与池底间隙3～5	
初沉池链条刮泥机撇渣机构与液面				≤20，刮板与池壁弹性接触良好，无明显漏缝

注：1. 回程中，在托架上的刮板和链条有足够的悬空部分，以保证链条始终处于紧张状态。

　　2. 试车前必须打开清水润滑开关，空载连续试车时间为2h，带负荷运行4h。机组在运行时应平稳，无异常跳动和噪声。

b. 中心传动刮泥刮砂机机座及主要部件安装允许偏差见表6-12。

表6-12　机座及主要部件安装允许偏差　　　　单位：mm

项　目	允　许　偏　差				
	径向	垂直度	水平度	同轴度	间隙
中心柱管与设计定位中心	＜20				
中心柱管		≤1/1000			
中心转盘与调整机座			＜0.5/1000		
中心竖架		＜0.5/1000			
中心柱管上的轴承与中心转盘				＜1/1000轴的直径	
轴瓦与水下轴承环					间隙均匀单边调整在5～8
刮臂			对称水平：＜1/1000，两刮臂高差＜20		

⑤ 螺旋排泥机安装机件允许偏差

a. 机壳中心线和机座中心线不重合度偏差见表 6-13。

b. 吊轴承端面与连接轴法兰表面间隙偏差见表 6-14。

表 6-13　机壳中心线对两端机座不重合度偏差

排泥机长度/m	3~15	15~30	30~50	≥50~70
不重合度/mm	≤4	≤6	≤8	≤10

表 6-14　吊轴承端面与连接轴法兰表面间隙偏差

螺旋公称直径/mm	150~250	300~600
间隙/mm	≥1.5	≥2

⑥ 曝气设备安装允许偏差

a. 立式曝气机安装允许偏差见表 6-15。

表 6-15　立式曝气机安装允许偏差

项　　目	允许偏差/mm			项　　目	允许偏差/mm		
	水平度	径向跳动	上下跳动		水平度	径向跳动	上下跳动
机座	1/1000			导流锥顶		4~8	
叶片与上、下罩进水圈		1~5		整　体		3~6	3~8

注：1. 叶轮的浸没深度应符合设计要求。

　　2. 叶轮的旋转方向应按设计要求定向，不允许反向运转。

b. 水平式曝气机安装允许偏差见表 6-16。

表 6-16　水平式曝气机安装允许偏差

项　　目	允许偏差/mm		
	水平度	前后偏移	同轴度
两端轴承座	5/1000	5/1000	
两端轴承中心与减速机出轴中心同心线			5/1000

⑦ 螺旋提升（输送）泵安装允许偏差

a. 定位允许偏差见表 6-17。

表 6-17　螺旋提升泵的定位允许偏差

项　　目	允许偏差/mm	
	中心偏差	标高偏差
上下轴承与设计定位中心	<10	
上下轴承与设计标高		+30~-10

注：上下轴承座下的调整垫铁每组不超过三块，同设备接触部位应用斜垫块。垫块放置平稳，焊接牢固。

b. 安装允许偏差见表 6-18。

表 6-18　螺旋提升泵的安装允许偏差

项　　目	允许偏差/mm		
	中心线偏差	直线度	轴向间隙
上下轴承与泵体	<2/1000		
砂浆粉抹后的螺旋槽		<1/1000 全长≤5	
二半联轴器平面			2~4
泵体与砂浆粉抹后的螺旋槽			2~4

⑧ 搅拌设备安装允许偏差

a. 溶液、混合搅拌机搅拌轴的安装允许偏差见表 6-19。

表 6-19　搅拌轴的安装允许偏差

搅拌机型式	转数/（r/min）	下端摆动量/mm	桨叶对轴线垂直度/mm
桨式、框式和提升叶轮搅拌机	≤32	≤1.50	为桨板长度的 4/1000 且不超过 5
推进式和圆盘平直叶涡轮式搅拌机	>32	≤1.00	
	100～400	≤0.75	

b. 反应搅拌机搅拌轴的安装允许偏差见表 6-20。

表 6-20　反应搅拌机搅拌轴安装允许偏差

搅拌机型式	轴的直线度	桨板对轴线垂直度或平行度	轴的垂直度
立式	≤0.10/1000	为桨叶长度 4/1000，且不超过 5mm	≤0.5/1000 且不超过 1mm
卧式	为 GB 1184 中的 8 级精度	为桨叶长度 4/1000，且不超过 5mm	

c. 消化池搅拌机安装允许偏差见表 6-21。

表 6-21　消化池搅拌机安装允许偏差

项　目	允许偏差/mm	项　目	允许偏差/mm
搅拌中心与设计的孔口中心	≤±10	叶片下端摆动量	≤2
叶片外径与导流筒内径的间距	>20		

⑨ 闸门安装允许偏差

a. 铸铁闸门安装允许偏差见表 6-22。

表 6-22　铸铁闸门安装允许偏差

项　目	允　许　偏　差/mm			
	标高偏差	水平度	垂直度	径向间隙
闸门安装后与设计标高	≤10			
门框		2/1000		
启闭机与闸门吊耳中心线			<1/1000	
轴导与轴				周边间隙均匀

注：1. 闸门须按正向水压安装。

　　2. 启闭器指针，限位螺母应与上、下位置相符。

　　3. 螺杆外露部分涂黄油。

　　4. 闸门启闭操作灵活，动作到位，无卡住、突跳现象及异常声响。

　　5. 闸门门框与土建结合处不准渗水。

b. 平面钢闸门安装允许偏差见表 6-23 和表 6-24。

表 6-23　门框导槽的允许偏差

变形和偏差名称	工　作　范　围　内
工作面弯曲度	≤1/1500 构件长度，但全长不得超过 3mm
扭曲	在 3m 内≤1mm，每增加 1m，递增 0.5mm，但全长不得超过 2mm
相邻构件结合面错位	≤0.5mm

表 6-24　门叶的允许偏差

偏差名称	允许偏差	偏差名称	允许偏差
门叶横向弯曲度	≤1/1500 门叶宽度	扭曲	≤3mm
门叶竖向弯曲度	≤1/1500 门叶高度	止水座面不平度	≤2mm
对角线相对差	≤3mm		

c. 调节堰门安装允许偏差见表 6-25。

表 6-25　调节堰门安装允许偏差

项　目	允　许　偏　差/mm		
	标高偏差	水平度	垂直度
堰门安装扣与设计标高	≤调节高度 3%，≤20		
堰门座架		水平	2/1000

注：1. 堰门门框二次灌浆严密，不得漏水。
　　2. 框架、杆件不得变形、弯曲，铰点转动灵活，操作轻便。
　　3. 堰板起落到位，框架与盘根接触处无泄漏。

3. 机械设备安装后试运转一般要求

① 启动运转要平稳，运转中无振动和异常声响。启动时注意依照有标注箭头方向旋转；

② 各运转啮合与差动机构运转要依照规定同步运行，并且没有阻塞碰撞现象；

③ 在运转中保持动态的应有的间隙，无抖动、晃摆现象；

④ 各传动件运行灵活（包括链条与钢丝绳质机件不碰不卡、不缠、不跳槽），并保持紧张状态；

⑤ 在试运转之前或后，以手动或自动操作，全程动作各 5 次以上，动作准确无误，不卡、不抖、不碰；

⑥ 各限位开关运转中动作及时、安全、可靠；

⑦ 电机运转中温升在正常值内；

⑧ 滚动轮与导向槽轨，各自啮合运转，无卡齿、发热现象；

⑨ 一般空车运转 2h，带负荷运转 4h，保证运转正常，不振颤，不抖动，无噪声、异声，不卡塞，各传动灵活可靠；

⑩ 各部轴承注加规定润滑油，应不漏、不发热，升温不大于 60℃；

⑪ 运转中要测定转速、功率及其他电压电流等参数，并应符合设计规定，并填登记录表格。

六、管道安装工程验收

管道工程因大都是地下工程，必须严格执行工程验收制度，如发现质量不符合规定时，可在验收中发现和处理，以避免影响使用和增加维修费用。

1. 管道工程验收形式

给水排水管道工程验收分为中间验收和竣工验收。

（1）中间验收

凡是在竣工验收前被隐蔽的工程项目，都必须进行中间验收，并对前一工序验收合格后，方可进行下一工序，当隐蔽工程全部验收合格后，方可回填沟槽。

中间验收包括对管基、管接口、排管、土方回填、节点组合、井室砌筑等外观验收和严密性验收。下列隐蔽工程应进行中间验收。

① 管道及附属构筑物的地基和基础；

② 管道的位置及高程；

③ 管道的结构和断面尺寸；

④ 管道接口、变形缝及防腐层；

⑤ 地下管道的交叉处理；

⑥ 土方回填的质量。

（2）竣工验收

竣工验收的任务是全面检验给水、排水管道工程是否符合工程质量标准。它不仅要检查出工程的质量结果怎样，更重要的还应找出产生质量问题的原因。不符合质量标准的工程项目，必须经过整修，甚至返工，验收达到质量标准后方可投入使用。竣工验收时，应核实竣工验收资料，并进行必要的复验和外观检查，对下列项目应作出鉴定，并填写竣工验收鉴定书。

① 管道的位置及高程；

② 管道及附属构筑物的断面尺寸；

③ 管道配件安装的位置和数量；

④ 给水管道的冲洗及消毒；

⑤ 管道的严密性试验及其结果；

⑥ 外观；

⑦ 其他。

2. 管道工程竣工验收时应提交的文件及资料

① 竣工图及设计变更文件；

② 主要材料和制品的合格证或试验记录；

③ 管道的位置及高程的测量记录；

④ 混凝土、砂浆、防腐、防水及焊接检验记录；

⑤ 管道水压试验及闭水试验记录；

⑥ 中间验收记录及有关资料；

⑦ 回填土压实度的检验记录；

⑧ 工程质量检验评定记录；

⑨ 工程质量事故处理记录；

⑩ 给水管道的冲洗及消毒记录。

3. 管道工程验收内容

管道工程验收的内容包括外观验收、断面验收、严密性验收和水质检查验收。外观验收是对管道基础、管材及接口、节点及附属构筑物进行验收。

断面验收是对管道的高程、中线和坡度进行验收。

严密性验收是对管道进行水密性试验或气密性试验，对给水管道或有压管道的严密性试验，采用放水法或注水试验，试验方法及检验要求见 GB 50268—97 的附录 A 及 10.2 条。对排水管道采用闭水法进行严密性试验，试验方法及检验要求见 GB 50268—97 的附录 B 及 10.3 条。

水质检查验收是对给水管道进行细菌等项目的检查验收，自来水供水管道水质应达到国家标准。

第二节　污水处理厂运行管理

一、污水处理厂运行管理概述

1. 试运行的目的、内容和要求

污水处理工程的试运行，不同于一般建筑给排水工程或市政给水工程的试运行，前者包括复杂的生物化学反应过程的启动和调试，过程缓慢，耗费时间长，受环境条件和水质水量的影响较强，而后者仅仅需要系统通水和设备正常运转便可以。

污水处理工程的试运行与工程的验收一样是污水治理项目最重要的环节。通过试运行可以进一步检验土建工程、设备和安装工程的质量，是保证正常运行过程能够高效节能的基础，进一步达到污水治理项目的环境效益、社会效益和经济效益。

污水处理工程试运行，不但要检验工程质量，更重要的是要检验工程运行是否能够达到设计的处理效果。污水处理工程试运行的内容和要求有以下几点。

① 通过试运行检验土建、设备和安装工程的质量，建立相关设施的档案材料，对相关机械、设备及仪表的设计合理性、运行操作注意事项等提出建议。

② 对某些通用或专用设备进行带负荷运转，并测试其能力。如水泵的提升流量与扬程，鼓风机的出风风量、压力、温度、噪声与振动等，曝气设备充氧能力或氧利用率，刮（排）泥机械的运行稳定性、保护装置的效果、刮（排）泥效果等。

③ 单项处理构筑物的试运行，要求达到设计的处理效果，尤其是采用生物处理法的工程，要培养（驯化）出微生物污泥，并在达到处理效果的基础上，找出最佳运行工艺参数。

④ 在单项设施试运行的基础上，进行整个工程的联合运行和验收，确保污水处理能够达标排放。

试运行工作一般由甲方或业主、试运行承担单位（或设计单位）来共同完成，设计单位或设备供货方参与配合，最后由建设主管单位、环保主管部门进行"达标"验收。

试运行工作的依据包括工程施工设计图纸、设计的运行方案、设备的安装和使用说明书、国家的污水排放标准或地方环保部门根据水体环境容量提出的排放标准。

2. 污水处理厂运行管理

（1）运行管理的含义

运行管理是对企业生产活动进行计划、组织、控制和协调等工作的总称。污水处理企业的运行管理指从接纳原污水至净化处理排出"达标"污水的全过程的管理。

（2）运行管理的内容

运行管理的主要内容如下。

① 准备　包括技术、物资、动力（能源）、人力与组织等的准备。如劳动者的培训与组织，运行过程中相关要素的布置及准备。

② 计划　编制生产方案和作业计划，以求充分利用企业资源，高效低耗地排出合格产品。

③ 组织　合理组织运行过程中的各工序的衔接协调，包括各级生产部门之间的协调和劳动组织的完善。

④ 控制　对运行过程进行全面控制，包括进度、消耗、成本、质量、故障等的控制。

最好能做到预防性的事前控制,这是提高运行质量、降低运行成本的重要手段。

(3) 运行管理的基本要求

运行管理的基本要求,是指导生产过程中各项工作进行的原则,包括以下内容。

① 按需生产 既要执行上级下达的任务,又要满足社会的需要。

② 经济生产 用最少的消耗和资金,生产出尽可能多的产品。

③ 均衡生产 指生产有节奏、按比例进行。

④ 文明生产 先进技术、劳动条件与环境的提高,职工素质的提高和工作的高效。

⑤ 安全生产 必须采取有力措施使生产运行安全进行,防止人身、设备事故的发生。

(4) 运行方案与计划

运行计划是污水处理厂的一项专业计划,是根据排水状况和处理能力安排的,是编制其他专业计划(如原材料采供计划、劳资计划、成本计划等)的依据。

污水处理厂运行方案与计划应根据工艺技术资料、排水状况、原材料与动力供应情况、设备能力、人员配备、排放标准等来编制。其内容应包括运行程序与作业计划、技术指标与要求、运行故障与解决方法、岗位设置与人员安排、水质检验指标与测试要求、运行成本指标与要求等。

(5) 运行控制

运行控制是对运行过程的了解、指导和监督,随时掌握执行方案与作业计划中发生的问题,及时调节和处理。运行控制的内容应如下。

① 确定运行控制指标,如处理能力指标、处理效果指标、处理成本指标等。

② 下达和落实控制指标。

③ 检查和测定实际完成情况。

④ 检测结果与标准比较。

⑤ 及时反映并采取纠偏措施处理运行不良状况。

3. 污水处理厂水质管理

污水处理厂(站)水质管理工作是各项工作的核心和目的,是保证"达标"的重要因素。

(1) 水质管理制度

水质管理制度应包括:各级水质管理机构责任制度,"三级"(指环保监测部门、总公司和污水站)检验制度,水质排放标准与水质检验制度,水质控制与清洁生产制度等。

(2) 水质控制与清洁生产

水质控制是在污水产生过程做好清洁生产的同时,污水处理厂随时根据原污水的水量、水质条件,确定合理运行处理能力和工艺运行参数,保证处理设施优化运行,使污水"达标"排放。如来水的水质、水量与超越系统或工艺设施的启停数量、运行负荷与曝气量的调整、投药量的调整。

清洁生产制度是认识过程的经验积累,是环境污染控制从末端控制向全过程控制的转变,是保证污水处理既"达标"排放,又降低物耗和运行成本的基础。

污染的严重和污水处理的困难原因之一是生产技术的落后,造成了大量资源的浪费,同时又产生大量污染物。"清洁生产制度"就是要采用节能、降耗、低污染的无废、少废、无害、少害生产工艺,保证生产资源利用率的提高。对于污水处理厂,搞好源头企业的"清洁生产",可以减轻运行负荷、降低能源和药品消耗、减少运行成本。"清洁生产制度"要求企业做到：提高工艺技术，减少废物的产量，循环回用已产生的污染物，再次利用已产生污染物的其他功能或可利用价值，研究已产生污染物的资源化技术。

（3）水质检验

水质检验是污水处理厂确认和调节运行状态的重要手段之一。水质检验的项目和测试方法参照国家排放标准。这里仅介绍水样的采集与保存。

① 水样的采集　水样的采集应有代表性，必须充分反映污水处理厂运行状况的客观情况，反映污水在时间和空间上的变化规律。

a. 采样点的布设　水样采样点的设置是样品是否具有代表性的关键问题之一。污水处理厂水质采样除在污水厂口、出厂口、主要处理设施进出水口设置常规采样点外，还可在一些特殊或局部位置设采样点。

b. 采样时间和次数　污水处理厂入厂口、出厂口采样点，应每班采样 2~4 次，并将每班各次水样等量混合后测定一次，每日报送一次测试结果。主要处理设施应每周采样 2~4 次，并分别测定、报送结果。在处理设施试运行阶段亦每班采样、测试。

采样时，如遇原污水为事故性排放、高浓度排放或处理设施运行故障，与正常样品应有所区别。采样时应详细记录水样的感官性状和环境特征。

② 样品的盛装容器　为避免水样盛装容器对样品测定成分的影响，水样瓶应按以下规定使用：测 pH 值、DO、油类、酚、氰、农药、氯等水样用玻璃瓶盛装；测重金属、硫化物、有机毒物、铬等水样用塑料瓶盛装；测 COD、BOD、酸碱度等水样可用玻璃瓶或塑料瓶盛装。

③ 水样的保存　水样采集后，应立即送检，否则会影响分析结果的准确性。为了使被测物质在运输过程中不发生损失，水样应加固定剂保存。样品保存的目的在于减缓微生物作用，减缓化合物、配合物的水解、发挥等。保存剂的选择原则是：不使被测成分损失和变质，不引进干扰物质，不使以后测试操作困难。如抑制细菌作用可采用 $HgCl$、加酸（H_2SO_4）、冷冻等，防止金属盐沉淀一般加酸（HNO_3）。测 BOD_5 样品可在 4℃下保存 6h。

二、沉淀池的运行和管理

1. 沉淀池运行效果的影响因素

（1）污水水质

① 悬浮物颗粒的密度、大小和形状　一般来说，密度大、粒径大、形状较规则的颗粒，其自由沉降末速就大，容易沉降去除。

② 悬浮物的种类　如污水中原本带入的污泥（初沉污泥）比生化处理系统产生的活性污泥容易去除，消化处理后的稳定污泥比活性污泥易去除。

③ 悬浮物的状态　一般分散状态的悬浮颗粒比胶体状态的颗粒容易沉淀。

④ 污水酸碱度　通过改变酸碱度，可改变其沉淀性能。

⑤ 污水水温　水温很低，悬浮物黏滞度增大，沉淀速度会降低；水温过高，若污泥中有机质腐败，会降低沉淀效果。

（2）沉淀池设计负荷

沉淀池的水力负荷较大时，水力悬浮物实际沉降速度会降低，沉淀效果变差。尤其是二沉池中的活性污泥，当池中水流流量不稳定时，会因异重流而使沉淀效果变差。沉淀池固体负荷太大，会增加水和悬浮物分离的难度，增加沉淀所需时间，降低沉淀效率。

（3）污水水量

污水水量大幅度变化，或沉淀池进、出水不均匀，会改变沉淀池水流的稳定性，降低沉淀效果。因此，需设调节池均衡水量，并强化进、出水的均匀性。

（4）操作因素

沉淀池运行不稳定，如配水设施的运行故障、刮泥或排泥机械的运行不当，都会降低沉淀效果。

活性污泥、消化池或浓缩池上清液的冲击式投加，会使沉淀池超负荷运行，降低沉淀效果。

2. 沉淀池的运行管理

（1）配水

多个沉淀池并列运行时，应将污水水量均匀分配到各池，以充分发挥各池的能力，并保持同样的沉淀效果。如果水量分配均匀时，发现各池沉淀效果有明显差异，在无其他原因时，可适当改变各池分担的流量，提高各池和整个系统出水水质。

（2）巡视

定时观察沉淀池的沉淀效果，如出水浊度、泥面高度、沉淀的悬浮物状态、水面浮泥或浮渣情况等，检查各管道附件、排泥刮渣装置是否正常。

（3）出水堰

观察出水堰堰口是否保持水平，各堰出流是否均匀，堰口是否严重堵塞。必要时应调整堰板的安装状况，或在堰口设置调节块，或堰前设置挡板均衡出流量。

（4）污泥排出

根据沉淀池污泥产量及贮泥时间，应及时排出污泥，泥斗积泥太多，会发生污泥腐败、反硝化等异常现象，排泥过多甚至可能排出了污水，会提高污泥含水率。一般情况下，初沉池污泥存积时间可长些，每日排泥一次。二次沉淀池存泥时间应短些，一般为 2.0～4.0h。对于活性污泥系统，还应控制好回流污泥与净排污泥的比例。

（5）清除浮渣

浮渣过多，会影响出水水质，尤其初沉池若有过多大的浮渣会影响刮渣机运行，必须保证刮渣机正常运行，去除浮渣，必要时应人工清除。

（6）设备维护

应定期或视需要对金属部件或设备进行防锈处理或维修。

（7）运行测试

① 污水悬浮物浓度　通过测定进出水的悬浮物浓度即可知沉淀池的去除率。

② 污水 BOD、COD 浓度　计算沉淀池 COD、BOD 去除率，并比较进出水的 BOD/COD 值。

③ 污泥的 SV 和固体浓度　测定沉淀污泥的性能和数量，如 MLVSS/MLSS。

④ 污水 DO 浓度　对于二沉池，必要时测试进出水的 DO，以判断二沉池中是否进行厌氧代谢，及污水处理是否完全。

3. 沉淀池的异常问题及解决对策

（1）出水带有细小悬浮颗粒

说明沉淀池局部沉淀效果不好，原因有：水力负荷冲击或长期超负荷；因短流而减少了停留时间，以致絮体在沉降前即流出出水堰；曝气池活性污泥过度曝气，使污泥自身氧化而解体；进水中加入了某些难沉淀污染物颗粒。

解决办法有：增设调节池，且均匀分配水力负荷；调整进水、出水配水设施，减轻冲击负荷的影响，有利于克服短流；调整曝气池的运行参数，以改善污泥絮凝性能，如营养缺乏时补充营养，泥龄过长，污泥老化，应缩短泥龄，过度曝气时应调整曝气量；投加絮凝剂，改善某些难沉淀悬浮颗粒的沉降性能，如胶体或乳化油颗粒的絮凝；均匀分配消化池、浓缩池上清液的负荷影响，及进入初沉池的剩余污泥的负荷影响。

（2）出水堰脏且出水不均

因污泥黏附、藻类长在堰上，或浮渣等物体卡在堰口上，导致出水堰脏，甚至某些堰口堵塞出水不匀。

解决办法为：经常清除出水堰口卡住的污物；适当加氯清毒阻止污泥、藻类在堰口的生长积累。

（3）污泥上浮

导致污泥上浮的原因有：污泥停留时间过长，有机质腐败；二沉池中污泥反硝化，还原生成 N_2 而使污泥上浮；消化池或浓缩池中轻质腐化污泥的进入。

解决办法有：保证正常的贮存和排泥时间；检查排泥设备故障；清除沉淀池内壁、部件或某些死角的污泥；降低好氧处理系统污泥的硝化程度；调整污泥泥龄；防止其他构筑物腐化污泥进入。

（4）浮渣溢流

产生原因为：浮渣去除装置位置不当或去除频次过低，浮渣停留时间长。

解决办法为：维修浮渣刮除装置；调整浮渣刮除频率；严格控制浮渣的产生量：如含油脂多的废水的预处理，减少其他构筑物腐败污泥或高浓度上清液进入，克服污泥的上浮或藻类的过量生长。

（5）黑色或恶臭污泥

产生原因有：高浓度可腐败悬浮物进入，如某些工业废水的初沉池或高浓度消化池、浓缩池上清液进入。

解决办法有：阻止高悬浮物高浓度易腐败污水进入；阻止高浓度溢流上清液进入；减短排泥周期；污水管线上设置加氯点，防止污水本身的腐败。

（6）污泥管道或设备堵塞

一般多发生在初沉池，因为污泥中沉淀物易含量高，而管道或设备口径太小，又不经常工作造成的。

解决办法有：设置清通措施；增加污泥设备操作频率；改进污泥管道或设备。

（7）刮泥机故障

刮泥机因承受过高负荷等原因停止运行。

解决办法有：减小贮泥时间，降低存泥量；检查刮板是否被砖石、工具或松动的零件卡住；及时更换损坏的链环、刮泥板等部件；防止沉淀池表面结冰；减慢刮泥机的转速。

4. 混凝沉淀池

除按上述内容进行混凝沉淀池运行管理外，主要是保证混凝效果。一般可通过调整絮凝剂或助凝剂种类、改变絮凝剂投加量、控制污水水温和酸碱度等措施调整混凝效果。

5. 斜管沉淀池

斜管沉淀池一般不宜作二沉池，当用作污水一级沉淀或三级（絮凝）沉淀时，应防止斜管的堵塞。产生堵塞的原因有：进出水不均匀导致斜管固体负荷不均；污水中有机质浓度高，容易滋生生物污泥并结膜，斜管变形导致固体负荷不均；沉淀池固体负荷大，泥斗容积小，排泥不及时，易造成污泥上浮；进水水量水质变化大，造成斜管负荷不均匀。

三、活性污泥系统的运行管理

1. 活性污泥的培养和驯化

经过工程验收之后，活性污泥系统运行的下一步便是好氧污泥的培养。

（1）培菌

活性污泥的培养是指一定环境条件下在曝气池中形成处理废水所需浓度和种类的微生物（污泥）。

城市污水厂的培菌一般采用闷曝法。在温暖季节向曝气池充满生活污水，为提高初期营养物浓度，可投加一些浓质粪便或米泔水等，使 BOD_5 浓度为 $300\sim400mg/L$，开启曝气系统，在不进水曝气数小时后，停止曝气并沉淀换水。经过数日曝气、沉淀换水之后约 $2\sim5d$ 即可连续进水，并开启曝气池和二沉池，污泥回流系统连续运行，约 $7\sim10d$ 可见活性污泥出现，则可加大进水量，提高负荷，使曝气池污泥浓度和运行负荷达到设计值，即污水经处理后达标排放所需的污泥浓度运行负荷。培菌初期，由于污泥尚未大量形成，污水浓度较低，且污泥活性较低，故系统的运行负荷和曝气量须低于正常运行期的参数。

工业废水活性污泥处理系统的培菌较困难，往往需投加菌种（类似污水处理厂的干污泥），具体采用如下方法。

① 采用数级扩大培菌　在营养合适时，微生物生长繁殖速度很快，但初期需适应水质特点。依照发酵工业中菌种-种子罐-发酵罐扩大培养的方法，寻找合适的容器，分级扩大培菌。先在小的处理设施或构筑物中培养出足够活性的污泥，作为菌种引入到下一级构筑物，由于有了足够活性和数量的种泥，大型构筑物中活性污泥会很快生长，达到所需的污泥浓度。

② 干污泥培菌　取水质特征相同、已正常运行处理系统中脱水后的干污泥作为菌种进行培菌。如某青霉素制药厂废水处理系统，曝气池中引入某螺旋霉素制药厂污水处理站脱水污泥进行接种培养。加入曝气池干污泥后，注入少量水捣碎，然后再加浓生活污水和一定量的工业废水，使污泥浓度达到 $8\sim10g/L$，体积约占曝气池容积的 $20\%\sim40\%$，可采用低负荷适当水量连续进水来培菌。微生物污泥会迅速增长达到所需的浓度。

③ 工业废水直接培菌法　某些企业的污（废）水营养全面，浓度适中，且本身含丰富的种群，如食品加工厂、肉类加工厂、豆制品厂等，一般采用直接培菌法，即按城市污水的方法进行。

以上几种方法只适合于城市污水或水质接近生活污水的工业废水，对于有毒或难生物降解的工业废水，必须进行接种，且要采用异培驯法，即先以生活污水培养种泥，再用生活污水与工业废水，最后全用工业废水驯化的方法。

（2）驯化

对于有毒或难生物降解的有机工业废水，在污水培养的后期，将生活污水量和外加营养量逐渐减少，工业废水逐渐增加，最后全部为工业废水。此过程称为驯化。

通过驯化过程能使可利用废水有机污染物的微生物数量逐渐增加，不能利用的则逐渐死亡、淘汰，最终使污泥达到正常的浓度、负荷，并有好的处理效果。有机物一般都能被微生物代谢吸收，简单有机物可被细菌直接吸收利用，而复杂的大分子有机物或有毒性基因的有机物，必须首先被细菌分泌出的"诱导酶"分解转化成简单的有机物才能被吸收，凡能分泌出这种"诱导酶"（催化剂）的细菌，能适应工业废水的水质特征（有机污染物特征）而生存下来，这种细菌的富集、迅速繁殖，就是污泥的驯化。

在污泥驯化过程中，应使工业废水比例逐渐增加，生活污水比例逐渐减少。每变化一次配比，污泥的浓度和处理效果的下降不应超过 10%，并且经 7～10d 运行后，能恢复到最佳值。

经多次调整水量配比，直到驯化结束达到处理效果，对于可生化性较好，有毒成分较少、营养较全的工业废水，可同时进行培养和驯化。即培菌一开始加入一定比例的工业废水。否则，须把培养和驯化完全分开。

（3）工业废水营养

城市污水中生活污水所占比例较大，一般为 45%～60%，而且各种有害物质和难降解物质的浓度得到稀释，因此城市污水中微生物代谢所需要的营养成分都具有，不仅全面而且均衡。某些工业废水，污染物成分单一，如甲醇溶剂生产废水、农药生产废水、造纸废水等，营养不全会影响微生物的生长繁殖。

① 污泥中微生物所需营养比例　工业废水中微生物所需营养比例是否协调，最初系根据生活污水处理中微生物对营养所需的比例衡量的。在城市污水活化污泥处理系统中，若污水中 C 为 100，基本有 75% 的 C 被彻底氧化为 CO_2，另有 25% 的 C 被合成为微生物细胞。从微生物菌体中元素比例得知 N 为 C 的 1/5，P 又为 N 的 1/5，故在合成菌体时，25 份 C 同时需要 5 份 N 和 1 份 P。因此，好氧法去除有机污水时，所需营养比例就按 C∶N∶P=100∶5∶1 衡量。

微生物对废水中 C、N、P 营养需求并不是固定的，它与污泥的种类和污泥产率有关，而这又与工业废水的性质和处理系统的运行方式有关。有关研究证明，对于好氧生物处理，工业废水营养物的比例可以为 C∶N∶P=（100～200）∶5∶（0.8～1.0），对厌氧生物处理，工业废水营养物比例可以为 C∶N∶P=500～800∶5∶（0.8～1.0）。

一般情况下，同好氧处理相比，厌氧处理所需的工业废水中营养物比例，N、P 含量可以降低很多；处理系统污泥龄越长，微生物所需 N、P 比例越低；处理系统污泥产率（每去除单位重量有机物而合成的微生物污泥量）越低，污泥所需的 N、P 比例越低。

② 补充营养的种类　一般情况下，可生物降解有机物污水所缺的营养物质为 N 和 P，而某些情况下，N 的含量会很高，超过所需比例，如化肥厂生产废水。因此，很多工业废水处理系统需投加的补充营养物为含 N 化合物。

能够补充 N 源的物质有氨水（工业级，含 N 为 25%）、尿素（工业级，含 N 为 46%）、硝胺（工业级，含 N 为 26%）、硫铵（工业级，含 N 为 20%）。

能够补充 P 源的物质有过磷酸钙（工业级，含 P_2O_5 为 19%）、磷酸氢二钠（工业级，含 P_2O_5 为 45%）。

实际生产中，可选用氨水或尿素补充 N 源，选用 Na_2HPO_4（磷酸氢二钠）补充 P 源，这样可以降低运行成本。最好能引入含 N、P 量高的工业废水，或高浓度生活污水。

③ 补充营养的投加量

a. 经验法　若工业废水中所提供的营养缺少某一类，或 C、N、P 比例离平衡要求相差太远，则可按 C∶N∶P=（100～150）∶5∶1 的比例计算出所需营养的投加量，在补充营养后使处理系统正常运行，然后逐步减少补加的 N、P 数量，直至处理效果转差，则此时可知需控制的营养比例。

　　b. 测试法　该法是测出处理系统污泥的净产量及其中 N 或 P 的含量，来控制补充营养的投加量。

　　假定活性污泥法处理系统处理流量为 1000t/d，进水 BOD_5 为 320mg/L，TN 为 10mg/L。按 C：N：P＝100：5：1 的要求，向水中补加（16－10）＝6mg/L 的 N 源，即每天需补加工厂 $1000×6=6000g\ N=6kg\ N$。

　　待处理系统运行稳定后，测得出水 BOD_5 为 20mg/L，每日的净排泥量为 $25.0kg/m^3×5m^3/d=125kg/d$，并测定干泥中 N 的质量比例为 11.2%，则污泥所需 N 量为 $125×11.2\%=14kg/d$。

　　原污水带入的 N 量为 $1000×10=10kg/d$，则每天缺少 N 量为 $14kg/d－10kg/d=4kg/d$。需投加的 N 营养为 4mg/L。

　　有关补充营养 P 的投加量，计算方法亦相同，但由于污泥中 N、P 含量的测定不易准确，该方法有一定困难。

2. 活性污泥的观察和述评

　　活性污泥法处理污水效果的好坏取决于微生物的活性。因此，运行过程中应注意观察和检测污泥的性状和微生物的组成与活性等。如污泥的沉降性能应每班观察，污泥的生物相特征亦应根据需要每 3～5 日观测一次。

　　（1）活性污泥性状的观测

　　① 污泥的色、臭　正常运行的城市污水厂或与城市污水类似的工业废水处理站，活性污泥一般呈黄（或棕）褐色，新鲜的活性污泥略带泥土味。

　　当曝气池充氧不足时，污泥会发黑、发臭；当曝气池充氧过度或负荷过低时，污泥色泽会较淡。

　　② 观察曝气池　应注意观察曝气池液面翻腾情况，防止有成团气泡上升（曝气系统局部堵塞）或液面翻腾很不均匀（存有不曝气的死角）的情况。

　　应注意观察曝气池泡沫的变化。若泡沫量增加很多，或泡沫出现颜色，则反映进水水质变化（如增加了染料、碱度或黏性增加）或运行状态变化（如负荷过高）。

　　③ 观察二沉池　经常观察二沉池泥面的高低、上清液透明程度及液面浮泥的情况。污水厂正常运行时二沉池上清液的厚度应该为 0.5～0.7m 左右。如果泥面上升，则说明污泥沉降性能差。上清液混浊，则说明负荷过高，污水净化效果差；若上清液透明，但带出一些细小污泥絮粒，说明污水净化效果较好，但污泥解絮（可能因为营养不良、污泥过度曝气或污泥龄长）。

　　池中不连续性大块污泥上浮，则说明池底局部厌氧，导致污泥腐败。若大范围污泥成层上浮，可能是污泥中毒。

　　④ 污泥性能指标测试与分析　活性污泥处理系统，应及时检测污泥的浓度、沉降比和体积指数，并加以分析，判断运行情况。

　　a. 污泥浓度（MLSS）　处理系统应维持正常的污泥浓度，以保证运行负荷的正常或污泥性能（絮凝沉降性能和代谢活性）的正常。如传统活化污泥法曝气池污泥浓度 MLSS 一般为 2000～3000mg/L，而不设初沉池的氧化沟处理厂，MLSS 则为 3000～5000 mg/L。

　　b. 污泥沉降比（SV）　通常所测 SV 为静沉 30min 的结果，SV 值越小，污泥沉降性能越好。或者，测定 5min 的污泥沉降体积，来判断污泥的沉降性能，因为 5min 时，沉降性能不同的污泥，其体积差异最大，且可节省测试时间。必要时，可测定污泥在低转速条件下的沉淀效果，并测定污泥界面沉降速率，其结果能更准确地反映沉淀池中的实际状况。

SV 的值与污泥种类、絮凝性能和污泥浓度有关。例如，初沉池 SV 比二沉池的要小；富含丝状菌的污泥 SV 很大；污泥自身过度氧化，絮凝性能变差（污泥解体），SV 值很高。

另外，SV 值对于同一类污泥，浓度越高，SV 值越大。

c. 污泥体积指数 SVI　在 SVI 的含义中，排除了污泥浓度对沉降体积的影响。SVI 值能更好地反映污泥的絮凝沉降性能和污泥活性。一般认为 SVI 值处于 80～150 时，污泥状况良好。对于无机污泥，SV 值正常，而 SVI 值可能很低；对于有较好食物竞争能力的丝状菌，虽代谢活性较好，但不能絮凝沉淀，SVI 就很高。

SVI 值与污泥负荷有关，当污泥负荷过低（如小于 0.05）或过高（如大于 0.5），其活性污泥代谢性能变差，SVI 值亦不正常。

（2）活性污泥生物相的观察

活性污泥处理系统生物相的观察，已经普遍采用运行状态观察方式。通过生物相观察，了解活性污泥中微生物的种类、数量优势度等，及时掌握生物相的变化，运行系统的状况和处理效果，及时发现异常现象或存在的问题，对运行管理予以指导。

活性污泥微生物一般由细菌（菌胶团）、真菌、原生动物和后生动物等组成，其中以细菌为主，且种类繁多。当水质条件和环境条件变化时，在生物相上也会有所表现。

活性污泥絮粒以菌胶团为骨架，穿插生长着一些丝状菌，但其数量远小于细菌数量。微型动物中以固着类纤毛虫为主，如钟虫、盖纤虫、累枝虫等，也会见到少量游动纤毛虫，如草履虫、肾形虫，而后生动物如轮虫很少出现。一般来讲，城市污水处理厂活性污泥中，微生物相当丰富，各种各样微生物都会有，而工业污水处理厂活性污泥中因为水质的原因，可能就不会有某些微生物。

对微生物相观察应注重如下几方面。

① 生物种类的变化　污泥中微生物种类会随水质变化，随运行阶段而变化。培菌阶段，随着活性污泥的逐渐生成，出水由浊变清，污泥中微生物的种类发生有规律的演替。运行中，污泥中微生物种类的正常变化，可以推测运行状况的变化。如污泥结构松散时，常可见游动纤毛虫的大量增加。出水混浊效果较差时，变形虫及鞭毛虫类原生动物的数量会大大增加。

工业废水因水质特征的差异，各处理站的生物相亦会有很大差异。实际运行中，应通过长期观察，找出废水水质变化与生物相变化之间的相应关系。如某种原生动物数量会随着进水水质和运行效果好坏的变化而变化。

② 微生物活动的状态　当水质发生变化时，微生物的活动状态会发生一些变化，甚至微生物的形体亦随废水变化而发生变化。以钟虫为例，可观察其纤毛摆动的快慢，体内是否积累有较多的食物泡，伸缩泡的大小与收缩以及繁殖情况等。微型动物对溶解氧的变化比较敏感，当水中溶解氧过高或过低时，能见钟虫"头"端突出一空泡。进水中难代谢物质过多或温度过低时，可见钟虫体内积累有不消化颗粒并呈不活跃状态，最后会导致虫体中毒死亡。pH 值突变时，虫体上纤毛停止摆动。当遇到水质变化时，虫体外围可能包以较厚的胞囊，以便渡过不利条件。

③ 微生物数量的变化　城市污水处理厂活性污泥中微生物种类很多，但某些微生物数量的变化会反映出水质的变化。如丝状菌，在正常运行时亦有少量存在，但丝状菌大量出现，见到的结果会是细菌减少、污泥膨胀和出水水质变差。

活性污泥中鞭毛虫的出现预示污泥开始增长繁殖，而鞭毛虫数量很多时，又反映处理效果的降低。

钟虫的大量出现一般表示活性污泥已生长成熟，此时处理效果很好，同时可能会有极少量的轮虫出现。若轮虫大量出现，则预示污泥的老化或过度氧化，随后会发生污泥解体、出水水质变差。

活性污泥中微生物的观察，一般通过光学显微镜来完成。用低倍数的观察污泥絮粒的状态，高倍数的观察微型动物的状态，油镜观察细菌的情况。由于工业废水处理站活性污泥可能没有微型动物，故其生物相观察需要长期、仔细的工作。运行管理中对生物相的观察，已日益受到重视。

（3）活性污泥系统的运行控制

① 运行管理　运行过程中，环境条件和污水水质、水量均有一定的变化，为了保持最佳的处理效果，积累经验，应经常对处理状况进行检测，并不断调整工艺运行条件，以充分发挥系统的能力和效益，需要检测的项目及其频率如下。

a. 反映处理效果的项目　进出水的 COD_{Cr}、BOD_5、SS 和其他有毒有害物质浓度。检测频率为每日 1～3 次。

b. 反映污泥状态的项目　DO、SV 与 MLSS，一般为每日检测 1～3 次；MLVSS 与 SVI，每日检测 1 次；生物相，每 2～4 日 1 次。

c. 反映处理流量的项目　进水量、回流污泥量和剩余污泥量；每日测定 1～3 次或由检测记录仪表自动连续记录。

d. 反映设备运行状况的项目　如污水泵、风机（或曝气机）等主要工艺设备的运行参数（如流量、风量及风压、电耗等）。

e. 反映水质营养和环境条件的项目　N、P、pH 值和水温等，每 3～7 日检测一次。

② 运行控制方法

a. 污泥负荷法　一般情况下，污水生物处理系统运行控制应以此法来完成，尤其是系统运行的初期和水质水量变化较大的生物处理系统。但该法操作较复杂一些，对于水质水量变化较小的系统或城市污水厂的稳定运行阶段，可以采用更简单一些的控制方法。

一般情况下，传统活性污泥法的污泥负荷 N_s 控制范围为 0.2～0.3kgBOD/（kgVSS·d），对于一些难生物降解的工业废水，N_s 可能会控制得更低些。

良好絮凝和代谢性能的活性污泥微生物对营养品的需求，一般有一定的合适范围。营养过高时，微生物生长繁殖速率加快，尽管代谢能力强，但细菌能量高，趋于游离生长，导致污泥絮体解絮。但是营养过少时，外界营养不足，细菌会进行内源呼吸，自身代谢过度，菌体外黏液质损失，菌胶团必然解体，最终导致细菌代谢能力减弱。

污泥负荷过高时，曝气系统很难使曝气池 DO 维持正常，泡沫会增多，且出水浑浊（指二沉池），处理效果差。污泥负荷过低时，曝气池较易维持所需 DO，污泥沉降快，出水较清，但上清液中含有较多细小颗粒，悬浮物被带出。

b. MLSS 法　按照曝气池 MLSS 高低情况，调整系统排泥量来控制最佳的 MLSS。采用 MLSS 控制法，适合于水质水量比较稳定的生物处理系统，因为对于一个现成的处理系统，当处理水量水质和曝气池容积一定时，污泥负荷主要决定于污泥浓度 MLSS。具体操作时，应仔细分析不同季节水质、水量条件下的最优运行参数，找出最优 MLSS，然后通过调控使 MLSS 保持最佳。

对于城市污水处理系统，维持好的处理效果，MLSS 维持在 3000mg/L 左右的浓度即可。而对于工业废水，尤其是难生物降解的废水，曝气池中活性污泥浓度可能会高些。

c. SV 法　对于水质水量稳定的生物处理系统，活性污泥的 SV 值可以代表污泥的絮凝和代谢活性，反映系统的处理效果。运行时可以分析出不同季节条件下的最优 SV 值，每日每班测出 SV 值，然后调整回流污泥量、排泥量、曝气量等参数，使 SV 值维持最佳。

这种方法简单，但对水质水量变化大的系统，或污泥性能发生较大变化时，SV 值变化范围增大，准确性降低。早期的城市污水处理厂按此法来调控，目前仍有少数污水处理厂（站）沿用。

d. 污泥龄法　该方法是要求按照系统最佳的污泥停留时间（污泥龄）来调整排泥量，使处理系统维持最佳运行效果的。

但由于具体使用时，须计算出各种细菌的平均世代时间或污泥平均停留时间，而各种细菌的世代时间又有较大差异，很难准确确定。宏观上主要根据污泥龄（θ）与污泥负荷间的关系及污泥龄计算式来确定 θ，并通过排泥量来控制最佳的 θ。污泥龄（θ）的计算公式为

$$\theta = \frac{XV}{Q_s X_r + Q S_e}$$

式中　Q——处理水流量；

S_e——出水中 SS 含量；

Q_s——剩余污泥排放流量；

X_r——污泥排泥浓度；

V——曝气池容积；

X——曝气池污泥浓度。

该公式可近似为

$$\theta = XV/(Q_s X_r)$$

θ 与污泥负荷 N_s 间的关系为

$$1/\theta = Y N_s - K$$

式中　Y——污泥产率系数；

K——污泥自身氧化系数。

因此，按 θ 控制的运行方法实质上与按 N_s 控制的运行方法是一致的。

（4）异常问题及解决方法

① 污泥不增长或减少的现象　主要发生在活性培养和驯化阶段，污泥量长期不增加或增加后又很快减少了，主要原因如下。

a. 污泥所需养料不足或严重不平衡；

b. 污泥絮凝性差，随出水流失；

c. 过度曝气污泥自身氧化；

解决的办法如下。

a. 提高沉淀效率，防止污泥流失，如污泥直接在曝气池中静止沉淀，或投加少量絮凝剂。

b. 投入足够的营养量，或提高进水量，或外加营养（补充 C、N 或 P），或加高浓度易代谢废水。

c. 合理控制曝气量，应根据污泥量、曝气池溶解氧浓度来调整。

② 溶解氧过高或过低　除设计的原因以外，曝气池 DO 过高，可能是因为污泥中毒，或培驯初期污泥浓度和污泥负荷过低；曝气池 DO 过低，可能是因为排泥量少、曝气池污泥浓度过高，或污泥负荷过高需氧量大。遇以上情况，应根据实际予以调整，如调整进水水质、排泥量、曝气量等。

③ 污泥解体　水质浑浊、絮体解散、处理效果降低即是污泥解体现象，运行中出现这种情况，可能有以下两方面原因。

a. 污泥中毒，微生物代谢功能受到损害或消失，污泥失去净化活性和絮凝活性。多数情况下为污水事故性排放所造成，应在生产中予以克服，或局部进行预处理。

b. 正常运行时，处理水量或污水浓度长期偏低，而曝气量仍为正常值，出现过度曝气，引起污泥过度自身氧化，菌胶团絮凝性能下降，污泥解体，进一步污泥可能会部分或完全失去活性。此时，应调整曝气量，或只运行部分曝气池。

④ 污泥上浮　在二次沉淀池中，有时会产生污泥不沉淀随水流失、影响出水水质的现象，即污泥上浮。其产生原因及解决办法如下。

a. 污泥腐化　如果操作不当，曝气量过小，污泥缺氧，或污泥产泥大排泥量小，污泥贮存时间较长，二沉池中污泥均会发生厌氧代谢，产生大量气体，促使污泥上升。这时应加大曝气量，或加大排泥量。也有可能是二沉池中存有死角，导致该处污泥厌氧分解，腐化上浮。

b. 污泥膨胀　若二沉池中活性污泥不易沉淀（絮凝沉降性能变差），SVI 值增高，污泥结构松散和体积膨胀，含水率上升，上清液稀少（但较清澈），出水水质变差，这种现象就是"污泥膨胀"。污泥膨胀主要原因有丝状菌大量繁殖和菌胶团结合水过度。

对于丝状菌污泥膨胀，应在微生物相观察的基础上，分析丝状菌大量繁殖的原因。丝状菌的特点是：适合于高碳氮比、高水温、较低 pH 值废水，适合在稳定的低 DO、低营养高负荷条件下运行。实际运行时应针对以上原因，采取解决办法。

常采用的解决丝状菌膨胀办法如下。

投加漂白粉，投加量为 MLSS 的 0.5%～0.8%；投加液氯，使余氯保持 0.5～1.0mg/L；调整 pH 值，使 pH 值维持在 8.5～9.0 一段时间。改变曝气池流态，由于完全混合型的曝气池池内污泥负荷、营养、DO 等均匀一致，运行条件稳定，往往还处于高负荷运行，因此推流式更适合于丝状菌的繁殖。在推流式曝气池前端设置厌氧区，当 DO 及基质浓度交替变化时，丝状菌难以大量繁殖。提高废水碳氮比，对于因缺乏 N、P 引起的丝状菌膨胀，能取得良好的抑制效果。

一般来说，在有丝状菌膨胀时合理改变曝气池中的营养及环境条件，在菌胶团细菌和丝状菌竞争生存的污泥体之中，更有利于菌胶团细菌的繁殖。

结合水异常增多引起的污泥增多，多数情况下是因为排泥不畅，贮泥时间太长引起的。此时应加强排泥，也可以适当投加液氯或漂白粉。

c. 污泥脱氮　若曝气池中曝气时间过长，曝气池混合液会发生硝化作用，进入二沉池的污泥中硝酸盐或亚硝酸盐浓度高时，污泥会因缺氧（当 DO<0.5mg/L 时）而发生反硝化作用，产生氮气而使污泥上浮。解决的办法有：减少曝气量或缩短曝气时间，以减弱硝化作用；提高污泥回流量或污泥排放量，以减少二沉池中污泥停留时间；进入二次沉淀池的液体

DO 不能太低。

⑤ 泡沫问题　曝气池中大量泡沫的产生主要是由于废水中存在着大量合成洗涤剂或其他起泡物质而引起的。泡沫可给操作带来一定困难，影响劳动环境，带走一定污泥；采用机械曝气时，泡沫还将影响叶轮的充氧能力。控制泡沫的方法如下。

① 用自来水或处理过的废水喷洒。此法有相当好的效果，但影响操作环境。

② 投加除沫剂，如机油、煤油等，效力都不差，用油量约为 0.5~1.5mg/L，过多使用油类除沫剂将污染水质。在有些情况下，投加粉煤灰或砂土等，但效果不是太好。

③ 曝气池进水方式由一点进水改为多点进水，提高混合液污泥浓度，降低发泡剂浓度，减少局部区域的泡沫量。

④ 风机机械消泡，影响劳动环境。

⑤ 增加曝气池内活性污泥浓度，消泡效果也比较好，但运行时可能没有足够的回流污泥来提高曝气池的污泥浓度。

四、生物膜处理系统的运行管理

1. 挂膜

使具有代谢活性的微生物污泥在处理系统中填料上固着生长的过程称之为挂膜。挂膜也就是生物膜处理系统膜状污泥的培养和驯化过程。

挂膜过程所采用的方法，一般有直接挂膜法和分步挂膜法两种。

对于生活污水、城市污水、与城市污水相接近的工业污水，可以采用直接挂膜法。即在合适的环境条件（水温、DO 等）和水质条件（pH、BOD、C/N 等）下，让处理系统连续正常运行，一般需经过 7~10d 就可以完成挂膜过程。挂膜过程中，宜让氧化池出水和池底污泥回流。

在各种形式的生物膜处理设施中，生物接触氧化池和塔式生物滤池，由于具有曝气系统，且填料量和填料空隙均较大，可以采用直接挂膜法，而普通生物滤池、生物转盘等适合于采用分步挂膜法。

对于不易生物处理的工业废水，采用普通生物滤池和生物转盘，为了保证挂膜的顺利进行，可以预先培养和驯化相应的活性污泥（或利用类似污水厂的污泥），然后再投入到生物膜处理设施中进行挂膜，即分步挂膜法。具体做法是：先用生活污水或其与工业污水的混合污水培养出活性污泥（或采用现有污水厂污泥），将该污泥和适量的工业污水放入一循环池中，从此池用泵投入生物膜处理设施中，出水或沉淀污泥回流入循环池。待填料表面挂膜后，可以直接通水运行或继续循环运行，随着膜厚度的增大，可以逐步增大工业污水的比例，直至完成挂膜过程。

对于工业污（废）水的挂膜，其中必然有膜状污泥适应水质的过程，这与活性污泥法培菌过程，即污泥驯化一样。

对于多级处理的生物膜处理系统，要使各级培养驯化出优势微生物，完成挂膜所用的时间可能要比一般挂膜过程（城市污水仅两级处理）长 2~3 周。这是因为不同种属细菌对水质适应性和世代时间不一样。

2. 运行控制

（1）布水与布气

对于各种生物膜处理设施，为了保证其生物膜的均匀增长，防止污泥堵塞填料，保证处理效果的均匀，应对处理设施均匀布水和布气。由于设计上不可能保证布水和布气的绝对均匀，运行时应利用布水、布气系统的调节装置，调节各池或池内各部分的配水或供气量，保证均匀布水、布气。

布水管及其喷孔或喷嘴（尤其是池底配水系统）使废水在填料上分配不匀，结果填料受水量影响产生差异，会导致生物膜的不均匀生长，进一步又会造成布水布气的不均匀，最后使处理效率降低。解决布水管孔堵塞的方法如下。

① 提高初沉池对油脂和悬浮物的去除率；

② 保证布水孔嘴有足够的水力负荷；

③ 定期对布水管道及孔嘴进行清洗。

由于布水、布气管淹没于污水中，由于水质的原因，或污泥的原因，或制作的原因，或运行的原因，某些孔眼会堵塞，也会使生物膜生长不均匀，降低处理效果。应针对以上原因采取解决办法，如保证曝气孔或曝气头的光滑、均匀，降低池底污泥的沉积量，进行预处理以改善水质等。正常运行时，应按具体情况调节管道阀门，使供气均匀，并定期进行清洗。

（2）填料

① 预处理　对多孔颗粒类填料，装入氧化池或滤池之前，须对其进行破碎、分选、浸洗等处理，以提高颗粒的均匀性，并去除尘土等杂质。对于塑料或玻璃钢类硬质填料，安装前应检查其形状、质量的均匀性，安装后应清除残渣（粘于填料上的）。对于束状的软性填料应检查安装后的均匀性。

② 运行观察与维护　填料在生物膜处理设施中正常运行时，应定期观察其生物膜生长和脱膜情况，观察其是否损坏。

有很多原因可能造成生物膜生长不均匀，这会表现在生物膜颜色、生物膜脱落的不均匀性。一旦发现这些问题，应及时调整布水、布气的均匀性，并调整曝气强度来予以改变。

对于颗粒填料比较容易发生污泥堵塞，可能需要加大水力负荷或空气强度来冲洗，或换出填料晾晒、清洗。

对于硬质塑料或玻璃钢类填料，可能会发生填料老化、坍塌等情况，这就需要及时予以更换，并找出造成坍塌的原因（如污泥附着不均匀），及时予以纠正。

对于束状软性填料，可能发生纤维束缠绕、成团、断裂等现象。缠绕、成团有可能是安装不利造成的，也有可能是污泥生长过快、纤维束中心污泥浓度太高形成的，可适当加大水力负荷和曝气强度来解决。纤维使用时间过长或污泥过量，可能造成纤维束断裂，应及时更换。

某些情况下，如水温或气温过低，或对于生物滤池、生物转盘，需要加保温措施。

（3）生物相观察

对于城市污水处理厂，生物膜处理设施的生物膜，前一级厚度约为 $2.0 \sim 3.0 \mathrm{mm}$，后一级可能为 $1.0 \sim 2.0 \mathrm{mm}$，生物膜外观粗糙，具有黏性，颜色是泥土褐色。

生物膜法处理系统的生物相特征与活性污泥工艺有所区别，主要表现在微生物种类和分布方面。一般来说，由于水质的逐级变化和微生物生长环境条件的改善，生物膜系统存在的微生物种类和数量均较活性污泥工艺大，尤其是丝状菌、原生动物、后生动物种类增加，厌氧菌和兼性菌占有一定比例。在分布方面的特点，主要是沿生物膜厚度和进水流向（采用多级处理时）呈现出不同的微生物种类和数量。例如，在多级处理的第一级，或生物膜的表层，或填料的上部（对于水流为下向流），生物膜往往以菌胶团细菌为主，膜亦较厚；而随着级数的增加，或向生物膜内层发展，或向填料下部发展，由于水质的变化，生物膜中会逐渐出现丝状菌、原生动物及后生动物，生物的种类不断增多，但生物量即膜的厚度减少。依废水水质的不同，每一级都有其特征的生物类群。

水质的变化，会引起生物膜中微生物种类和数量的变化。在进水浓度增高时，可看到原有特征性层次的生物下移的现象，即原先在前级或上层的生物可在后级或下层出现。因此，可以通过这一现象来推断废水浓度和污泥负荷的变化情况。

（4）回流

生物膜处理设施，一般不需要将二沉池污泥回流，但在挂膜过程中可能会需要。处理后污水常常需要回流。出水的回流可起到以下作用。

① 降低进水的浓度；

② 回流液中挟带的微生物可增加氧化池有益微生物的数量；

③ 增加水力负荷，容易脱膜，避免生物膜过厚；

④ 降低污水和生物膜的气味，防止滤池蝇的出现。

回流时，回流比的大小应由运行试验来确定。回流方式一般有如下几种。

① 连续回流；

② 浓度高或水量小时回流。

处理出水可回流至初沉池或某级生物膜处理设施前配水井中。

3. 异常问题及其解决对策

（1）生物膜严重脱落

在生物膜挂膜过程中，膜状污泥大量脱落是正常的，尤其是采用工业污水进行驯化时，脱膜现象会更严重。但在正常运行阶段，膜大量脱落是不允许的。产生大量脱膜，主要是水质的原因（如抑制性或有毒性污染物浓度太高，pH 值突变等），解决办法即是改善水质。

（2）气味

生物滤池、生物转盘及某些情况下的生物接触氧化池，由于污水浓度高，污泥局部发生厌氧代谢，可能会有臭味产生。解决的办法如下。

① 处理出水回流；

② 减少处理设施中生物膜的累积，让生物膜正常脱膜，并排出处理设施；

③ 保证曝气设施或通风口的正常；

④ 根据需要向进水中短期少量投加液氯；

⑤ 避免高浓度或高负荷废水的冲击。

（3）处理效率降低

当整个处理系统运行正常，且生物膜处理效果较好，仅是处理效率有所下降，一般不会是水质的剧烈变化或有毒污染物进入，如废水 pH 值、DO、气温改变，短时间超负荷（负荷增加幅度也不太大）运行等。对于这种现象，只要处理效率降低的程度可以承受，即可不采取措施，过一段时间，便会恢复正常。或采取一些局部调整措施加以解决，解决方法是：保温、进水加热、酸或碱中和、调整供气量等。

（4）污泥的沉积

指生物膜处理设施（氧化槽）中过量存积污泥。当预处理或一般处理沉降效果不佳时，大量悬浮物会在氧化槽中沉积积累，其中有机性污泥，在存积时间过长后会产生腐败，发出臭气。解决办法是提高预处理和一级处理的沉淀去除效果，或设置氧化槽临时排泥措施。

五、厌氧生物处理装置的运行管理

厌氧生物处理装置的运行管理工作，包括厌氧反应装置的启动与启动后的正常运行两部分。两部分工作的内容与方法基本相同，只是各自控制工艺条件的过程不同。

1. 厌氧生物处理装置的启动

启动是厌氧反应装置达到设计要求后正常运行的前期工作，是厌氧反应装置中微生物污泥的培养和驯化过程，会直接影响厌氧处理系统能否顺利投入使用及其运行效果。启动一般进行污泥接种，而且启动所需时间一般较长，为 16～24 周不等。随水质与环境条件、工艺类型的不同而不同，但启动的方法、控制内容基本相同。

（1）接种

接种是向厌氧反应装置中接入厌氧代谢的微生物种菌。若不接种，靠反应装置本身积累厌氧污泥，可能不会启动，或所需启动时间比正常启动要长 3～5 倍。

① 接种物来源　接种物主要来源于各种污泥，如厌氧反应装置的污泥，下水道、化粪池、河道或污水池塘等处存积的污泥。其中工业废水厌氧反应器、城市污水厂消化池或农村的沼气池中存积的污泥是效果很好的接种来源。此外，可用人畜粪便作为辅助接种物，因为人畜肠中也有厌氧消化微生物。

② 接种物的基本要求　厌氧反应降解是各种类群微生物共同作用的结果，因此对接种物有以下要求。

a. 必须含有适应于一定废水水质特征的微生物种群。

b. 所接入的微生物（或污泥）必须具有足够的代谢活性。一般要求所取污泥的比甲烷活性为 $100～150mLCH_4/g$ 污泥。

c. 污泥所含的微生物数量应较多，且各种微生物比例应协调。

例如，接种污泥中厌氧水解菌（纤维分解菌）、厌氧氨化菌和产甲烷菌的含量均较高时，对于含纤维素类废水或农业废物的厌氧代谢效果就较好，能够缩短启动时间，提高降解率和产气率。

接种微生物，可通过纯种培养获得，但对于工业废水处理至今尚属困难之事，实用中一般采用以上自然或人工富集的污泥作为接种物来源。

③ 接种方法　采集接种污泥时，应注意选用比甲烷活性值高的、相对密度大的污泥，同时应除去其中夹带的大颗粒固体和漂浮杂物。运输过程中应避免与空气接触，尽量缩短运输时间。

接种量依据处理对象水质特征、接种污泥性能、厌氧反应器类型和容积、启动运行条件（如时间限制、运输等）等来决定。一般来说加大接种量有利于缩短启动时间。若按容积比计算，投加的接种污泥量一般为 $10\%～30\%$。若按接种后的混合液 VSS 计，接种污泥量按 $5～10kgVSS/m^3$。

接种部位应在反应装置底部，尽量避免接种污泥在接种和启动运行时流失。对于某些填料的厌氧反应装置，启动时甚至可以将填料取出，在另外的污泥池中预先挂膜，然后装入反应装置中。

（2）启动的基本方式

① 分批培养法　该法指当接种污泥投足后，控制工业废水分批进料，启动运行初期厌氧反应装置间歇运行的方法。每批废水进入后，反应装置在静止状态下进行厌氧代谢（或通过回流装置适时进行循环搅拌），让接种的污泥或增殖的污泥暂时聚集，或附着于填料表面，而不是随水流流失。经若干天（所需时间随水质和接种污泥浓度而变）厌氧反应后，大部分有机物被分解后，再进第二批废水。在分批进水间歇运行时，可逐步提高进水的浓度或工业废水的比例，可逐步缩短反应的时间，直至最后完全适应工业废水（或有毒废水）并连续运行。这是一般常用的厌氧反应启动方法，多用于较难降解的工业废水。

② 连续培养法　对于易降解的高浓度有机工业废水或较难降解工业废水，当不含有毒污染物，接种污泥性能好、数量多时，可采用连续培养法。当接种污泥投入厌氧反应装置后，每日连续投加工业废水或稀释后的工业废水，或工业废水与城市污水的混合废水，所投加工业废水的流量或所占比例，应小于设计流量，待连续运行数日后，有机物降解达到设计要求的 80% 左右时，可改变投加流量或比例。

这种连续运行的污泥培养驯化法，要求严格控制启动过程中的有机质负荷和有毒污染物负荷，其控制的负荷比分批培养法更低。

（3）影响启动的因素

影响启动的因素，除接种污泥以外，还有工业废水的水质特征、有机质负荷和有毒污染物负荷、环境条件、填料种类与填充方式、回流等。

① 废水性质　包括废水中有机污染物构成与浓度、pH 值、营养物质等。

废水中有机物（易降解性的）浓度对于厌氧反应器的启动（尤其是悬浮型厌氧反应器）是有影响的，合适的浓度能使微生物污泥迅速絮凝形成，形成足够浓度和活性的微生物污泥，缩短启动的时间。一般认为，悬浮型厌氧反应器的进水 COD_{Cr} 以 4000～5000mg/L 为合理，过高时应予以稀释，过低时应予以补加（否则启动时间将会延长很多）。对附着型厌氧反应器，进水 COD_{Cr} 可降低至 2000～4000mg/L。

废水中有机物的固体有机物含量应较低，以悬浮固体来计，其不宜超 2000mg/L（悬浮型）或者 200mg/L（附着型）。而且废水中所含有毒有害有机物（不易降解有机物）在启动时应维持较低比例，而且应在培养驯化过程中逐步增加。

尽管厌氧反应微生物对 C、N、P 营养的要求不如好氧微生物严格，但对于某些成分过于单纯的工业废水，在启动时仍应通过添加相宜的污水或营养物质，协调进水中 C、N、P 等的营养平衡。

对于酸性或强碱性的工业废水，在启动中首批投料时，甚至在启动的前阶段，必须调节废水的 pH 值至中性或偏碱性，才能免去再调 pH 值的过程。否则，产甲烷细菌的生长繁殖将难以起步。物料的缓冲性能有助于保持消化液的适宜酸碱度，从而为在较高的有机物质负荷下启动提供有利条件，以利缩短启动的时间。

② 有机质负荷　有机质负荷常常成为影响启动的关键因素。启动过程中，有机质负荷过高，会导致挥发性有机酸过量积累，消化液 pH 值下降过度就会使启动停滞或破坏。反之，有机质负荷太低，则会降低微生物的增殖速率，从而使启动的时间延长。

控制有机质负荷的要领为"有节、有进"。有节，指有节制地递增有机质负荷，以免在超负荷冲击下，使启动遭受挫折，结果是欲速则不达。有进，则指把握时机，及时递增有机质负荷，以期尽快地完成启动过程。

启动过程中，有机质负荷一般应以污泥负荷进行控制。启动时的起始污泥负荷率因工艺类型、废水水质、温度等工艺条件及接种污泥的性质（如污泥比甲烷活性及对废水的适应性等）而异，可以选取为 $0.1 \sim 0.3 kgCOD/(kgVSS \cdot d)$。

控制好有机质负荷，可以缩短启动的时间过程，提高启动的成功率以及系统的运行效率；可以避免因需要重复启动所造成的运行费用损失、时间上的延误，排除那种虽运行平稳，但效率不很高的状况，提高整个厌氧反应过程的稳定性。

控制启动过程有机质负荷的方式有递增启动法和高负荷启动法。

第一种方法，取低的起始负荷，之后每隔数日有限制地增加负荷，直至最后完成启动过程。一般起始负荷约为正常运行负荷的 $1/40 \sim 1/60$，当运行至 COD_{Cr} 去除率达到 80%，或者反应器出水中 VFA 的浓度已较低（例如 $200 \sim 300 mg/L$）时，再以每一步按原负荷 50% 的递增幅度增加负荷。如果出水 VFA 浓度较高，则不宜再提高负荷，甚至应酌情予以降低（例如出水 VFA 高于 $500 \sim 1000 mg/L$ 时）。尤其对于污泥床反应器更是如此，而其他类型厌氧反应器采用该法启动，对起始负荷和负荷递增过程的控制不如污泥床反应器严格，故启动所需的时间往往较短。

第二种方法，即一开始就采用较高的起始负荷，逐步来完成启动过程的方法。这种方法启动较快，但要求废水的缓冲能力比较强，废水的有机质浓度适合，且可生化性较好。对于以碳水化合物成分为主、缺乏缓冲性物质（N 质）的废水，或可生化性差的废水，则采用该法易使系统酸败，启动难以成功。

③ 水温　废水温度是影响启动的重要因素，因为温度直接影响微生物代谢和增殖速率，影响微生物的负荷能力，故温度降低会使启动时间延长。另外水温也会影响污泥黏附成团的速率。故启动时，初始温度要求较高（一般采用中温启动），而且整个启动过程应维持比较平稳的较高水温。

④ 出水回流　厌氧反应器的出水以一定的回流比返回反应器，可以回收部分流失的污泥及出水中的缓冲性物质，可以平衡反应器中水的 pH 值，有利于加速富集，缩短启动所需时间。

在启动时出水是否回流，与厌氧反应器类型很有关系。一般，附着型的反应装置，因填料具有一定拦截作用，不必再加回流。悬浮型反应装置启动时，污泥絮凝不好易于流失，可适当用出水回流。

⑤ 其他　填料附着性能会影响挂膜的快慢，因而影响启动时间。填料的填充量、是否分层或错层等也对启动过程有一定影响。

对于悬浮型厌氧反应装置，可以适当投加无烟煤或微小砂砾或絮凝剂，促进污泥的颗粒化。

水力负荷对启动过程有一定影响，水力负荷过高，可能会造成污泥大量流失；水力负荷过低，又不利于对污泥的筛选。一般在启动初期可选低的水力负荷，经过数周后可以递增水力负荷，并维持平稳。

（4）启动操作要点

① 启动初始，一次投足接种污泥。

② 接种污泥性能要好，一般要求污泥的 VSS 浓度为 $20 \sim 40 kg/m^3$，比甲烷活性为 $100 \sim 150 mL/g$。

③ 启动初期废水中有机质浓度不宜太高，COD_{Cr}（可生化性较好）以 $4000 \sim 5000 mg/L$ 合适。

④ 启动初始污泥负荷应较低，一般约为正常运行负荷的 ¼ ～ ⅙，或取 0.1～0.3kgCOD/kgVSS。

⑤ 合适的水力负荷有利于生物污泥的筛选，但太高易造成污泥流失，一般水力负荷（反应区）控制为 0.25～1.0m/h。

⑥ 当可降解 COD 的去除率达到 80% 左右，出水 VFA 在 500mg/L 以下时，才能逐步增加有机质负荷。

(5) 启动障碍的排除

在启动过程中，常遇到的障碍是超负荷所引起的消化液 VFA 浓度上升、pH 值降低，使厌氧反应效率下降或停滞，即酸败。解决的办法是：首先暂停进料以降低负荷，待 pH 值恢复正常水平后，再以较低的负荷开始进料。若 pH 值降低幅度太大，可能需外加中和剂。负荷失控严重（包括有毒污染物负荷过重），临时调整措施无效时，就需重新投泥，重新进水启动。

2. 厌氧生物处理装置的运行管理

(1) 运行控制指标

① 有机物降解指标　COD、BOD 等的去除率。

② 出水水质指标　出水的 VFA、pH 值、SS 等。

③ 运行负荷　测试并控制正常的污泥负荷、容积负荷、水力负荷。

④ 温度　控制厌氧反应水温，温度变化不大于 1～2℃/d。

⑤ 生物相　可不定期检验污泥的生物相。

⑥ 沼气气压　一般应控制为 50～150mmH₂O（1mmH₂O=9.8Pa），过高或过低，说明厌氧反应或沼气管路出问题。

(2) 维护与管理

① 保证配水及计量装置的正常。

② 冬季做好对加热管道与换热器的清通与保温，防止进出水管、水封装置的冻结。

③ 每隔一定时间（如 1～3 年）清除浮渣与沉砂。

④ 防爆。在反应装置区及贮气区严禁明火及电气火花。

⑤ "停车"维护。厌氧处理装置会有一个停歇时段。在停车期间，宜尽量保持温度在 5～20℃；尽量避免管道管口或反应装置敞口直接与空气连通。

⑥ 调节污泥量。启动过程或正常运行的初期，厌氧反应装置不会有太多的剩余污泥。但当处理装置稳定运行较长时间后，就会有剩余污泥。需通过及时（定期）排泥或加大水力负荷冲去部分浮泥，或降低进水浓度让微生物进行内源呼吸自身氧化的方法来调节厌氧反应器的存泥量。

(3) 主要故障及解决办法

① 产气量低或处理效率低　进水有机质负荷超负荷、进水 pH 值下降或过高、环境条件变化（或水温）等可能会使厌氧微生物的代谢活动受到影响，有机物降解率降低，结果导致厌氧反应装置产气率降低，CODCr 去除率降低，但此时厌氧消化作用仍在进行。

解决办法是：调整进水水量或水质，平衡有机质负荷；pH 值变化太多时适当进行中和；采取保温绝热措施使装置在冬季或夏季维持稳定的温度。

② 沼气燃烧不着　若厌氧反应产生的沼气中 CO₂ 含量高于 70%、CH₄ 含量低于 30%

时，或沼气产生量很少、气压压力低于 $40mmH_2O$ 时，沼气便会燃烧不了或燃烧很不稳定。出现以上现象的原因，主要是产甲烷菌活性降低所致，如冲击负荷影响严重，进水 pH 值过低（较高），或是其他细菌（如硫酸盐还原菌）与产甲烷菌竞争底物。也有可能是因为进水中碳水化合物含量相对含氮化合物太高（失去缓冲能力）、VFA 过量积累所致，或进水有机质负荷太低所致。需根据具体原因采取相应措施。

③ 停止产气　过度的有机质负荷冲击、环境条件的严重恶化，尤其是有毒污染物负荷的少量增加，会破坏厌氧微生物的代谢能力，表现为产甲烷作用几乎完全停止。有关研究认为：厌氧微生物的酶系统遭到破坏，要恢复代谢机能需要 3～4 周的时间，仅比适应新基质少 20％～30％的时间。尤其是有毒污染物的影响是致命的，解决这种影响的方法如下。

a. 预处理去除有毒物质。如除油、光催化分解、诱氧化分解、电解、臭氧氧化等。

b. 稀释进水降低有毒污染物浓度。

c. 采用两相厌氧工艺在某些情况下有效。

④ 出现负压　对于运行多年的系统，若厌氧反应器、污泥管道或沼气管道漏气，或一次排泥量过大，有可能造成反应器中气室负压，会使沼气不纯，对厌氧反应状态也可能有一些影响。操作中应避免这种影响。

六、管道与设备的运行管理

1. 管道的运行维护

污水处理厂常见的工艺管道有污水管、污泥管、药液管、压缩空气管、雨水管、蒸汽管、沼气管等。一般可以按其输送介质的不同分为液体输送管道和气体输送管道。液体输送管道又可以分为有压液体输送管道和无压液体输送管道，而气体输送管道多为低压管道，且以空气管道为主。

（1）有压液体输送管道的维护

在污水（压力）管道、污泥管道、清水管道、蒸汽或沼气（高压）输送管道系统多采用钢管，运行中可能出现的异常问题及其解决办法如下。

① 管段渗漏　一般由于管道的接头不严或松动，或管道腐蚀等均有可能产生漏水现象，管道腐蚀有可能发生在混凝土、钢筋混凝土或土壤暗埋部分。管沟中管道或支设管道，当支撑强度不够或发生破坏时，管道的接头部容易松动。遇到以上现象引起的管道破损或渗漏，除及时更换管道、做好管道补漏以外，应加强支撑、防腐等维护工作。

② 管道中有噪声　管道为非埋地敷设时，能听到异常噪声，主要来自于：a. 管道中流速过大；b. 水泵与管道的连接或基础施工有误；c. 管道内截面变形（如弯管道、泄压装置）或减小（局部阻塞）；d. 阀门密封件等部件松动而发生振动。以上异常问题可采取相应措施解决，如更换管道或阀门配件，改变管道内截面或疏通管道，做好水泵的防振和隔振。

③ 管道产生裂缝或破损（泡眼）　如由于管线埋设过浅，来往载重车多，以致压坏；闸阀关闭过紧而引起水锤而破损；管道受到杂散土壤电流侵蚀而破损；水压过高而损坏。发生裂缝或破损应及时更换管道。

④ 管道冻裂　当管道敷设在土壤冰冻深度以上时，污水（泥）管等容易受冰冻而胀裂。这种问题的解决办法有：重新敷设管道，重新给污水管道保温（如把管道周围土壤换成矿渣、木屑或焦炭，并在以上材料内垫 20～30cm 砂层），或适当提高输送介质的温度。

（2）无压液体输送管道

污水处理厂（站）无压输送管道，多为污水管、污泥管、溢流管等，一般为铸铁管或陶土管承插连续，也有采用钢管焊接连接或法兰连接的。

无压管道系统常见的故障是漏水或管道堵塞，日常维护工作在于排除漏水点，疏通堵塞管道。

① 管道漏水　引起管道漏水的原因大多数是管道接口不严，或者管件有砂眼及裂纹。接口不严引起的漏水，应重新填料并进行捣口处理，若仍不见效，须用手锤及弯形錾将接口剔开，重新连接；如果是管段或管件有砂眼、裂纹或折断引起漏水，应及时将损坏管件或管段换掉，并加套管接头与原有管道接通；如有其他原因，如振动造成连接部位不严，应采取相应措施，防止管道再被损坏。

② 管道堵塞　造成管道堵塞的原因除使用者不慎将硬块、破布、棉纱等掉入管内引起外，主要是因为管道坡度太小或倒坡引起管内流速过慢，水中杂质在管内沉积。

若管道敷设坡度有问题，应按有关要求对管道坡度进行调整。堵塞时，可采取人工或机械方式予以疏通。

维护人员应经常检查管道是否漏水或堵塞，应做好检查井的封闭，防止杂物落下。

（3）压缩空气管道的常见故障及排除方法

压缩空气管道的常见故障有以下两类。

① 管道系统漏气　产气漏气的原因往往是选用材料及附件质量或安装质量不好，管路中支架下沉引起管道严重变形开裂，管道内积水严重冻结将管子或管件胀裂等。

排除这类故障的方法是：修补或更换损坏管段及管件，定期排除管道中的积水、防止冻裂，管道支架下沉时应修复支架，调整管道坡度以便于排水。

② 管道堵塞　管道堵塞表现为送气压力、风量不足，压降太大。引起的原因一般是管道内的杂质或填料脱落，阀门损坏，管内有水冻结。排除这类故障的方法是：清除管内杂质，检修或更换损坏的阀门，及时排除管道中的积水。

（4）阀门的常见故障及解决办法

① 阀门的关闭件损坏及解决办法　损坏的原因有：关闭件材料选择不当；将闭路阀门经常当作调节阀用，高速流动的介质使密封面迅速磨损。

解决办法是：查明损坏原因，改用适当材料或闭路阀门不当作调节阀用。

② 密封圈不严密　密封圈与关闭件（阀体与阀座）配合不严密时，应修理密封圈。阀座与阀体的螺纹加工不良，因而阀座倾斜，无法补救时应予更换。拧紧阀座时用力不当，密封部件受损坏，操作时应当适当用力以免损坏阀门。阀门安装前没有遵守安装规程，如没有很好地清理阀体内腔的污垢与尘土，表面留有焊渣、铁锈、尘土或其他机械杂质，会引起密封面上有划痕、凹痕等缺陷，引起阀门故障。应当严格遵守安装规程，确保安装质量。

③ 填料室泄漏　填料室内装入整根填料，应选用正确方法填装填料。阀杆由椭圆度或划痕等缺陷引起的泄漏，应修整阀杆，杆面粗糙度不低于 $\frac{6 \cdot 3}{\diagup}$ 。填料里有油，高温时油被烧焦，致使填料收缩，油变成的固体炭会刮伤阀杆。在介质温度超过 100℃ 时不采用油浸填料，而采用耐热的石墨填料。

④ 安全阀或减压阀的弹簧损坏　造成弹簧损坏的原因是弹簧材料选择不当的，应更换弹簧材料；弹簧制造质量不佳的，应采用质量优良的弹簧。

⑤ 阀杆升降不灵活　螺纹表面光洁度不合要求，需重新磨整。阀杆及阀杆衬套采用同

一种材料或材料选择不当的，应当采用青铜或含铬铸铁作为阀杆衬套材料。输送高温介质时，不应产生锈蚀，在输送高温介质时，应采用纯净的石墨粉作润滑剂。有轻微锈蚀时，可用手锤沿阀杆衬轻轻敲击。螺纹磨损，应更换新阀杆衬套。

2. 设备的运行管理

（1）设备运行管理的意义和内容

设备是现代化生产的物质技术基础。现代化大企业的生产能否顺利进行，主要取决于机器设备的完善程度。

污水处理厂有大量的处理工艺设施（或构筑物）、设备和辅助生产设备。生产工艺设备有格栅拦污机、泵类、刮（排）泥机、曝气机、风机、投药设备、污泥浓缩机、污泥脱水机、混合搅拌设备、空气扩散装置、电动阀门等。这些主要工艺设备的故障将影响污水厂的运行或造成全厂的停运。

污水处理厂设备的运行管理，是指对生产全过程中的设备管理，即从选用、安装、运行、维修直至报废的全过程的管理。因此，设备运行管理的内容可归纳为以下几个主要方面。

① 合理选用、安全使用设备 例如选配技术先进、节能降耗的设备，根据设备的性能，安排其适当的生产任务和负荷量，为设备创造良好的工作环境条件；安排具有一定技术水平和熟练程度的设备操作者。

② 做好设备的保养和检修工作。

③ 根据需要和可能，有计划地进行设备更新改造。

④ 搞好设备验收、登记、保管、报废的工作。

⑤ 建立设备管理责任制度。

⑥ 做好设备事故的处理。

（2）设备的运行管理

① 管理人员职责 编制企业的机械设备运行维修管理制度，编制年度检修计划和备品、备件购置计划；负责选购、建账、调拨直至报废的管理；编绘设备图册或档案；负责提供更新、改造的技术方案，参与设备的大修与改造、更新工作，并主持测试验收；参加设备安全检查及事故分析处理等。

② 运行人员责任制 包括操作设备的职员岗位责任制、操作规程、巡查制度、交接班制度等。

③ 机械设备的运行规程 如设备调度规程、紧急处理规程、事故处理规程。

（3）设备的维修管理

① 设备维修管理的内容 建立机械设备档案，如名称、性能、图纸、文件、运行日期、测试数据、维修记录等。坚持机械设备保养和维修制度。制定机械设备的检修规程，如检修的技术标准、检修的程序、检修的验收等。建立备品、备件制度。

② 设备磨损与维修

a. 设备磨损概念 设备在长期使用过程会产生两种磨损。一种是物质磨损，指使用过程中由机械力作用造成摩擦、振动的损耗以及自然界腐蚀损耗；第二种是技术磨损，如因操作不当或其他原因致使设备报废，不能再使用；或因科学技术的进步，性能和效率更好的同用途设备不断出现，致使原有老设备的"价值"降低。从形式上看，前者叫有形磨损，后者叫无形磨损。

b. 设备维修工作类别　设备维修保养的内容包括润滑、紧固、防腐、清洁、零部件调整更换等，一般将设备维修保养分类如下。

（a）日常保养　这是对设备的清洁、检查、加油等外部维护，一般由操作人员承担，作为交接班的内容之一。

（b）一级保养　对设备易损零部件进行的检查保养，包括清洁、润滑、设备局部和重点的拆卸、调整等，一般在专职检修人员指导下由操作人员承担。

（c）二级保养　对设备进行严格的检查和修理，包括更换零部件、修复设备的精度等，一般由专职检修技术工人承担。

（d）小修　这是工作量最小的局部性修理，只进行局部修理、更换和调整。

（e）中修　这是一种工作量较大的计划修理，污水处理厂一般1～3年一次，内容包括更换和修复设备主要部分，检查整个设备并调整校正，使设备能达到应有的技术标准。

（f）大修　这是工作量最大的一种计划修理，包括对设备全面解体、检查、修复、更换、调整，最后重新组装成新的整件，并对设备外表进行重新喷漆或粉刷。一般几年甚至十年才进行一次，可由专业（修配）厂来完成。

c. 设备的计划预修制　设备在使用过程中，零部件、关键部件会不断"磨损"，这就会影响设备的性能、效率和安全。设备预修制就是根据设备的"磨损"规律，通过日常保养，有计划地进行检查和修理，保证使设备经常处于良好状态的工作制度。

设备预修制的主要内容包括日常维护、定期检查和计划维修。

③ 设备维修工作的原则　维护保养和计划检修并重，以预防为主。坚持良好的保养，可以减轻设备的"磨损"程度；及时检修又能防止小毛病拖成大毛病。

坚持先维修、后生产的原则。生产必须有良好的设备，所以离不开维修。不能为了赶生产任务，使维修的设备"带病运转"，以致造成严重损坏或事故，会给生产带来更大的损失。

坚持专业修理和群众维护相结合的原则。工人是设备的使用者，他们最熟悉设备的性能和技术状况；而专业修理人员具有专门知识和检修手段等优势，所以设备维修要以专业为主，专群结合。

④ 设备维修工作的组织　为搞好设备维修的工作组织，主要应做好以下几方面工作。

a. 建立设备管理职能部门，明确责任制。

b. 组建专业维修队伍。

c. 编制设备保养和维修计划。

d. 做好设备试运转、测试及维修的记录归档工作，做好设备故障及事故的处理工作，对其记录资料加以分析整理。

e. 做好设备的安全操作运行职工培训工作，调动全员参加设备管理工作。

f. 对设备管理和维修人员要实行经济责任制，规定设备管理和维修的考核指标，如设备实际开动率、完好率、故障停机率、平均维修时间、维修费用等。

（4）设备的改造与更新

污水处理厂（站）随着社会经济的发展或企业生产规模的变化，需要进行扩建或技术改造，除了处理构筑物的改扩建之外，主要技术改造内容就是机械设备的改造与更新。

① 设备改造　反应装备、机械设备的技术改造是把有关科研成果应用于对设备的结构做局部改变，如把设备的某部分进行改进或增添某些装置以改善其性能，提高效率。一般由企业结合设备大修有计划地进行，需要有专人负责，配备经验丰富的技术人员来进行。

② 设备更新　机械设备经过一定时间使用，其性能磨损到使产品质量难以达到标准要求，就必须加以更新。设备更新是以比较经济和比较完善的设备，代替物质上已不能使用或经济上不宜继续使用的原有设备，使企业获得先进适用的技术装置。

（5）加氯设备安全使用规则

当城市污水处理厂出水排入高标准地面水水体时，需对污水进行消毒处理，常采用液氯消毒。加氯岗位应具有检查漏氯、防毒手段和安全池。如防毒面具要定期检查其中活性炭是否失效；检查氯要用氨水熏查，不得使人嗅闻到；当氯瓶出现泄漏暂无法终止时，应镇静地把热源瓶移入安全池或向出氯气出口大量淋水；氯瓶冻结时，不得用开水或火炉直接加热升温；氯瓶搬运时不可随意滚动，防止瓶内弯管松动。

加氯量不足或中断的原因可能有以下几个。

① 浮子不灵或卡住；

② 温度太低，影响出氯量；

③ 高压水压力不稳定（应不小于0.25MPa）；

④ 氯瓶压力降低（瓶内剩余氯量应不小于5kg或余压不小于0.05MPa，以免瓶内出现负压或瓶内进水）；

⑤ 出氯管不通，针形阀堵塞。

（6）正确使用加矾设备

为了保证混合反应及沉淀的处理效果，不论使用何种混凝药剂或投药设备，应注意做到以下几点。

① 保证各设备的运行完好，各药剂的充足；

② 定量校正投药设备的计量装置，以保证药剂投加量符合工艺要求；

③ 充分保证药剂符合工艺要求的质量标准；

④ 定期检验原污水水质，保证投药量适应水质变化和出水要求；

⑤ 交接班时须交代清楚贮药池、投药池浓度；

⑥ 经常检查投药管路，防止管道堵塞或断裂，保证抽升系统正常运行；

⑦ 出现断流现象时，应尽快检查维修。

（7）格栅除污机的运行维护

① 设备安装时，应注意调整好固定件和移动件（如导轨与滑块）的间隙，保证除污耙的上下动作顺利。调整好各行程开关及撞块的位置，确定时间继电器的时间间隔等，使设备按设计规定的程序完成整套循环动作。

② 调整正常后，应空载试运转数小时，无故障后才能进水投入运行。

③ 电动机、减速器及轴承等各加油部位应按规定加换润滑油、脂。如使用普通钢丝绳，也应定期涂抹润滑脂。

④ 定期检查电动机、减速器等运转情况，及时更换磨损件，钢丝绳断股超过规定允许范围时应随时更换。同时应确定大、中修周期，按时保养。

⑤ 经常检查拔动支架组件是否灵活，及时排除夹卡异物，检查各部件螺丝是否松动。

（8）行车式刮（吸）泥机运行维护

① 吸泥机的停驻位置应在沉淀池的出水端。驱动前开启各吸泥管的排泥阀，然后向进水端进行。到达进水口尽端时，即自动返驶，回至出口端的原位停车，作为一次吸泥的全过程。

② 调整好车轮凸缘与轨顶宽度间的间隙,调整好吸泥管管口与池底的间距、排泥管出泥口伸入排泥沟的距离,调整好刮泥板与吸口以及刮泥板与池底的间距。

③ 吸泥的启动由人工操作,返驶及停车等均由装在轨道上的触动行车上的 LX 型或干簧式行程开关完成。轨道上触杆或磁钢的定位,以及行车上行程开关间的相对位置,应在安装时确定,出现偏差时应及时调校。

④ 定期检查电动机、减速机、齿轮等的运转情况,及时更换磨损件、加换润滑油。

⑤ 池内积泥不宜过久,超过 2d 后泥质就相当密实。吸泥时需注意排泥的情况,如发现阻塞现象,即需停车,待排泥管疏通后再行进。超过 4d 以后,泥质已积实,须停池清理后才能使用吸泥机,否则不但无法吸泥,泥的阻力还会使机架变形和设备受损。

⑥ 若池内水面结冰,应解冻或破冰后才能使用。

（9）回转式刮（吸）泥机的运行维护

回转式刮（吸）泥机的运行管理比行车式刮（吸）泥机简单得多,日常维护管理注意以下几点。

① 密切注意池面浮泥及排泥管口出泥状况,做好刮板或吸泥管调整,以确保刮（吸）泥负荷的均匀。

② 及时清除池面浮漂物,做好整流筒浮渣排除装置、出水堰的清洗保护。

③ 维护好行车轮装置。若行车轮为胶轮,须防止胶轮轴承加油时油洒在胶轮上（因为机油对胶轮腐蚀作用非常大）。若行车轮为钢轮,则应注意保护环形钢轨的稳定性,每周应对环形钢轨进行一次检查,防止并修正由于弹性恢复、热胀冷缩、震动等原因造成的位移与"啃轨"故障,检查压板螺栓是否松动,找出原因后及时纠正。

④ 周边驱动的刮（吸）泥机,要加强对集电环的保护。集电环箱内应保持干燥,保持电刷的良好接触,尤其要防止集电环发生监控线路与电源电路的短路。

⑤ 中心驱动的刮（吸）泥机,要加强对过扭矩保护装置的维护。由于中心驱动装置的减速比非常大,一旦出现阻力超过允许值,主轴会受很大的转矩,此时若剪断销锈死,会使主轴变形。因此至少每月对剪断销加润滑脂一次,保证其良好的过载保护功能。

⑥ 做好驱动减速机、中心轴承、中心大齿圈、行车轮轴承等部位加油保护。

（10）钢丝绳传动刮泥机的运行维护

① 防止沉淀池内积泥过多,必须定时刮泥、排泥。若积泥过多,刮泥机超负荷,严重时将导致事故。当泥质坚实时,则需停池清洗后才能投入使用。

② 各机械运动部件必须定期加注润滑油,减速箱内的润滑油应定期更换。

③ 定期检查水下导向滑轮的压力清水是否正常供给。

④ 定期检查钢丝绳的使用情况,若发现其中单股钢丝绳断裂较多时应予更换。

（11）表面曝气机的运行维护

① 卧式表面曝气机的运行维护　卧式表曝机转刷或转盘曝气机的操作很简单,试运行后只要转向正确、各部位无异常声响就可持续运转。

转刷的浸水深度是根据工艺要求来调节的,对于设置调节螺旋的曝气机,可通过调节转刷的高低来实现,也可以通过调节进水阀门及出水可调堰来实现。浸没深度大,水的阻力大,会使驱动装置的负荷超过允许范围,电机会发热并导致保护装置起作用,整机会报警停转。

由于转刷曝气机负荷及功率很大,可连续运转或间歇调速运转,须保证其变速箱及轴承的良好润滑。两端轴承每 2～4 周加注润滑油一次，变速箱每半年打开观察一次，检查齿轮的齿面有无点蚀的痕迹，有无胶合现象，并将旧的润滑油放出，清洗后加入适应季节的新润滑油。曝气机的刷片在工作一段时间后可能出现松动、位移及缺损，应及时紧固及更换。

对于长期停用的转刷，特别是尼龙、塑料及玻璃纤维增强塑料的转刷，应用篷布盖起来，以免阳光使刷片老化。同时为避免长期放置的转刷因自重而引起的曲挠固定化，每月应将转刷换一角度放置。

② 立式表面曝气机的运行维护　操作人员应经常通过调节升降机构及出水堰门来调节叶轮的浸没深度，以保证曝气机维持较高的充氧动力效率。一般可通过"观察水跃"的状况及电机的电流来确定。

尽管工作平台可防止混合液飞沫溅到机组上，但由于风的作用，仍有一些污浊的泡沫落到电机、减速机上。操作人员应定期将上面的污垢擦拭、清洗干净，以保证其安全正常运转。

立式表面曝气机的使用保养及加油，基本上与卧式表面曝气机的相同。

（12）鼓风机的运行维护

① 鼓风机运行时，应定期检查鼓风机进、排气的压力与温度，冷却用水或油的液位、压力与温度，空气过滤器的压差等。做好日常读表记录，并进行分析对比。

② 定期清洗检查空气过滤器，保持其正常工作。

③ 注意进气温度对鼓风机（离心式）运行工况的影响，如排气容积流量、运行负荷与功率、喘振的可能性等，及时调整进口导叶或蝶阀的节流装置，克服进气温度变化对容积流量与运行负荷的影响，使鼓风机安全稳定运行。

④ 经常注意并定期测听机组运行的声音和轴承的振动，如发现异声或振动加剧，应立即采取措施，必要时应停车检查，找出原因后，排除故障。

⑤ 严禁离心鼓风机机组在喘振区运行。

⑥ 按说明书的要求，做好电动机或齿轮箱的检查和维护。

⑦ 鼓风机运行中发生下列情况之一，应立即停车检查：

a. 机组突然发生强烈震动或机壳内有刮磨声；

b. 任一轴承处冒出烟雾；

c. 轴承温度忽然升高超过允许值，采取各种措施仍不能降低。

（13）污泥脱水机的运行管理

① 经常观察、检测脱水机的脱水效果，若发现泥饼含固率下降、分离液浑浊、固体回收率下降，应及时分析情况，采取针对措施予以解决。

② 日常应保证脱水机的足够冲洗时间，以便使脱水机停机时，机器内部及周身冲洗干净彻底，保证清洁，降低恶臭。否则积泥干后冲洗非常困难。

③ 密切注意观察污泥脱水装置的运行状况，针对不正常现象，采取纠偏措施，保证正常运行，如防止带式脱水机的滤带打滑、滤带堵塞、滤带跑偏。防止离心脱水机中进入粗大砂粒、浮渣在螺旋上的缠绕。

④ 由于污泥脱水机的泥水分离效果受污泥温度的影响，尤其是离心机冬季泥饼含固率一般可比夏季低 2%～3%，因此在冬季应加强保温或增加污泥投药量。

⑤ 按照脱水机说明书的要求，做好经常观测项目的观测和机器的检查维护。例如带式压滤脱水机的水压表、泥压表、油表和张力表等运行控制仪表；离心脱水机的油箱油位、轴

承的油流量、冷却水及油的温度、设备的振动情况、电流表读数等。

⑥ 经常注意检查脱水机易磨损件的磨损情况，必要时予以更换。例如带式压榨脱水机的滤布、转辊，离心脱水机的转鼓、螺旋输送器。

⑦ 及时发现脱水机进泥中粗大砂粒对滤带或转鼓和螺旋输送器的影响或破坏情况，损坏严重时应立即停机更换。

（14）污水泵的运行管理

① 干式污水泵的运行管理　以干式安装的立式或卧式离心污水泵为代表，离心污水泵运行过程中需注意以下问题。

a. 水泵及电动机各轴承的温度不得超过允许的最高温度。

b. 新机组使用时应注意在较短时间内更换润滑脂（或油）。

c. 填料盒正常滴水程度，一般控制到能分滴而下、不连续成线即可。

d. 定期检查联轴器和机组上各底脚螺栓，如发现有偏移或松动，应及时纠正或紧固。

e. 水泵机组在运行过程中，应随时注意配套电动机的电流指示数值，发现有不正常情况应及时检查纠正。

f. 泵上的压力表、真空表每年应专门检查或校准一次，并检查管路与连接配件。

② 潜污泵的运行维护

a. 启动前检查叶轮是否转动灵活、油室内是否有油。通电后旋转方向应正确。

b. 检查电缆有无破损、折断，接线盒电缆线的入口密封是否完好，发现有可能漏电及泄漏的地方及时妥善处理。

c. 严禁将泵的电缆当作吊线使用，以免发生危险。

d. 定期检查电动机相间和相对地间绝缘电阻，不得低于允许值，否则应拆机检修，同时检查电泵接地是否牢固可靠。

e. 潜污泵停止使用后应放入清水中运转数分钟，防止泵内留下沉积物，保证泵的清洁。

f. 不用时应将电泵从水中取出，不要长期浸泡在水中，以减少电机定子绕组受潮的机会。当气温很低时，需防止泵冻结。

g. 叶轮和泵体之门的密封不会受到磨损，间隙不得超过允许值，否则应更换密封环。

h. 运行半年后应经常检查泵的油室密封状况，如油室中油呈乳化状态或有水沉淀出来，应及时更换 10～30 号机油和机械密封件。

i. 不要随便拆卸电泵零件，需拆卸时不要猛敲、猛打，以免损坏密封件。正常条件下工件一年后应进行一次大修，更换已磨损的易磨损件并检查紧固件的状态。

第三节　某污水厌氧处理工程的调试运行

一、工程概况

1. 废水水量水质和排放标准

某厂建设二期大豆蛋白工程，利用豆粕、亚硫酸钠、盐酸、氢氧化钠、卵磷脂等原辅料，经过萃取、酸沉、离心分离等过程生产干粉大豆蛋白。

大豆蛋白生产工艺的排污环节主要有：①酸沉分离废水，本工段主要的污染物为分离时产生的上清液，废水中污染物浓度较高，呈酸性而且水量较大；②水洗分离废水，在水洗的过程中产生部分冲洗水，冲洗后的蛋白凝乳仍然需要分离，这就产生大量的分离废水，废水水量大，浓度高；③设备及地面冲洗水，由于大豆蛋白的生产属于食品生产，设备洁净程度对产品质量影响较大，因此每天生产要对设备及地面进行冲洗，产生大量的冲洗水，主要是碱液萃取、灭菌工段的冲洗水，呈碱性，水量小些；④冷却废水，生产过程中设备冷却用水，这部分水和其他废水混合后，起到一定的稀释作用。在大豆蛋白生产过程中，酸沉分离废水和水洗分离废水是主要的废水来源。

不同排污环节产生不同类型的废水，经混合后进行处理。每日排出的大豆蛋白污水 4800m^3，废水主要含多聚糖、蛋白质、脂肪酸，另外还有一定量的无机酸和无机盐等，主要水质指标 COD_{Cr} 12700~23000mg/L，BOD_5 5850~13000mg/L，SS 2200~7350mg/L，总氮 670~1000mg/L，PH 值 2.9~12.9，水温 30~60℃。

污水排放标准为 COD_{Cr} 350mg/L，BOD_5 150mg/L，SS 200mg/L，氨氮 150mg/L。

2. 废水特性和处理要求

该污水特性之一：气味酸甜，易酸化，且已酸化程度较高，酸度 1.5~3.2g/L。这说明污水中所含的大量多聚糖、部分蛋白质，在污水温度较高时，易于酸化。按照厌氧三阶段理论，酸度负荷过高或酸度积累时，会对甲烷菌构成影响。而且原污水中还有一定无机酸，如何保证污泥系统稳定性是主要设计目标。

该污水特性之二：有机质浓度高，成分单一，蛋白质浓度高，总氮浓度较高；较难培养出性能优良的颗粒污泥，会出现污泥流失，设计必须克服此困难。

该厂一期污水处理工程，日处理屠宰和大豆蛋白混合污水 3900m^3，COD_{Cr} 3900~6300mg/L，UASB 运行负荷 4.0~4.5kgCOD/(m^3·d)。二期工程仅有面积 7990m^2 的场地可利用，如果参照一期工程，主体选择 UASB，场地不够使用。

该污水颜色乳白（少时浅果绿色或浅橙色），有 8%~12%（SV$_{30}$）细小可沉降悬浮物，萃取法测试无油脂，设计不需混凝沉淀或气浮，否则会增加运行费用。

处理出水可排入市政污水处理厂，再考虑占地和资金紧张，不做深度处理。

二、处理工程说明

1. 处理工艺流程

大豆蛋白废水易于生化处理，其生物处理效果优于生物制药、造纸，以及化工废水，但比啤酒废水、淀粉废水略差。

综合水质特性、出水标准、技术要求和场地条件，确定以能够高负荷运行的内循环厌氧反应池为主的处理工艺流程，见图 6-1（图中省略污泥和沼气处理流程）。

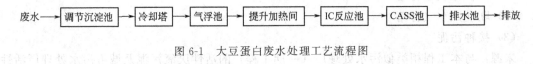

图 6-1 大豆蛋白废水处理工艺流程图

废水首先经由滤网过滤之后进入调节沉淀池，调节沉淀池除有调节水质水量的作用，还有沉淀作用以及预酸化的作用，用于去除废水中的部分悬浮物，必要时加入一定的消泡剂。

调节沉淀池设有污水提升泵 3 台（2 用 1 备），废水经提升泵进入圆形玻璃钢冷却塔，冷却后污水温度降至 25~39℃之间。废水从冷却塔下来自流进入气浮池，进一步去除悬浮物，保证厌氧污泥床不受冲击，为节省能源和药剂，气浮池部分时间没有启用加药和溶气充气设施。

废水流经气浮池自然沉淀上浮后，进入提升加热间。提升加热间设置有加热水池和温度自动控制装置，必要时在提升加热间可以用水蒸气直接加热污水，将温度控制在 $29\sim33℃$ 之间。加药间与提升加热间共用水池，在此添加液体氢氧化钠和氯化铁，将 PH 值控制在 5.0 左右，为厌氧微生物的生长添加金属元素铁，促进污泥的颗粒化以及厌氧微生物的生长。

在提升加热间水池中，废水经过提升泵的作用进入顶部的贮水罐，在重力的作用下，自流进入厌氧池。厌氧生物处理部分采用钢筋混凝土结构的方形 IC 反应池，在 $30\sim33℃$ 温度下，颗粒污泥中厌氧微生物将多聚糖、蛋白质、脂肪酸等降解为二氧化碳、甲烷、氨气和硫化氢等。

没有完全降解的污染物随废水经厌氧出水渠自流进入好氧处理工序。好氧处理采用 SBR 池，经过 SBR 池的好氧微生物进一步净化，出水达到排放标准后排入市政污水管网。

2. 主要工艺设施

本工程的主要水处理设施说明如下，污泥和沼气处理等设施不作说明。

调节沉淀池，钢筋混凝土结构，尺寸 $41m\times11m\times6.0m$，池底有污泥槽、排泥管，设污水提升泵 3 台。

冷却塔，玻璃钢结构，直径 6000mm，圆形。

平流气浮池，钢筋混凝土结构，尺寸 $16m\times6.6m\times4.0m$，激光穿孔扩散软管布气，自动调压式空气缓冲罐 1 套，行车式撇渣机一套。

提升加热间，砖混结构，尺寸 $13.2m\times7.8m\times15.5m$，水池容积 $198m^3$，蒸汽直接加热，有温度自动调节装置和管嘴式加热装置。加药间与提升加热间共用水池，有水力投加装置，酸度计人工定时测试。

ICASB 反应池，钢筋混凝土结构，内壁环氧树脂防腐，共有两座八格，尺寸 $8.8m\times8.4m\times13.5m$。玻璃转子流量计两套，三相分离器两套，集水槽 3 个，取样口 6 个，内循环管道 9 根，气液分离罐 1 个。

CASS 反应池，钢筋混凝土结构，一座 4 格，每格尺寸为 $27m\times10m\times5.5m$，散流式曝气器 232 套，自力式滗水器两套。

三、调试与运行方案

1. 工程验收与调试准备

（1）工程验收（省略）

（2）联动试车（省略）

（3）接种污泥

来源：与本工程相类似污水处理厂（一期工程）的活性厌氧污泥及城市污水处理厂活性污泥。检验：检测 SS，镜检，检测产气能力。接种量：计划接种 120t 城市污水处理厂脱水活性污泥及 100t 活性厌氧污泥（以干泥计）。因为活性的厌氧颗粒污泥的来源不足，考虑将脱水后的城市污水净化厂的浓缩污泥进行培养，用量为 $300m^3$；与本工程相类似的××污水处理厂的脱水污泥 $200m^3$；原一期工程厌氧污泥 $400m^3$。

（4）污泥驯化调整及调试所需药剂

三氯化铁、氢氧化钠、氧化钙、聚合氯化铝、聚丙烯酰胺、自来水、消泡剂、氢氧化镁等。

（5）调试、维修设施

移动泵、临时管道、梯子；办公、化验用房；通信工具、系统控制电脑；机电维修工具、辅料。

（6）其他

如果有其他未尽事宜，调试过程中双方协商解决。

2．调试前的试验

（1）原污水水质化验（省略）

（2）污泥驯化试验

观察污泥中的原生生物、后生生物、菌胶团等。

3．时间安排

（1）准备工作/工程调试 15d

完善工程安装，消除对实际运行的影响；池子的满水试验；联动试车；活性污泥的投入；其他工作，20××年××月××日结束。

（2）污泥驯化、培养/污泥系统调试 170d

厌氧调试 170d，完成厌氧活性污泥的驯化及增长，达到设计处理要求。

好氧调试 30d，完成好氧活性污泥的驯化及增长，达到设计处理负荷，此阶段的 30d 时间包含在厌氧污泥培养的时间段内。

污泥系统的功能调试，达到处理生污泥及剩余活性污泥的要求，时间大约需要 15d，此阶段的 15d 时间也包含在厌氧污泥培养的时间段内。

（3）其他设备调试

大约需要 15d，但此时间包含在污泥培养/污泥系统的调试时间内。

4．调试方法及控制措施

（1）厌氧调试

整个工程的调试周期主要决定于厌氧污泥成熟时间的长短，其他单体及设备的调试均可以在此时间段内完成。为保证厌氧污泥早日驯化、生长、成熟，达到处理能力，需对厌氧泥的不同阶段采取不同的控制措施。

第一阶段：接种、驯化、颗粒化。××月初，厌氧污泥投入，投入相类似的活性厌氧污泥，而且要一次性投入足量，即保证各单池的接种污泥 SS 在 10000mg/L 以上。

对厌氧的进水要控制以下指标：pH>4.5（用氢氧化钠中和），SS<800mg/L，温度在 33~35℃之间，COD_{Cr}<4000mg/L（用水稀释）。同时在进水中投加 $FeCl_3$，$FeCl_3$ 的浓度在 10~20mg/L 之间，一来给厌氧污泥提供微量元素铁，二来以利于厌氧颗粒污泥的形成并有效降低厌氧出水中的挥发性脂肪酸含量。

要根据厌氧各单元的出水指标控制进水的流量，及时调整。此时厌氧的出水要控制以下指标：pH>6.8；SS（悬浮物，下同）<100mg/L；COD_{Cr}<800mg/L；VFA（挥发性脂肪酸，以乙酸计，下同）<200mg/L。在厌氧出水各项指标均正常的情况下可逐步提高进水量，直至达到 20~25m³/h。必要时可加入氧化钙调整厌氧进水的总碱度，此进水流量应该在 7 月底完成，此时厌氧的容积负荷是 1.0~1.5kgCOD$_{Cr}$/（m³·d）。厌氧污泥已经适应该

废水水质，接种、驯化工作基本结束。

第二阶段：污泥形态转化。××月初，可逐步提高厌氧的进水浓度，每次提高进水 COD_{Cr} 的浓度不易超过 300mg/L。每次提高后的浓度要稳定一周，但是要适当降低进水流量，保证厌氧的容积负荷维持在 2.0～3.0kgCOD_{Cr}/(m^3·d) 以下，并及时观察厌氧出水的变化。此时厌氧的出水控制指标要做以下调整：pH＞6.5；SS＜150mg/L；COD_{Cr}＜600mg/L；VFA＜150mg/L。××月底厌氧进水 COD_{Cr} 浓度可提高至 5000mg/L，进水流量不超过 25m^3/h。

厌氧污泥开始进入生长期，逐渐淘汰絮状污泥或接种颗粒污泥，会产生新的颗粒污泥，但是要控制絮状污泥的淘汰速度，厌氧出水的 SS 控制在 300mg/L 以下，出水 COD_{Cr} 和 VFA 也要严格控制。必要时可加入聚合氯化铝来增加厌氧污泥的絮凝性。

对以上第一、第二阶段控制节奏，对接种混合污泥（城市污水厂污泥、类似污水厂厌氧污泥）方式培养颗粒污泥的 2、3、4、5 号厌氧反应器，按以上要求调试；对于接种颗粒污泥或介于此两种接种方式之间的厌氧反应器，进水浓度、负荷提升速度可以加快。

第三阶段：颗粒污泥的成长。要逐步提高厌氧的进水负荷，以利于厌氧颗粒污泥的生长。但要控制厌氧的容积负荷在 3.5kgCOD_{Cr}/(m^3·d) 以下，以防止负荷提高过快造成厌氧污泥的流失。同样要控制厌氧的进水指标，除浓度略有提升外，其他指标不得与前期进水指标有较大差别。

××月和××月厌氧污泥进入稳定增长期，此时基本上不用自来水稀释原废水。厌氧污泥的生长是一个较长的时期，一般最少需要 2 个月的时间。在此期间，稳步提高进水的负荷，密切控制厌氧出水的各项指标，pH＞6.5；出水 SS 前 20d 不超过 500mg/L，中间 20d 不超过 700mg/L，后 20d 不超过 800mg/L；出水 COD_{Cr} 浓度前期不超过 700mg/L，后期不超过 1300mg/L；VFA＜300mg/L。如有超出控制指标范围的，立即调整负荷，分析原因，采取措施。经过两个月的负荷提升，到××月底厌氧污泥已经完成了颗粒化，出水中的悬浮物已经大大减少，厌氧反应器的处理水量达到 25～30m^3/h，厌氧反应器容积负荷可以达到 5.0～6.5kgCOD_{Cr}/(m^3·d)。

第四阶段：污泥床稳定运行。××月厌氧污泥进入稳定成熟期，在此阶段，厌氧污泥已经能耐一定的冲击，可在三周内将容积负荷逐步提高到设计负荷，即 7.5kgCOD_{Cr}/(m^3·d)。厌氧反应器稳定运行，污泥性质、污泥量、运行指标和出水指标达到设计要求，同时可以提出环保验收监测申请。

（2）好氧调试（省略）

5. 组织与人员

（1）组织

调试运行由××××公司和××××公司共同完成，成立调试组，建设方成立运行组，并配备操作工、化验员、维修工及站内管理人员。

（2）人员安排

××××公司成立领导组、技术组、调试组。建设方和承包方均安排一定操作人员，详见表 6-26。

（3）人员培训

主要对技术、化验人员进行水处理、化验方面的理论培训，并于实际生产中予以指导。操作工人的培训在调试过程中进行。所有人员的其他专业培训和上岗培训由业主负责。

表 6-26　调试人员安排　　　　　　　　　　　　单位：人

岗位职能	××××公司	××××公司
负责人	1	1
化验员	1	1
运转工	0	6
机电维修	1	1

6. 调试化验检测

（1）化验检测项目

水质检验项目：COD_{Cr}、SS、BOD_5、pH、$NH_3\text{-}N$、VFA。其中 BOD_5 项目送出检测。

污泥检测项目：SS、VSS、镜检。

工艺检测项目：SV、SVI、流量、DO、$NO_2\text{-}N$、$NO_3\text{-}N$、TP、水温。

（2）检测分析方法

COD_{Cr}：回流滴定法；pH：玻璃电极法及在线电极法；SS：重量法；DO：在线 DO 仪法及便携式 DO 仪法；$NH_3\text{-}N$：蒸馏滴定法或者分光光度法；VFA：蒸馏滴定法；$NO_2\text{-}N$：分光光度法；$NO_3\text{-}N$：紫外分光光度法；TP：钼铵酸分光光度法。

（3）检测仪器设备（省略）

（4）检测试剂（省略）

（5）检测点位

水质项目：原废水、ICASB 进水口、ICASB 各池出水口、CASS 进水口、CASS 各池出水口，根据调试计划每日一次；污泥项目：培养污泥阶段根据计划每周一次，视具体情况（如事故）增加；工艺项目：原废水、ICASB 进出水口、CASS 出水口，根据调试计划每日一次。

7. 各处理单元工艺调试任务

（1）调节沉淀池（省略）

（2）冷却塔（省略）

（3）气浮池

空压机、加药系统的工作性能调试；空气扩散器的工作性能调试；刮渣机的工作性能调试；气浮池总出水效果的综合调试。

（4）提升加药间

通过提升泵、高位槽进行水量调节；同时进行加药系统的性能调试；确定加药量，使进水符合厌氧进水条件。

（5）ICASB 反应器

布水系统的调试，保证池子进水均匀、无死角；流量计的流量调节，保证按要求流量进水畅通；溢流堰板的水平调节，保证各收水槽均匀收水，使出水不发生短路；培养颗粒污泥，使反应器达到具备设计负荷的能力；配合前序进水条件和后续沼气系统的调节，使反应器达到设计运行负荷和处理效果。

（6）CASS 反应池（省略）

（7）污泥脱水机房（省略）

（8）其他（省略）

8. 调试要求

（1）技术要求

①厌氧调试 综合考虑污水性质、工程设计、技术经济和过去经验，对厌氧颗粒污泥培养和厌氧反应运行提出以下几条技术要求，实际调试过程中，技术人员应掌握。

颗粒污泥培养包括接种驯化、污泥形态转化、颗粒污泥成长和污泥床稳定运行四个阶段，对于接种颗粒污泥的反应池，要判断反应池污泥性能、数量和出水指标的变化，调整各阶段的控制速度和时间。

要了解生产工艺排污特性，分析污水的水量、COD、有机酸的可能变化，测试判断污水的缓冲能力，及污泥培养对特殊营养元素的需求。

接种污泥种类可以不同，足量接种颗粒污泥可以缩短污泥培养时间，但接种与培养目标均为：提供有益的菌种（混培接种污泥是合适的），提供菌种凝聚与颗粒新生需要的核质，污泥应有一定的酸化与产甲烷活性。

厌氧反应池数量多、容积大，经济条件有限，接种调试模式不同，一定要及时采样、准确化验、操作到位，以确保不同反应池各自的调试节奏。

不仅要控制厌氧反应池各调试阶段进水 COD 浓度、出水效果和运行负荷，也要考虑原污水 COD、SS 中可能的惰性、黏性物质的变化与影响，及时调整调节池、气浮池的运行参数。

调试各阶段不同时期或不同接种污泥方式之间，厌氧池内污泥数量（浓度、高度）会发生曲折的变化，不要仅仅担心污泥数量的减少，还要注意污泥形态的变化和颗粒污泥新生的情况。

不仅要关注进厂污水 COD、SS 及其变化，也要注意其他进水条件，例如酸（碱）度、温度、泡沫、ORP 和 pH 的数据，及时调整，确保满足厌氧池颗粒污泥的培养条件。

调试过程中应注意出水水质指标或测试某些污水污泥指标，污水的污染物成分及其降解程度，判断分解产物（例如氨氮、硫化氢）对污泥细菌的毒性影响。

各阶段提升负荷的决定指标，不仅要看 COD 及其去除率，还要看出水与池内 VFA 的变化，本次含蛋白质污水的厌氧调试，可能不宜控制太高的污染物分解程度，例如 COD 去除率 90% 以上。

不仅要测试厌氧池出水与池内 VFA 的变化，必要时检测原污水和厌氧池进水在不同季节的酸度、乙酸浓度，确定合适的厌氧池出水 VFA 控制数据，避免酸性的影响。

由于污水中可能含有蛋白质、脂肪酸或油脂类黏性污染物（悬浮物或颗粒物），把 CASS 池中沉淀的污泥回流至厌氧池进水可能是不合适的。

采用出水循环回流至厌氧池进水的形式来稀释原污水浓度，应判断厌氧出水中惰性、毒性污染物的存在及其积累的可能性，不能仅仅从节约稀释用水方面考虑。

② 好氧调试（省略）

（2）安全要求（省略）

9. 调试费用

调试费用如下，共计 322.5 万元，按调试时间共 9 个月，好氧调试 3 个月估算。

① 化验费用：化验设备、仪器 5.0 万元，药品、低值易耗品 2.0 万元。

② 菌种费用：厌氧菌种 50.0 万元，好氧菌种 5.0 万元。

③ 成本费用：电费 48.3 万元，药剂费：139.2 万元。

④ 临时设施费用：5.0 万元。

⑤ 培训费用：1.0 万元。

⑥ 人员费用：15.0 万元。

⑦ 技术费用：35.0 万元。

⑧ 监测费用：12.0 万元。

⑨ 验收费用：5.0 万元。

四、调试运行记录

调试运行记录包括调试日志、运行参数记录表、会议纪要、相关照片和特殊化验记录表等。

1. 调试运行记录

调试期间运行参数记录表参见表 6-27～表 6-28，表中省略了"其他必要的说明"一栏。

表 6-27　××二期工程运行参数记录表（一）

本日水量	蛋白 2160m³		其他 200m³		合计 2360m³		处理 2960m³		包含 600m³ 稀释水
气浮池	聚铝投加量		（kg）		备注				
提升加药间	温度	COD		pH	加碱	加铁	加钴		备注
	26～29	6363～7094		4.5～5.5	75	15			蒸汽用量为 4.51t
	项目	pH	温度	流量	容积负荷	COD	VFA	带泥量	备注
厌氧 （ICASB）	1	6.50	26.0	30	4.58	467	160	—	24h 连续，夜晚流量有一定调整
	2	6.43	25.5	10	1.88	216	177	8.0	
	3	—	23.1	12	2.1	153	232	7.0	
	4	6.45	26.4	12	2.26	304	190	7.5	
	5	—	23.9	8	1.29	84	199	6.0	
	6	6.30	26.2	12	1.94	218	211	7.0	
	7	—	24.5	15	2.43	186	298	5.0	
	8	6.35	25.3	20	3.23	442	263	5.0	
	编号	运行状况			出 pH	COD	氨氮		备注
好氧 （CASS）	1	运行正常			7.00	199	101		
	2	运行正常			—	255	—		
	3	运行正常			—	215	—		
	4	未运行			—	—	—		

表 6-28 ××二期工程运行参数记录表（二）

本日水量	蛋白 3286m³		其他 239m³	合计 3525m³	处理 3648m³		包含 123m³ 稀释水	
气浮池	聚铝投加量		（kg）			备注		

提升加药间	温度	COD		pH	加碱	加铁	加钴	备注
	30～35	13620～15060		3.5～4.5	150	45		

	项目	pH	温度	流量	容积负荷	COD	VFA	带泥量	备注
厌氧 （ICASB）	1	6.76	30	14	4.87	788	370	7.0	24h
	2	—	32	21	6.72	810	220	5.0	24h
	3	6.85	33	20	6.95	800	308	6.0	24h
	4	7.00	31	21	6.74	774	244	5.5	24h
	5	—	30	20	6.61	806	273	5.0	24h
	6	—	32	21	6.72	828	222	7.0	24h
	7	6.75	32	20	6.93	836	265	6.0	24h
	8	6.60	31	15	5.34	811	342	8.0	24h

	编号	运行状况			出 pH	COD	氨氮	备注
好氧 （CASS）	1	运行正常			7.20	265	—	
	2	运行正常			—	259	60	
	3	运行正常			—	318	48	
	4	运行正常			—	229	52	

表中单位：水量，m³；温度，℃；流量，m³/h；容积负荷，kgCOD$_{Cr}$/(m³·d)；COD、氨氮，mg/L；VFA，mg/L；带泥量，SV（%）；聚铝、铁等药剂投加质量，kg。

2. 调试运行结果

1 号和 5 号 IC 厌氧反应器的调试结果与效果参见图 6-2～图 6-5。

（1）接种颗粒污泥反应器的调试结果

1 号 IC 反应器以一期混合废水处理工程的 UASB 反应器中的颗粒泥接种，1 号 IC 反应器第一阶段接种启动共进行 21d，第二阶段接种培养共进行 35d，整个污泥培养期间的 136d 内 1 号 IC 反应器调试运行结果见图 6-2、图 6-3。

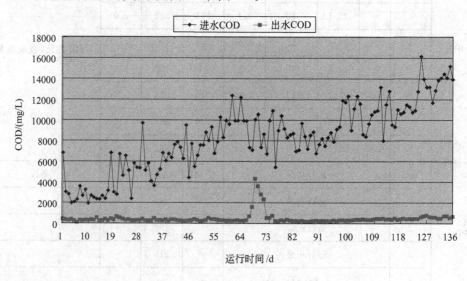

图 6-2 1 号 IC 反应器的进出水 COD

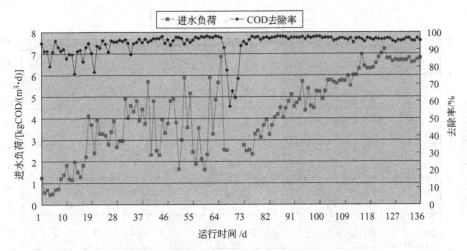

图 6-3 1号 IC 反应器进水负荷和 COD 去除率

进水水质波动范围较大，启动 11d 时，进水 pH 值在 4.5～9.0 之间，出水 pH 在 6.2～7.1 之间；进水 COD 在 1938～6050mg/L 之间，出水 COD 都在 500～700mg/L 之间，COD 去除率基本都在 80%～90% 之间；反应器的 VFA 基本在 250mg/L 以下。此时已完成污泥的接种驯化。

负荷在第 26d 就能达到 4kgCOD/(m³·d)，第 81d 后就能达到 5～6kgCOD/(m³·d)，第 121d 达到 7.25kgCOD/(m³·d)。

可见，采用成熟的颗粒污泥作为 IC 反应器的接种污泥，尽管处理的是不同类废水，但是颗粒污泥也能很快地适应不同类废水水质，并在短时间内进入增长期。

（2）接种絮状污泥反应器的调试结果

5 号反应器采用的是处理大豆蛋白废水的厌氧絮状污泥和处理城市污水的絮状污泥接种，第一阶段接种启动共进行 71d，第二阶段接种培养共进行 79d，整个污泥培养期间的 187d 内 5 号 IC 反应器调试运行结果见图 6-4、图 6-5。

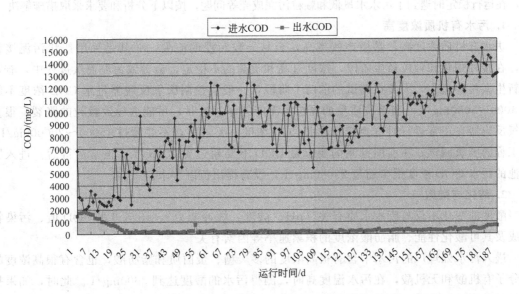

图 6-4 5号 IC 反应器的进出水 COD

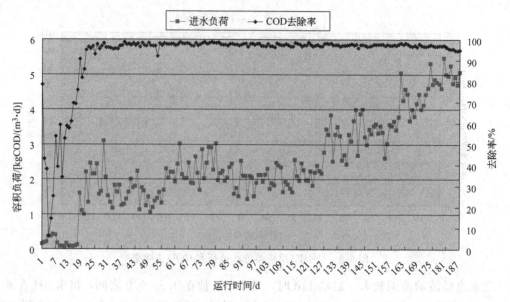

图 6-5　5 号 IC 反应器进水负荷和 COD 去除率

　　启动刚开始的时候，出水 VFA 都在 1000mg/L 以上。经过 24d 的适应时期以后，COD 去除率可以达到 80% 左右，反应器出水 VFA 基本维持在 250mg/L 以下。可以认为，此时已完成污泥的接种驯化。

　　但反应器运行负荷较低，在第 27d 容积负荷为 2kgCOD/(m³·d)，COD 去除率也可以达到 90% 以上。要在第 79d 后负荷才能稳定达到 3.0kgCOD/(m³·d) 以上，COD 的去除率稳定达到 90% 以上，第 180d 负荷达到 5.65kgCOD/(m³·d)。

五、异常问题与对策

　　工程的厌氧调试，若在接种驯化期遇到了污水有机质浓度高，在颗粒污泥成长期遇到了酸败，在运行稳定时遇到了污水水量低和颗粒污泥成壳等问题，按以下分析和要求采取措施解决。

1. 污水有机质浓度高

　　进水有机质浓度高，基质产气率高，容易导致污泥的流失，尤其是采用絮状污泥接种时，在接种驯化和颗粒新生阶段，浓度过高和负荷的不稳定，会导致污泥淘汰过程中，有益的新生微粒的流失，因此在调试的前两个阶段，一般会控制厌氧反应器进水 COD 浓度不超过 4000~5000mg/L。当单位质量的颗粒污泥产气率过大时，可能会导致颗粒的胀裂，很多厌氧反应器在正常运行时也会控制进水 COD 浓度不要过高，不要超过 15000~20000mg/L。本工程的厌氧调试，在前期控制的要求是 COD 不要超过 4000mg/L，正常运行后，进入厌氧池的污水 COD 浓度很少超过 23000mg/L，没有提出控制要求。

2. 酸化与酸败

　　酸度的变化不仅与废水水质有关（pH、酸度、缓冲能力），还与进水 COD 值、污染物构成及其可酸化性能、脂肪酸浓度的积累速率等因素有关。

　　进入污水处理厂的污水中含有很高浓度的多聚糖、蛋白质和脂肪酸，也含有很高浓度的低分子有机酸和无机酸，在污水温度高时，测得污水的酸度达到 3600mg/L。此时，如果投加的碱量不够，污泥运行的有机负荷控制没有及时调整，会造成产甲烷菌的酸性基质代谢问题，随之是产甲烷菌活性的剧降，出现厌氧池酸败，产气量急剧下降。若几天后采取水洗加碱洗的办法，可克服酸败的影响，但还是在两三个月后才能完全恢复。因此，遇到此问题必须强调解决措施的快。

3. 污水水量低

污水处理厂或厌氧反应池的进水水量是运行过程中最基本的控制参数，由于前期估算不准或后期生产变化，常常导致反应池进水量与控制要求不符。若进入厌氧池的污水水量不能达到设计要求，对于颗粒污泥床形成以后，颗粒粒径又大于 2.0mm 的，过低的水量和负荷不利于颗粒污泥与有机质的混合传质，不利于黏质胶状有机质的去除，应尽快提高水量与负荷。

4. 颗粒污泥成壳

运行稳定期，因为污水中黏质胶状有机质的存在，处理水量和负荷也没有提升，在颗粒污泥表面形成了灰黑的薄层，不利于混合液的传质和污染物的降解，颗粒内部细菌得不到足够的营养，颗粒内部代谢下降，颗粒近乎成壳，随后是"壳"粒流失。若不及时提高负荷会促使此现象加剧，这也是厌氧池污泥颗粒化后面临的主要问题。

5. 颗粒污泥接种

接种颗粒污泥，而且原来处理的污水基本相似，反应器调试启动后，负荷该高还是该低？进水的初始负荷可按反应器内的颗粒污泥的性质来确定。在这一阶段中，如果进水负荷太高，反应器中的污泥中酸化菌会迅速增长，从而使反应器内各种菌群数量不平衡，降低运行的稳定性，一旦控制不当便会使反应器酸化。如果进液的浓度和负荷太小，则不利于以后负荷的提高，从而延长了反应器启动所用的时间。

6. 调试温度控制

厌氧反应器中混合液的温度是启动过程中最基本的控制参数。理论上对大多数产甲烷菌来说最佳的生长温度为 33～39℃，过低或过高都会对产甲烷菌产生影响。因此，适当提高温度对厌氧反应器的启动是很有利的，但是若温度提升或降低的幅度控制不好，可能导致反应器中细菌活性大受影响，从而使启动失败。

第四节　某污水好氧处理工程的调试运行

一、工程概况与特色

某污水处理厂二期工程是国家淮河流域治理的重点项目，也是该市重点工程。该工程设计规模为日处理污水 $8×10^4$ t，加上已运行的一期工程（日处理污水 $8×10^4$ t），总设计规模已达到日处理污水 $16×10^4$ t。该工程主要采用氧化沟、二沉池合建式奥贝尔氧化沟和深度处理系统工艺，污水经处理后可以达到《城镇污水处理厂污染物排放标准》（GB 18918—2002）一级 A 标准。

二、处理工艺说明

1. 设计要求与工艺流程

（1）设计要求

某污水处理厂二期工程设计规模为日处理污水 $8×10^4$ t，设计进出水水质情况见表 6-29。

表 6-29 设计进出水水质 单位：mg/L

项目	BOD$_5$	COD	SS	NH$_3$-N	TP
设计进水	200	450	250	25	8
设计出水	约 10	约 50	约 10	约 5	约 0.5
去除率/%	95	88	96	80	90

（2）处理工艺流程

该污水处理厂采用氧化沟工艺，不设置初次沉淀池，二沉池采用先进的、有较高效率的周边进水和周边出水的辐流式沉淀池；污水深度处理采用混凝沉淀、接触消毒工艺；剩余污泥的处理采用浓缩后压滤的污泥处理工艺。

污水厂二期工程工艺流程见图 6-6。

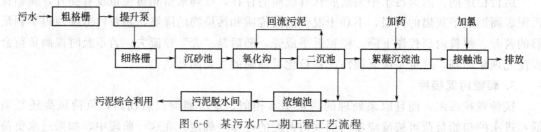

图 6-6　某污水厂二期工程工艺流程

2. 主要处理设施

该污水处理厂二期工程主要处理设施包括预处理单元的粗格栅、细格栅和旋流式沉砂池；生物处理单元的奥贝尔氧化沟和二沉池；深度处理单元的絮凝沉淀池和接触池；污泥处理单元的污泥浓缩、脱水系统。

（1）预处理单元

在此单元污水先经粗格栅（$e=20$mm）除去较粗大的固体飘浮物，以保护提升泵的正常工作和保证后续处理单元的运行。粗格栅前后设置液位差仪，当格栅前后水位差增大到设定值时，自动开启格栅除污机及螺旋输送机，栅渣经压榨后装入小车外运。

提升泵房（1 座，24.6m×17.1m）集水池内设有 8 台无堵塞型潜污泵（一期 4 台，二期 4 台，$Q=1400$m^3/h）用来提升污水，集水井设置超声波液位仪，可根据液位自动起停泵。在出水井的渠道内设温度计、pH 计。污水提升后，经细格栅（$e=6$mm）进入旋流式沉砂池（2 座，$\phi3.5$m）用来去除污水中的砂子或煤渣等无机物，排砂采用汽提排砂，沉砂排至砂水分离器分离后小车运走。

（2）生物处理单元

污水经沉砂后直接进入奥贝尔氧化沟（2 座，151.7m×54.5m×5.0m），在氧化沟进水管上装有电磁流量计，用于记录进入氧化沟的污水量。氧化沟是污水处理厂的主体构筑物，主要作用是通过微生物的作用去除污水中的 BOD、氨氮、总氮和总磷等污染物。

二期奥贝尔氧化沟每座设置水平转碟曝气机 14 台，通过转碟曝气充氧，使沟内污水和活性污泥充分混合，同时与水下推进器共同实现，从而保证流速，保证沟内活性污泥不沉淀。每座氧化沟设置 2 套溶解氧仪和 1 套氧化还电位计，根据溶解氧值可实现转碟曝气机开停，以节约电能。二期氧化沟分厌氧区、缺氧区和好氧区。厌氧区、缺氧区不设转碟。氧化沟有效水深 4.5m，为保证污泥不沉淀，在每座氧化沟中设置了 14 台水下推进器。

污水在氧化沟内被充分反应降解后，连同污泥一起通过调节堰进入二沉池（2 座，

ϕ46m），实行泥水分离。沉淀池采用先进的周边进水周边出水辐流式沉淀池。二期两座沉淀池，每座设中心传动式刮吸泥机，活性污泥具有絮凝沉淀的特性，通过沉淀分离，上清液从三角堰流出，而沉淀污泥通过吸刮泥机进入污泥回流泵房。

（3）深度处理单元

深度处理单元采用絮凝沉淀池（1座，87.7m×33.3m）作为处理主体。从二沉池流出的水经管道再进入絮凝沉淀池，经加药间（21m×12m）加药搅拌后，进行反应，通过吸附、桥架和网捕等作用，使污水中的溶解态的 BOD、P 及 SS 等污染物质形成化学污泥絮团，沉淀至池底得以去除，上清液经三角堰流出再由管道进入接触池（1座，37m×27m），加氯间（9.6m×27.5m）投加 5mg/L 氯对污水进行消毒。

接触池消毒后的水经主管道有一部分水进入了中水泵房，剩余的大部分水流向最终出水井，然后排入清异河。

（4）污泥处理单元

二期污泥泵房设置有 6 台回流污泥泵和 2 台剩余污泥泵，根据回流比启动相应数量的回流污泥泵，以保证氧化沟内维持一定的微生物量。剩余污泥泵根据剩余污泥量连续或间歇启动。将剩余污泥送到生物污泥浓缩池（ϕ18m）。经浓缩后再排至储泥池后，用螺杆泵送入污泥脱水间（20m×11.5m）经一体化污泥浓缩脱水机脱水，脱水后含水率小于 80% 的污泥经螺旋输送器装车后外运到污泥处置场。

沉入水底的化学污泥，再由行车吸泥机抽出，经化学污泥泵送到化学污泥浓缩池（ϕ18m），再到污脱车间脱水外运到污泥处置场。

三、调试运行方案

1. 调试的基本条件

① 由业主组织设计、施工、监理、质监等单位，通过工程质量验收，确认各构筑物达到高程要求和使用条件。

② 已完成所有设备的空载及负荷试车，基本达到设计要求，各工艺管线通过水力核验，保证管线通畅，无阻塞；管线及各构筑物上各种闸门，闸门启闭灵活，关闭严密，配合良好。

③ 污水处理流程已进行了清水或污水的联动试车，达到工艺、水力设计系数要求。

④ 设备电源供电稳定，可正常工作。

2. 调试的准备

（1）熟悉工艺参数、设备参数

工艺工程师和设备工程师必须对整个处理系统的设计参数进行熟悉。

（2）人员的预备

① 工艺、化验、机电设备、自控、仪表等相关专业技术人员。

② 接受过培训的各岗位人员到位，人数视岗位设置和可以进行轮班而定。

（3）其他预备工作

① 收集工艺设计图及设计说明，自控、仪表和设备说明书等相关资料。

② 检查化验室仪器、器皿、药品等是否齐全，以便开展水质分析。

③ 检查各管道及构筑物中有无堵塞物。

④ 检查总供电及各设备供电是否正常。

⑤ 检查设备能否正常开机，各种闸阀能否正常开启和关闭。

⑥ 检查仪表及控制系统是否正常。

⑦ 检查维修、维护工具是否齐全，常用易损件有无预备。

⑧ 主要设备操作规程已编制完成，操作人员已熟练掌握操作方法。

⑨ 落实安全防护措施，保证设备的正常运行和确保操作人员的人身安全。

⑩ 运行调试生产用料（润滑油、脂等）、耗材、药剂、工器具已配备，运行设备检测仪器仪表已准备。

（4）接种污泥

好氧接种污泥可以选择投加好氧脱水污泥，选择就近的污水处理厂购买，用卡车运输。

3. 调试运行范围和内容

调试运行范围主要由预处理工艺、生物处理工艺、深度处理工艺、污泥处理工艺四个部分组成。具体涉及试运行及调试设备设施如下。

（1）预处理工艺的调试运行

① 粗、细格栅的运行及控制。

② 粗、细格栅螺旋输送机和压渣机运行及控制。

③ 进水泵房运行及控制。

④ 沉砂池运行及提砂设备、砂水分离器控制。

（2）生物处理工艺的调试运行

① 污泥培养与驯化。

② 试运行期间的污泥控制。

③ A^2/O 工艺的调试运行与控制。

④ 曝气转碟的运行及控制。

⑤ 二沉池运行及控制。

（3）深度处理工艺

① 絮凝沉淀池的运行及控制。

② 接触消毒系统调试运行。

③ 出水井的运行及控制。

（4）污泥处理工艺

① 污泥浓缩池、匀质池运行及控制。

② 带式浓缩脱水一体机运行控制。

③ 污泥絮凝剂的优化选择。

④ 污泥外运管理。

4. 调试运行人员的配备

根据本厂自动化水平，适当参照国内同行业的情况，本着精干、高效的原则，调配本厂的人员配备，详见表 6-30。

表 6-30　人员配备一览表

岗位	职责	人数
项目经理	调试总负责	1
调度控制中心主任	负责调试运行人员调度	1

续表

岗位	职责	人数
工艺工程师	工艺方案的制订和实施	1
设备工程师	设备的正常运转维护和维修	1
污泥工程师	污泥脱水车间的运行	1
电气工程师	电气设备的正常运转和维修	1
中控室操作人员	工艺调试运行监控	8
污水处理操作工	工艺指令的执行、设备操作	8
污泥处理操作工	污泥脱水设备的操作	8
化验员	调试化验项目检测	2

5. 好氧活性污泥培养和驯化

（1）污泥接种

污泥接种是实施工艺的最重要的环节，接种的成败关系到工艺调试的成败。根据污水厂氧化沟等构筑物的分布情况，利用匀质池作为化泥池，池内设一台水下搅拌器，可用于化泥时搅拌用，并且可利用匀质池剩余污泥进泥管和剩余污泥泵，对化泥池进污水稀释，接种污泥。

① 接种规模　设计规模 80000m³/d，每系 40000m³/d，单系接种浓度 1000×10^{-6}，北池暂定不进水培养。

② 氧化沟进水：首先将污水通过提升泵提升，经过粗、细格栅和沉砂池，然后打开氧化沟控制闸门，污水经过沉砂池后至 A²/O 氧化沟的缺氧区。若进水量超过 40000t/d，超出部分超越至出水泵房。

③ 闷曝：开启转碟曝气机，连续曝气 24h，然后沉降 4h，用中部放空管排出近一半上清液。

④ 接种污泥：采用污水处理厂脱水生污泥泥饼，以加快活性污泥的培养和驯化。

⑤ 接种方法：利用匀质池作化泥池，至少需要 200t 含水率为 80% 的泥饼，每天投加 50t 泥饼，10t 卡车需要 5 车，用 4d 时间完成进泥任务。

使匀质池进水至潜水搅拌器桨叶淹没，然后运行潜水搅拌器，边进水边投泥饼，投泥饼可用挖掘机和人工投料；化泥池进泥时关键是搅拌均匀，补水不能太少，化泥池内泥浆太稠，影响泵送泥浆至氧化沟，污泥泵容易堵塞和烧毁，污泥输送管选用硬质塑胶管。

化泥池进满水后，开始送接种污泥至氧化沟。

化泥池边送泥，边加水，直至当天泥饼加完为止。送泥时，注意在氧化沟内分散均匀，不得集中投料。

送泥时运行缺氧段搅拌器及好氧段转碟曝气机，控制 DO 在 2～4mg/L。

加完接种泥后静沉 2～4h。

静沉完毕，打开中部放空阀进行放空，至次日上午 8：30，关闭放空阀。开始进泥，同时曝气，继续开始进水。以上以每天为一周期。

⑥ 另一条沟不进行培菌，待第一条沟调试正常后，利用连通管将活性污泥导入即可快速启动。

（2）间歇性驯化

完成接种后，氧化沟中的活性污泥尚未成熟，因此需由人工进行驯化。每天分为四个周期（进水至满、同时曝气、静沉 2h、再排水至半池），间歇操作。当反应池内的污泥 SV30 达到 10％以上时，可由间歇性驯化阶段进入连续性驯化阶段。

（3）连续性驯化

单组连续进水并逐步提高进水量（从每日 5000m³ 逐渐增加至 30000m³，时间约为 15d），连续运行至二沉池出水后开启吸泥机和外回流泵，以回流比 50％～100％回流污泥。在驯化过程中，经常监测 DO、MLSS、SV 等工艺参数，分析活性污泥生长情况，及时调整，至活性污泥完全驯化。

当活性污泥 MLSS 达 3500mg/L 时，可以认为已完全驯化，此时可满负荷运行但不排剩余污泥。当 MLSS 达 5000～6000mg/L 时，将部分回流污泥连续送入第二组（40000m³/d），进行连续接种培养，直至 MLSS 达 3500mg/L。

6. 调试化验检测

① 培养污泥阶段　配合进行水质分析，项目和频率初步确定见表 6-31。

表 6-31　监测项目和频率（一）

分析项目	间歇驯化期间			分析频率	进水驯化期间			分析频率
	进水	好氧段	二沉池出水		进水	好氧段	二沉池出水	
COD	√		√	1 次/d	√		√	1 次/d
SS	√			1 次/d	√			1 次/d
pH	√			2 次/d	√			2 次/d
BOD5	√			1 次/d	√			1 次/d
水温	√			1 次/d	√			1 次/d
TKN				1 次/d				1 次/d
NH3-N				1 次/d			√	1 次/d
SV30		√		4 次/d			√	4 次/d
DO				实时检测				实时检测
PO_4^{3-}-P	√			1 次/d			√	1 次/d
MLSS				4 次/d				4 次/d

SS：取不同时段瞬时值的平均值，计算去除率。

BOD5：24h 的混合液，计算去除效率。

MLSS：进行 1h 沉降试验，计算去除效率。

COD：混合液或瞬时样。

DO：在线连续测定厌氧、缺氧和好氧的 DO 值。

② 稳定阶段　经连续驯化，MLSS 达 3500mg/L 后，即进入稳定运行阶段；在这一阶段中，主要是确定进、出水水质，污泥负荷等工艺参数是否能稳定达到设计要求，满足出水水质要求。同时，根据实际情况调整各种工艺参数，进一步将活性污泥驯化成适应 A²/O 方式运行，并力求达到优化运行。

在这一阶段有关水质分析项目及频率见表 6-32。

表 6-32　监测项目和频率（二）

分析项目	进水	好氧段	二级出水	分析频率
COD	√		√	1 次/d
BOD$_5$	√		√	1 次/d
MLSS，VSS	√	√		4 次/d
pH	√		√	2 次/d
TKN	√			1 次/d
NH$_3$-N			√	1 次/d
NO$_3^-$-N			√	1 次/d
NO$_2^-$-N			√	1 次/d
PO$_4^{3-}$-P			√	1 次/d
DO		√		4 次/d
SV30		√		4 次/d

7. 污泥培菌的注意事项

① 活性污泥培菌过程中，应经常测定进水的 pH、COD、氨氮和曝气池溶解氧、污泥沉降性能等指标。活性污泥初步形成后，就要进行生物相观察，根据观察结果对污泥培养状态进行评估，并动态调控培菌过程。

② 活性污泥的培菌应尽可能避开冬季进行。温度适宜，则微生物生长快，培菌时间短。

③ 培菌过程中，特别是污泥初步形成以后，要注意防止污泥过度自身氧化。

④ 活性污泥培菌后期，适当排出一些老化污泥有利于微生物进一步生长繁殖（一般在污泥浓度到达 2000mg/L 左右的时候，或者镜检出现后生动物，如钟虫和轮虫的时候）。

⑤ 如曝气池中污泥已培养成熟，但仍没有废水进入时，应停止曝气使污泥处于休眠状态，或间歇曝气（延长曝气间隔时间、减少曝气量），以尽可能降低污泥自身氧化的速度。有条件时，应投加大粪、无毒性的有机下脚料（如食堂泔水）等营养物。

⑥ 大部分的污水处理厂都有两组以上的生化池。这种情况下可先利用一组曝气池培养活性污泥，然后再输送到相邻其它曝气池进行多级扩大培养。

8. 调试要求

（1）技术要求

① 培菌成功时，MLSS 应达到 3000mg/L 以上，整个污水处理系统运行正常。

② 出水水质应连续五天达到 GB 18918—2002《城镇污水处理厂污染物排放标准》中一级 A 类标准。

（2）安全要求

① 建立健全各项安全管理制度、安全操作规程，做好交接班记录。

② 所有参与调试的管理人员及操作人员进行安全培训。

③ 对现场通水环路中的池顶盖板、护栏进行检查。所有设备保护罩在运行时严禁开启。

④ 巡视时，应 2 人一组，夜间要配戴手电筒。

⑤ 所有参与调试运行人员保持通信畅通。

四、调试运行记录

1. 进出水水质

调试期间在氧化沟污泥浓度达到 2900mg/L 时的进出水水质见表 6-33。

2. 实际运行参数

投产近三年来实际运行工艺参数见表 6-34。

表 6-33 调试期间氧化沟进出水水质 单位：mg/L

指标	COD	BOD$_5$	SS	TKN	NH$_3$-N	NO$_x$-N	TN	pH
进水	391	192	231	16.10	11.6	1.6	17.43	8.5
内沟	36	92	—	12.89	10.8	1.72	15.96	—
中沟	22	34	—	7.09	6.3	1.61	7.26	—
外沟	22	11	—	3.95	3.4	1.55	5.18	—
出水	27	9	13	2.98	2.1	1.29	4.28	8.1
去除率	93%	95%	94%	94%	82%	19%	75%	—

表 6-34 氧化沟运行参数

氧化沟运行参数		平均值	范围
进水流量/(L/s)		900	388~1166
水力停留时间/h		20	18~21
水温		17	13~20
转碟运行组数	外沟	8	—
	中沟	6	—
污泥回流比/%		61	50~100
污泥内回流比/%		200	100~300
MLSS/(mg/L)		3037	2000~4500
MLVSS/MLSS		0.78	—
DO/(mg/L)	外沟	3	2~5
	中沟	2.2	2~3
	内沟	0.2	0~0.5
	中心岛	0.3	0~0.5

五、调试问题与解决

曝气问题及解决办法详见表 6-35。

表 6-35 曝气问题及解决办法

现象	可能的原因	解决办法
曝气不均污泥沉降	曝气转碟开启位置不均	重新调配曝气转碟开启位置
	流速不够,底泥沉积	检查水下推进器开启是否正常
曝气过度	曝气设备开启台数过多	减少曝气设备
	进水负荷偏低	调整曝气机开启台数,减少供气量
溶解氧不足	氧传质效率不够	加开转碟曝气机,检查转碟浸没深度
	进水 COD 过高	核对进水水质水量,降低好氧负荷

生物泡沫及解决办法详见表 6-36。

表 6-36　生物泡沫及解决办法

现象	可能的原因	解决办法
氧化沟表面出现闪亮的暗褐色泡沫	氧化沟由于排泥不足,污泥浓度高,负荷降低,且污泥老化,活性降低	增加排泥速率,保持污泥龄在 5～15d 之间
氧化沟表面出现黏稠的、暗褐色的带浮渣的泡沫	氧化沟由于排泥不足,污泥浓度高,负荷降低,且污泥老化,活性降低	增加排泥速率,保持污泥龄在 5～15d 之间
氧化沟表面出现暗褐色甚至黑色的泡沫,池中混合液的颜色为黑褐色至黑色,且污泥有腐臭味道	氧化沟中供气严重不足或进水负荷过高	1. 增大供气量 2. 检查好氧系统进水有机物浓度是否过高,进水超标

六、运行的自动控制

1. 自动控制系统构成

下位机:选用了施耐德 Quantum PLC。

上位机:选用了施耐德 Vijeo Citect 组态软件。

现场仪表:选用了德国 E＋H 公司的产品。

中间协议:采用 TCP/IP、Modbus 协议,衔接上、下位机,进行数据交换。

整个厂区共有 3 个 PLC 站,三个站分别处于一期配电室、二期配电室、中水配电室,分别用光纤及光纤交换机,采用环形网络连接方式构成以太网络连接至中控室,在 PLC3 站,污泥脱水机运行信号采用 Modbus 通讯方式实现数据的采集;硬件采用施耐德电气 Quantum PLC,软件采用施耐德的 Unity Pro XL V4.0,根据控制要求开发程序,实现控制要求。

上位机采用 Vijeo Citect 组态软件来开发监控画面进行监控:根据工艺绘制流程图,显示所有相关测控仪表的实时值;建立全厂的中心监控系统平台,使操作员能随时监视全厂运行状态,并对设备操作发出控制指令;建立历史数据查询系统和重要数据保存系统,并能对日报表、月报表、年报表进行打印;建立全厂设备的安全报警系统。

2. 控制模式

控制模式分为就地控制和远程控制。远程控制又分为远程手动控制和远程自动控制。

就地模式:就是通过现场控制箱上的按钮实现对设备的操作。

远程手动模式:就是通过中心控制室上位操作站实现对设备的操作。

远程自动模式:设备的运行完全由各 PLC 根据污水厂的工况及工艺参数来完成对设备的启停控制,而不需要人工干预。

3. 厂区主要设备控制

(1) 格栅机的控制

定时控制:根据外来污水状况和运行经验,通过设定相关定时参数,自动控制格栅机的启动时间和停止时间。

液位差控制:根据格栅机前后液位差是否达到设定值来控制格栅机的启停。

格栅附属设备的联动:输送机和压榨机作为格栅机的附属输送压榨设备,它们在定时或自动运行模式下,一般与格栅机联动。附属设备适当地提前或延时运行。

(2) 提升泵的自动控制

PLC 根据泵池液位高中低信号自动调节三台泵的启停。作为多台提升泵的自动控制,满足先启先停的原则，以优化资源的利用率。为了提升泵的安全，系统设置了提升泵的干运转保护。同时，系统还设置了泵的频繁启停保护、群启动保护等，以延长其使用寿命。

（3）沉砂池的自动控制

沉砂池按照时间控制程序由 PLC 远程自动控制运行。

（4）生物处理系统的自动控制

氧化沟作为全厂污水处理的核心，具有举足轻重的作用。污水经过预处理后，在这里通过微生物吸附污水中的有机物，达到脱磷脱氮的目的。对氧化沟的自动控制，主要是溶解氧浓度的控制。

曝气自动控制系统是一个恒值控制系统，设定一个恒定的最佳溶解氧值，通过 PLC 控制曝气机开启台数，使实测氧化沟溶解氧浓度不断地接近设定值。

根据污泥回流比 PLC 系统自动启停回流泵以调节回流量。

污泥浓度的高于设定值时，自动开启剩余污泥泵排泥。

（5）其他设备自动控制

污泥脱水系统、加药系统、加氯系统控制柜均自带 PLC 控制系统，中控室只做监视。

该市污水处理自动控制系统建成后运行稳定，采集数据准确快捷，控制的主要设备运行良好，节约了电能，减少了工人的劳动强度，取得不错的运行效果。

第七章 污水处理工程课程设计与毕业设计

第一节 污水处理工程课程设计

一、污水处理工程课程设计的内容和深度

污水处理课程设计的目的在于加深理解所学专业知识，培养运用所学专业知识的能力，在设计、计算、绘图方面得到锻炼。

针对一座二级处理的城市污水处理厂，要求对主要污水处理构筑物的工艺尺寸进行设计计算，确定污水厂的平面布置和高程布置。最后完成设计计算说明书和设计图（污水处理厂平面布置图和污水处理厂高程图）。设计深度一般为初步设计的深度。

二、污水处理工程课程设计任务书

1. 设计题目

中原某城市日处理水量 $16 \times 10^4 \mathrm{m}^3$ 污水处理厂工艺设计。

2. 基本资料

（1）污水水量与水质

污水处理水量：$16 \times 10^4 \mathrm{m}^3/\mathrm{d}$；

污水水质：COD_{Cr} 450mg/L，BOD_5 200 mg/L，SS 250 mg/L，氨氮 15mg/L。

（2）处理要求

污水经二级处理后应符合以下具体要求：

$COD_{Cr} \leqslant 70$mg/L，$BOD_5 \leqslant 20$ mg/L，SS $\leqslant 30$mg/L，氨氮 $\leqslant 5$mg/L。

（3）处理工艺流程

污水拟采用传统活性污泥法工艺处理，具体流程如下：

污水→分流闸井→格栅间→污水泵房→出水井→计量槽→沉砂池→初沉池→曝气池→二沉池→消毒池→出水

└─回流泵─┘

（4）气象与水文资料

风向：多年主导风向为北北东风；

气温：最冷月平均为 -3.5℃；

最热月平均为 32.5℃；

极端气温，最高为 41.9℃，最低为 -17.6℃，最大冻土深度为 0.18m；

水文：降水量多年平均为每年 728mm；

蒸发量多年平均为每年 1210mm；

地下水水位，地面下 5～6m。

（5）厂区地形

污水厂选址区域海拔标高在 64～66m 之间，平均地面标高为 64.5m。平均地面坡度为 0.3‰～0.5‰，地势为西北高，东南低。厂区征地面积为东西长 380m，南北长 280m。

3. 设计内容

① 对工艺构筑物选型做说明；

② 主要处理设施（格栅、沉砂池、初沉池、曝气池、二沉池）的工艺计算；

③ 污水处理厂平面和高程布置。

4. 设计成果

① 设计计分说明书一份；

② 设计图纸：污水平面图和污水处理高程图各一张。

三、污水处理工程课程设计指导书

1. 总体要求

① 在设计过程中，要发挥独立思考独立工作的能力。

② 本课程设计的重点训练，是污水处理主要构筑物的设计计算和总体布置。

③ 课程设计不要求对设计方案作比较，处理构筑物选型说明，按其技术特征加以说明。

④ 设计计算说明书，应内容完整（包括计算草图），简明扼要，文句通顺，字迹端正。设计图纸应按标准绘制，内容完整，主次分明。

2. 设计要点

（1）污水处理设施设计一般规定

① 该市排水系统为合流制，污水流量总变化系统数取 1.2，截流雨季污水经初沉可直接排入水体。

② 处理构筑物流量：曝气池之前，各种构筑物按最大日最大时流量设计；曝气池之后（包括曝气池），构筑物按平均日平均时流量设计。

③ 处理设备设计流量：各种设备选型计算时，按最大日最大时流量设计。

④ 管渠设计流量：按最大日最大时流量设计。

⑤ 各处理构筑物不应小于 2 组（个或格），且按并开设计。

（2）格栅

① 型式：平面型，倾斜安装机械格栅。

② 城市排水系统为暗管系统，且有中途泵站，仅在泵前格栅间设计中格栅。

③ 格栅过栅流速不宜小于 0.6m/s，不宜大于 1.5m/s。

④ 栅前水深应与入厂污水管规格（DN1800mm）相适应。

⑤ 格栅尺寸 B、H 参见设备说明书，宜选中间值。

（3）沉砂池

① 型式：平流式。

② 水力停留时间宜选 50s。

③ 沉砂量可选 $0.05～0.1L/m^3$，贮砂时间为 2d，宜重力排砂。

④ 贮砂斗不宜太深，应与排砂方法要求、总体高程布置相适应。

（4）初沉池

① 型式：平流式。

② 除原污水外，还有浓缩池、消化池及脱水机房上清液进入。

③ 表面负荷可选 $2.0\sim3.0\text{m}^3/(\text{m}^2\cdot\text{h})$，沉淀时间 $1.5\sim2.0\text{h}$，SS 去除率 $50\%\sim60\%$。

④ 排泥方法：机械刮泥，静压排泥。

⑤ 沉淀池贮泥时间应与排泥方式适应，静压排泥时贮泥时间为 2d。

⑥ 对进出水整流措施做说明。

（5）曝气池

①型式：传统活性污泥法采用推流式鼓风曝气。

②曝气池进水配水点除起端外，沿流向方向距池起点 $1/2\sim3/4$ 池长以内可增加 $2\sim3$ 个配水点。

③ 曝气池污泥负荷宜选 $0.3\text{kg BOD}_5/(\text{kgMLSS}\cdot\text{d})$，再按计算法校核。

④ 污泥回流比 $R30\%\sim80\%$，在计算污泥回流设施及二沉池贮泥量时，R 取大值。

⑤ SVI 值选 $120\sim150\text{mL/g}$，污泥浓度可计算确定，但不宜大于 3500mg/L。

⑥ 曝气池深度应结合总体高程、选用的曝气扩散器及鼓风机、地质条件确定。多点进水时可稍长些，一般控制 $L\leqslant5\sim8B$。

⑦ 曝气池应布置并计算空气管，并确定所需供风的风量和风压。

（6）二沉池

① 型式：中心进水，周边出水，辐流式二沉池。

② 二沉池面积按表面负荷法计算。选用表面负荷时，注意活性污泥在二沉池中沉淀的特点，q 应小于初沉池。

③ 计算中心进水管，应考虑回流污泥，且 R 取大值。中心进水管水流速度可选 $0.2\sim0.5\text{m/s}$，配水窗水流流速可选 $0.5\sim0.8\text{m/s}$。

④ 贮泥所需容积按《排水工程》（下）相关公式计算。

⑤ 说明进出水配水设施。

（7）平面布置

① 平面布置原则参考第五章第四节内容，课程设计时重点考虑厂区功能区划、处理构筑物布置、构筑物之间及构筑物与管渠之间的关系。

② 厂区平面布置时，除处理工艺管道之外，还应有空气管、自来水管与超越管，管道之间及其与构筑物、道路之间应有适当间距。

③ 污水厂厂区主要车行道宽 $6\sim8\text{m}$，次要车行道 $3\sim4\text{m}$，一般人行道 $1\sim3\text{m}$，道路两旁应留出绿化带及适当间距。

④ 污泥处理按污泥来源及性质确定，本课程设计选用浓缩-厌氧消化-机械脱水工艺处理，但不做设计。污泥处理部分场地面积预留，可相当于污水处理部分占地面积的 $20\%\sim30\%$。

⑤ 污水厂厂区适当规划设计机房（水泵、风机、剩余污泥、回流污泥、变配电用房）、办公（行政、技术、中控用房）、机修及仓库等辅助建筑。

⑥ 厂区总面积控制在 $(280\times380)\text{ m}^2$ 以内，布置图比例 $1:1000$，图面参考《给水排水制图标准》GBJ 106—87，重点表达构（建）筑物外形及其连接管渠，内部构造及管渠不表达。

（8）高程布置

① 高程布置原则见第五章第四节。

② 构筑物水头损失参考第五章表 5-2。

③ 水头损失计算及高程布置参见《排水工程》（下）。

④ 污水进入格栅间水面相对原地面标高为－2.7m，二沉池出水井出水水面相对原地面标高为－0.30m。

⑤ 污水泵、污泥泵应分别计算静扬程、水头损失（局部水头损失估算）和自由水头确定扬程。

⑥ 高程布置图横向和纵向比例一般不相等，横向比例可选 1∶1000 左右，纵向 1∶500 左右。

3. 对设计文件内容和质量的要求

设计计算说明书和设计图纸，是反映设计成果的技术文件，课程设计应满足初步设计深度对设计文件的要求。

（1）设计计算说明书

① 要求

a. 应说明污水厂污水处理的工艺过程，说明选择构筑物型式的理由。

b. 应说明构筑物设计参数，并列出数值。

c. 应计算污水处理构筑物或设施的主要工艺尺寸，应列出所采用全部计算公式和采用的计算数据。应附相应计算草图。

d. 应说明采用的污水泵、鼓风机、剩余污泥和回流污泥泵的型式和主要参数。

e. 应说明主要处理构筑物的排泥方法。

f. 应结合污水厂总体布置原则与污水处理实际过程需要，说明污水厂平面布置和高程布置的合理性，并附平面和高程布置草图。

g. 设计计算说明书应有封页和目录。

h. 说明书针对计算和说明，应内容完整、条理清楚、简明扼要、文句通顺、字迹端正。

② 内容 有关内容如下所列。

第一章 总论

　第一节 设计任务和内容

　第二节 基本资料

第二章 污水处理工艺流程说明

第三章 处理构筑物设计

　第一节 格栅间和泵房

　第二节 沉砂池

　第三节 初沉池

　第四节 曝气池

　第五节 二沉池

第四章 主要设备说明

第五章 污水厂总体布置

　第一节 主要构（建）物与附属建筑物

　第二节 污水厂平面布置

　第三节 污水厂高程布置

（2）设计图纸

①污水厂总平面图应按初步设计要求去完成，图上应绘出主要处理构筑物、处理建筑物、辅助构（建）筑物、附属建筑物、道路、绿化地带及厂区界限等，并用坐标表示其外形尺寸和相互距离，应有坐标轴线或坐标网格。

总平面图上绘出各种连接管渠，管道以单线条表示，并标明管径。

图中应附构（建）筑物一览表，说明各构（建）筑物的名称、数量及主要外形尺寸。

图中应附图例及必要的文字说明。

图中应附比例、风玫瑰图。

② 污水高程图上应绘出主要处理构筑物和设施的构造简图，应绘出各构筑物之间的连接管渠。

图上应标出各处理构筑物的顶、底及水面标高，应标出主要管渠、设备机组和地面标高。

图上应附处理构筑物、设备名称。

图上应附图例、比例。

③ 图中文字一律用仿宋体书写。图例的表示方法应符合一般规定和制图标准。图纸应注明图标栏及图名。图纸应清洁美观，主次分明，线条粗细有别。图幅宜采用 2 号图，必要时可选用 1 号图。

四、污水处理工程课程设计步骤和参考资料

1. 课程设计的一般步骤

① 明确设计任务及基础资料，复习有关污水处理的知识和设计计算方法。

② 分析污水处理工艺流程和污水处理构筑物的选型。

③ 确定各处理构筑物的流量。

④ 初步计算各处理构筑物的占地面积，并由此规划污水厂的平面布置和高程布置，以便考虑构筑物的形状、安设位置、相互关系以及某些主要尺寸。

⑤ 进行各处理构筑物的设计计算。

⑥ 确定辅助构（建）筑物、附属建筑物数量及面积。

⑦ 进行污水厂的平面布置和高程布置。

⑧ 设计图纸绘制。

⑨ 设计计算说明书校核整理。

2. 课程设计的主要参考资料

① 《排水工程》（下），中国建筑工业出版社（第 3、4、7、8、9 章）。

② 《排水工程》（上），中国建筑工业出版社。

③ 《给水排水设计手册》，中国建筑工业出版社（第 5、11 册）。

④ 《室外排水设计规范》GBJ 50014—2006。

第二节　污水处理工程毕业设计

一、污水处理工程毕业设计的目的

毕业设计是总结在校期间学习成果，完成工程技术人才基本训练的一个重要环节。通过

毕业设计使学生综合运用所学基础知识和专业知识，进一步培养其独立分析问题和解决问题的能力，为此，毕业设计应达到以下的目标。

① 总结和巩固在校四年所学知识，使之进一步加深和系统化。

② 培养将所学理论运用于解决工程实际问题，从而提高学生独立工作能力，培养刻苦钻研及创造精神。

③ 要求树立正确的设计思想及经济观点，认真贯彻执行党的多项建设方针政策。学习和领会有关技术规定和技术规范。

④ 通过毕业设计培养精心设计、踏实细致、认真负责的工作作风。

二、毕业设计的内容和深度要求

污水处理工程毕业设计，要求完成以下三方面的工作内容。

① 污水处理方案的论证。包括污水处理基本工艺路线的确定、污水处理工艺流程论证和主要处理构筑物的选型。

② 污水处理和污泥处理工艺设计计算。

③ 污水厂总体布置图和某些构筑物施工图设计。

根据毕业设计的特点，方案论证阶段主要进行比较方案的技术比较（如处理效果、技术合理性和技术先进性），也可适当进行经济比较（如构筑物容积、占地面积、药剂消耗和运行管理复杂程度等）。

整个毕业设计应达到扩大初步设计的要求，其中污水厂总图和构筑物施工图设计应尽量达到施工图设计的要求深度。

三、毕业设计的选题

选题是毕业设计的关键，是落实毕业设计目的、保证毕业设计质量的关键性环节。毕业设计选题是否得当，不但关系到毕业设计的选题对学生能力的培养，也直接反映出教学的水平和层次。毕业设计中在确定选题时应考虑以下原则。

①首先要满足教学要求，题目内容要有利于综合培养训练学生的素质和能力。

② 所选设计题目，应做到内容全面、资料充分，工作量和难易程度适当，在规定的时间内经过努力能够保质保量地完成。

③ 毕业设计题目应有先进性，应尽量采用新工艺、新技术，在提高学生毕业设计水平的同时，促进学术水平的发展。

④ 毕业设计题目应具有强的实践性，应有利于培养学生把理论知识运用于生产实际的能力。依据社会需求，毕业设计题目应尽量选用生产实际中的真实题目。

四、毕业设计成果要求

毕业设计成果包括设计说明书、计算书各一份（或两者合编一份），设计图纸。

1. 毕业设计说明书、计算书

① 毕业设计说明书和计算书既要结合教学上的要求，又要参照国家有关设计程序、文件组成及深度规定进行编写。

② 根据选题的内容及深度要求，设计说明书、计算书可以合在一起编写，也可按设计程序要求分开编写。

③ 设计说明书、计算书部分，应有参考选择的依据，如采用的参数、计算公式、数据与结果图表、图示等。说明书和计算书分别写，计算书的章节应和说明书相对应。说明书要求内容简要、文字通顺、字体工整、论据充分。

④ 设计说明书、计算书的基本内容，应根据毕业设计的课题，按下达的设计任务参照毕业设计指导书，每个学生独立完成。

⑤ 设计计算说明书应包括以下内容。

a. 设计依据。包括设计任务、基础资料。

b. 工程设计规模和设计范围。

c. 设计原则。须在设计过程和文件中具体体现出来。

d. 污水处理方案论证。包括污水处理工艺流程的比较选择和主要处理构筑物比较选择。

e. 污水处理工程设计。包括各主要构（建）筑物设计参数、计算公式、计算过程与结果，构筑物工艺构造及其平面与竖向布置，主要设备的选型设计计算、规格等；辅助构（建）筑物的设计计算、说明，附属建筑物设计说明；污水厂总平面布置与工程布置设计说明。

f. 主要设备和材料表。

g. 施工图说明。

h. 其他内容：英文摘要、目录、参考文献。

2. 设计图纸

① 图纸内容 包括污水厂总平面图、污水厂处理工艺流程图各一张，主要处理构筑物施工图（包括局部详图及大样图）4 张。

毕业设计应使学生掌握初步设计、施工设计及各阶段设计图纸的不同深度要求，教师可根据学生情况具体安排哪些出扩初图、哪些出施工图、哪些出大样图。

② 污水厂总平面图 比例尺（1：200）～（1：500）。应在适当位置表示。应列出构（建）筑物一览表、用地指标一览表、管渠工程量一览表。图中应有必要的说明和图例。

图中应标注各构筑物、建筑物、设施或装置，应标注各种管线（渠）、附属建筑物（阀门井、检查井等）。平面图应有坐标轴或坐标网以表达各构筑物、建筑物、道路、管线和其他设施的位置、形状及尺寸。平面图应注明管线方向、管径、坡度、管材等，管线交叉处注明管中心高程。

③ 污水厂处理工艺流程 比例尺，横向为（1：200）～（1：500），纵向为（1：100）～（1：200）。应列出构（建）筑物名称，主要设备一览表，图例及必要文字说明。

图中应表达污水、污泥处理构筑物或建筑物的简要构造，顶部、底部及水面标高，应表达连接管渠的连接方式、流向、规格化及主要部位的标高。图中应表达污水、污泥处理后的最终出路。

④ 处理构筑物设计图 比例尺（1：50）～（1：100）。图中应列出主要设备材料表和必要的设计说明。平面图应标出工艺和结构的尺寸，剖面图应充分表达完整的构、建筑物各部分的关系，局部可以用详图表达 [比例尺（1：10）～（1：20）]。图中应表达构（建）筑物土建结构与工艺设备、管道的安装关系、预埋件和预留孔洞等及其相应尺寸。以中线表达构（建）筑物、设备外形结构线，以粗实线或中线表达管道，以细线表达中心线和尺寸线。采用标准图时，除用符号注明外，还应注明标准图号。

五、毕业设计进度计划和步骤

1. 毕业设计进度计划

根据教学计划规定毕业设计期限为13~14周，各阶段时间大致安排如下。

① 准备及搜集资料　　　　　　　1周

② 处理方案论证　　　　　　　　2周

③ 处理工程设计计算　　　　　　4~5周

④ 施工图设计　　　　　　　　　4.5周

⑤ 校核与文件整理　　　　　　　1周

⑥ 毕业设计答辩　　　　　　　　0.5周

2. 毕业设计步骤

(1) 设计准备、资料分析

① 设计准备　该阶段应明确设计任务及其具体内容要求，并针对设计任务书中的参考资料清单搜集其设计所需资料。

② 资料分析　初步分析设计题目所涉及的污水性质及污水处理可能采用的方法，了解设计内容及其深度要求，弄清楚所搜集资料的用途，看是否需要补充什么资料。一般情况下可能会需要补充有关生产工艺、污水性质、污水处理工艺方面的资料。

(2) 方案论证

该阶段首先应通过理论分析，从污水水质特征、处理的要求与处理程度、现行可采用工艺技术的特征入手，分析可能选用的处理工艺方案（可能会有几种）的技术合理性，并通过科技文献检索、实地调研（资料），掌握该污水目前常采用的处理工艺方案进行技术比较，选择最优方案。必要时可能结合毕业实习进行。

(3) 初步设计计算

根据方案所确定的工艺流程、各处理构筑物或设施的具体形式，初步确定各处理构物或设施的数量、容积和尺寸，并进行初步的平面布置和高程布置，为进一步设计计算和协调各单体之间的关系打好基础。

(4) 处理构筑物或设施的设计计算

仔细计算各处理构筑物或设施的工艺构造尺寸（包括局部）、配套设备与管道的规格。必要时，可根据最终总体布置的需要进行调整。此阶段应绘制单体设计的草图，反映其构造及工艺尺寸。

(5) 施工图设计

① 总体布置，通过以上计算结果，再设计其他辅助或附属设施的种类、数量、尺寸，设计污水厂的各种管道（渠）的种类、平面与竖向布置。最后进行污水厂总平面图及工艺流程图（或高程图）的设计，绘出图纸。

② 单体构筑物施工图设计　以上设计一般需参考实际工程施工图设计图纸，或往届学生毕业设计图纸来完成，以确保施工图设计内容和深度达到一定要求。

(6) 设计校核及文件整理

对设计计算过程、结果，学生应进行自校与互校，并经教师检查后，方可形成正式文件材料，最后经整理形成一套正规设计文件。最后的整理尤其要注意内容是否全面，如目录、摘要、参考文献，修正内容的校核。

（7）毕业设计答辩

① 答辩形式　一般学生应进行独立的答辩，首先由每个学生介绍污水处理工程设计主要内容，然后需回答答辩老师就设计基础知识、专业基础知识或专业理论知识、污水处理方案论证与施工图设计具体内容提出的问题。

② 答辩内容　学生对毕业设计题目做自我介绍，主要包括以下内容：设计题目、污水水质水量基本资料、处理工艺方案选择理由、选定方案说明及污水厂总体设计、主要处理构筑物设计（计算）。

第八章 污水处理厂设计实例

第一节 某城市污水处理厂设计实例

一、总论

1. 项目提出的背景及投资的必要性

某城市是全国 40 个严重缺水城市之一，工业及生活用水以地下水为水源。随着工业化及城市化的迅速发展，该市的水环境污染问题日趋严重。流经市区的清水河、东清河均受到极严重的污染。由实测资料可以看出，清水河断面 COD 及 BOD_5 高达 594.9mg/L 及 171.5mg/L（1993 年），分别超地面水 IV 类标准 29 倍和 28 倍；东清河断面 COD 及 BOD_5 高达 427.5mg/L 及 199.3mg/L，分别超地面水 IV 类标准 20.4 倍和 32.2 倍。流经市区的长远河则是一条排污干沟，其污染物浓度更高，河水常年呈棕黑色、有臭味，完全丧失了使用功能。整个城市被黑、臭水所包围，城市环境质量很差。地面水体的严重污染也污染了市区浅层地下水，从而严重危及市区 30 万人的生活用水和工业用水。

该市地面水污染问题严重限制了工业的发展和城市化的进程。按地面水使用目标和保护目标，清水河定为 IV 类地面水域。按此标准该市不但不能发展，还要"关停并转"一大批工厂。为实现本市及区域河流水质变清的目标，该市决定建设城市污水处理厂。

2. 城市环境条件概况

（1）自然地理

① 地理位置　该市位于京广线中段，市区地理坐标为东经 112°、北纬 33°。辖区东西长约 124km、南北宽 51km，呈东西向带状。全市辖区总面积为 4052.5km²，其中市区建成面积为 17.5km²。

② 地形地貌　该市属黄淮平原西部，地势为西北高、东南低，自西北向东南缓慢倾斜，市区海拔标高（大沽口系统）在 65~90m 之间，平均坡度 0.3‰~0.5‰。地貌按其成因及形态组合分为平原、山地和岗地三大类，其中平原面积占总面积的 53.7 %，市区地貌为平原和缓岗。

③ 地质地层　该市在秦岭-嵩山构造体系的南带，市区 80% 的面积被第四系松散沉积物覆盖，地耐力为 15~21t/m²，地震烈度为 7 度。

④ 土壤及植被　市区是一个以平原、缓岗为主体的地区，山前洪积与河流冲积、洪积而形成的土壤，其土层深、质地好，分布主要有棕土、褐土、紫色土、红黏土及潮土、砂礓黑土等。该区域内属农业开发历史悠久的地区，天然植被残存较少，现已为大片人工植被所取代。

（2）气象水文

① 气象气候　该市属暖温带季风气候区，光照充足、热量丰富、降水适中、无霜期长、

气候比较单一，差异性小。其特点为四季分明，春季干旱多风沙，夏季炎热雨集中，秋高气爽，日照长，冬季寒冷少雨雪。历年平均气温为 14.7℃，夏季最热月在 7 月，平均气温为 32.6℃，冬季最冷月在 1 月，平均气温为 -2.5℃。最大冻土深度为 18cm。秋冬两季多北和偏东风，春季多南和偏南风，夏季多南和南偏东风。月平均风速为 2~4m/s。多年平均日照时数为 1967h，多年平均降水量为 727.7mm。

② 水文及水文地质 清水河全长 149km，市区流长 10.5km，设计 20 年一遇防洪流量 383m³/s，河道比降为 1/2000。河流底宽 22m，口宽 50m 左右。在 1958 年以前属常年性河流，之后逐渐演变为季节性河流。近年来由于大量工业及生活废水的排入，使其成为一条纳污性河流。东清河流经市区长度为 13.6km，设计 20 年一遇防洪流量为 139m³/s，河道比降为 1/4000，河道底宽 12m，口宽 20~30m。长运河无任何天然水源，在市西南约 1km 处汇入东清河，全长 6.8km，是该市铁西区的主要防洪排涝河道，由于目前铁西区大量工业、生活废水的汇入，使之成纳污沟。

市区浅层地下水埋深一般在 6~8m；由于浅层地下水连年超量开采，在市区中心已形成了大范围的漏斗。中、深层地下水为 60m 以下的含水层，属承压水层，与浅层地下水层间隔有厚度为数十米的黏土及亚黏土层，没有明显的越层补给现象。

3. 城市污水排放现状

(1) 城市污水现状排放量

① 生活污水量现状 1993 年该市市区用水人口为 30 万人，大生活用水量标准现状值为 156L/(人·d)，生活用水排放系数为 0.8，则总生活污水量为 $Q_s = 0.8 \times 30 \times 0.156 = 3.7 \times 10^4 \, \text{m}^3/\text{d}$。

② 工业废水水量现状 据该市市区 49 个主要企业的工业用水量及排放废水量调查统计，总工业废水年排放量为 127.5×10⁴ m³，相当于 3.5×10⁴ m³/d。

③ 城市混合污水水量现状 城市污水排放总量为 7.2×10⁴ m³/d。

(2) 城市混合污水水质现状

该市铁东区和铁西区城市污水汇合后的水质见表 8-1。

表 8-1 河道混合污水水质现状

汇水区	流量/(×10⁴ m³/d)	BOD₅/(mg/L)	CODCr/(mg/L)	SS/(mg/L)	氨氮/(mg/L)
铁东区	3.70	187.7	364.2	167.0	11.5
铁西区	3.50	188.3	554.2	476.0	16.7
混合污水	7.20	188.0	458.0	320.0	14.1

4. 污水处理厂建设规模与治理目标

(1) 污水处理厂建设规模

① 生活污水水量预测 按用水人口生活用水量乘以排水系数 0.8 来预测生活排水量，求得生活污水量，见表 8-2。

② 工业废水水量预测 1994~1995 年实际工业产值增长率为 13.55%，1996~2000 年工业产值增长率取为 13.1%。按照万元工业总产值用水量及排水系数 0.75，求得工业用水量与排水量，见表 8-3。

③ 城市混合污水日排放量预测 按照生活污水量和工业废水预测量合计，可得城市混合污水排水量预测值，见表 8-4。

表 8-2　城市生活污水量预测

年　份	市区人口 /万人	用水人口 /万人	用水标准 /[L/(人·d)]	日用水量 /(×10⁴m³/d)	日排放量 /(×10⁴m³/d)
1993	27.13	30	156	4.7	3.7
1995	27.59	32	165	5.3	4.2
2000	28.71	35	250	8.8	7.0

表 8-3　工业排水量预测

年　份	工业总产值 /亿元	万元产值取水 量/(×10⁴m³/d)	工业用水重复 利用率/%	工业取水量 /(×10⁴m³/d)	工业排水量 /(×10⁴m³/d)
1993	28.54	59.0	61	4.68	3.5
1995	36.80	52.0	65	5.25	3.9
2000	68.00	50.0	70	9.3	7.0

表 8-4　城市混合污水排水量预测　　　　　　　　　单位：10⁴m³/d

年　份	1993 年	1995 年	2000 年
生活污水	3.7	4.2	7.0
工业废水	3.5	3.9	7.0
合　计	7.2	8.1	14.0

④ 污水处理厂建设规模　本项目 1997 年下半年开工，2000 年建成。根据预测，投产时污水日排放量为 $14.0 \times 10^4 m^3/d$。经与主管部门研究，本项目最终规模确定为 $15.0 \times 10^4 m^3/d$，一次建设完成。

（2）污水处理厂设计进出水水质

本项目为该市城市污水处理的最后把关工程，治理目标是清水河河水在出市时水质达到国家《地面水环境质量标准》（GB 3838—2002）之中"Ⅳ"类地面水标准。由于清水河现在已成为季节性河流，枯水期无自然径流稀释，所以本污水处理厂的出水需低于国标《城镇污水处理厂污染物排放标准》（GB 18918—2002）。国内现有技术水平是可以达到目标要求的，但考虑到该市的经济承受能力，必须对基建和运行费加以控制，污水处理厂的进水水质按点源治理后城市混合污水水质适当留有余地确定。出水水质按高于国标《城镇污水处理厂污染物排放标准》（GB 18918—2002）的一级 B 标准确定。污水处理厂设计进、出水水质见表 8-5。

表 8-5　设计进、出水水质

项　　目	COD_Cr	BOD₅	SS	氨氮	TN
进水水质/(mg/L)	450	200	270	15	25
出水水质/(mg/L)	≤63	≤14	≤30	≤3	—
去除率/%	≥86	≥93	≥92	≥80	—
GB 18918—2002 二级标准	<100	<30	<30	<25	—
GB 18918—2002 一级 B 标准	<60	<20	<20	<8(15)	<20

注：括号外数值为水温>12℃时的控制指标，括号内数值为水温≤12℃时的控制指标。

5. 建设原则

（1）建设范围

建设范围为污水处理厂所有污水、污泥处理工程及公用与辅助工程。

（2）建设原则

污水处理工程建设过程中应遵从下列原则：污水处理工艺技术方案，在达到治理要求的前提下应优先选择基建投资和运行费用少、运行管理简便的先进的工艺；所用污水、污泥处理技术和其他技术不仅要求先进，更要求成熟可靠；和污水处理厂配套的厂外工程应同时建设，以使污水处理厂尽快完全发挥效益；污水处理厂出水应尽可能回用，以缓解城市严重缺水问题；污泥及浮渣处理应尽量完善，消除二次污染；尽量减少工程占地。

二、污水处理工艺方案比较

1. 工艺方案分析

本项目污水处理的特点为：①污水以有机污染为主，BOD/COD＝0.42，可生化性较好，重金属及其他难以生物降解的有毒有害污染物一般不超标；②污水中主要污染物指标BOD_5、COD_{Cr}、SS值比国内一般城市污水高70％左右；③污水处理厂投产时，多数重点污染源治理工程已投入运行。

针对以上特点，以及出水要求，现有城市污水处理技术的特点，以采用生化处理最为经济。由于将来可能要求出水回用，处理工艺尚应有硝化，考虑到NH_3-N浓度较低，不必完全脱氮。

根据国内外已运行的大、中型污水处理厂的调查，要达到确定的治理目标，可采用"普通活性污泥法"或"氧化沟法"。

（1）普通活性污泥法方案

普通活性污泥法，也称传统活性污泥法，推广年限长，具有成熟的设计及运行经验，处理效果可靠。自20世纪70年代以来，随着污水处理技术的发展，本方法在工艺及设备等方面又有了很大改进。在工艺方面，通过增加工艺构筑物可以成为"A/O"或"A^2/O"工艺，从而实现脱N和除P。在设备方面，开发了各种微孔曝气池，使氧转移效率提高到20％以上，从而节省了运行费。

国内已运行的大中型污水处理厂，如西安邓家村（$12×10^4 m^3/d$）、天津纪庄子（$26×10^4 m^3/d$）、北京高碑店（$50×10^4 m^3/d$）、成都三瓦窑（$20×10^4 m^3/d$）等污水处理厂都采用此方法。目前世界最大的污水处理厂——美国芝加哥市西南西污水处理厂也采用此工艺，该厂1964年建成，设计流量为$455×10^4 m^3/d$。

普通活性污泥法如设计合理、运行管理得当，出水BOD_5可达10～20mg/L。它的缺点是工艺路线长，工艺构筑物及设备多而复杂，运行管理困难，基建投资及运行费均较高。国内已建的此类污水处理厂，单方基建投资一般为1000～1300元/（$m^3·d$），运行费为0.2～0.4元/（$m^3·d$）或更高。

（2）氧化沟方案

氧化沟污水处理技术，是20世纪50年代由荷兰人首创。60年代以来，这项技术在欧洲、北美、南非、澳大利亚等地被广泛采用，工艺及构造有了很大的发展和进步。随着对该技术缺点（占地面积大）的克服和对其优点（基建投资及运行费用相对较低，运行效果高且稳定，维护管理简单等）的逐步深入认识，目前已成为普遍采用的一项污水处理技术。

据报道，1963～1974年英国共兴建了300多座氧化沟，美国已有500多座，丹麦已建成 300 多座。目前世界上最大的氧化沟污水厂是德国路德维希港的 BASF 污水处理厂，设计最大流量为 $76.9 \times 10^4 m^3/d$，1974 年建成。

氧化沟工艺一般可不设初沉池，在不增加构筑物及设备的情况下，氧化沟内不仅可完成碳源的氧化，还可实现硝化和脱硝，成为 A/O 工艺；氧化沟前增加厌氧池可成为 A^2/O（A-A-O）工艺，实现除磷。由于氧化沟内活性污泥已经好氧稳定，可直接浓缩脱水，不必厌氧消化。

氧化沟污水处理技术已被公认为是一种较成功的活性污泥法工艺，与传统活性污泥系统相比，它在技术、经济等方面具有一系列独特的优点。

① 工艺流程简单、构筑物少，运行管理方便。一般情况下，氧化沟工艺可比传统活性污泥法少建初沉淀池和污泥厌氧消化系统，基建投资少。另外，由于不采用鼓风曝气和空气扩散器，不建厌氧消化系统，运行管理要方便。

② 处理效果稳定，出水水质好。实际运行效果表明，氧化沟在去除 BOD_5 和 SS 方面均可取得比传统活性污泥法更高质量的出水，运行也更稳定可靠。同时，在不增加曝气池容积时，能方便地实现硝化和一定的反硝化处理。

③ 基建投资省，运行费用低。实际运行证明，由于氧化沟工艺省去初沉池和污泥厌氧消化系统，且比较容易实现硝化和反硝化，当处理要求脱氮时，氧化沟工艺在基建投资方面比传统活性污泥法节省很多（当只需去除 BOD_5 时，可能节省不多）。同样，当仅要求去除 BOD_5 时，对于大规模污水厂采用氧化沟工艺运行费用比传统活性污泥法略低或相当，而要求去除 BOD_5 且去除 NH_3-N 时，氧化沟工艺运行费用就比传统活性污泥法节省较多。

④ 污泥量少，污泥性质稳定。由于氧化沟所采用的污泥龄一般长达 20～30d，污泥在沟内得到了好氧稳定，污泥生成量就少，因此使污泥后处理大大简化，节省处理厂运行费用，且便于管理。

⑤ 具有一定承受水量、水质冲击负荷的能力。水流在氧化沟中流速为 0.3～0.4m/s，氧化沟的总长为 L，则水流完成一个循环所需时间 $t = L/S$，当 L 为 90～600m 时，t 为 5～20min。由于废水在氧化沟中设计水力停留时间 T 为 10～24h，因此可计算出废水在整个停留时间内要完成的循环次数为 30～280 次不等。可见原污水一进入氧化沟，就会被几十倍甚至上百倍的循环流量所稀释，因此具有一定承受冲击负荷的能力。

⑥ 占地面积少。由于氧化沟工艺所采用的污泥负荷较小、水力停留时间较长，使氧化沟容积会大于传统活性污泥法曝气池容积，占地面积可能会大些，但因为省去了初沉池和污泥厌氧消化池，占地面积总的来说会少于传统活性污泥法。

我国自 20 世纪 80 年代起，也已普遍采用氧化沟技术处理污水，如桂林东（$4 \times 10^4 m^3/d$）、昆明兰花沟（$6 \times 10^4 m^3/d$）、邯郸东（一期 $6.6 \times 10^4 m^3/d$）、长沙第二（$14 \times 10^4 m^3/d$）、西安北石桥（一期 $15 \times 10^4 m^3/d$）等城市污水处理厂都采用此工艺，均取得了很好的效果，出水 BOD_5 一般为 10mg/L 左右。

污水处理厂的基建投资和运行费用与各厂的污水浓度和建设条件有关，但在同等条件下的中、小型污水厂，氧化沟法比其他方法低，据国内众多已建成的氧化沟污水处理厂的资料分析，当进水 BOD_5 在 120～180mg/L 时，单方基建投资约为 700～900 元/（$m^3 \cdot d$），运行成本为 0.15～0.30 元/m^3 污水。

2. 工艺流程框图

(1) 普通活性污泥法工艺流程

工艺流程框图，见图 8-1。

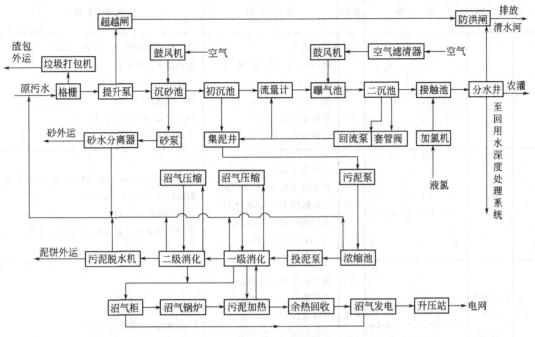

图 8-1　普通活性污泥法（第二方案）污水处理及污泥处理工艺流程

（2）氧化沟法工艺流程

工艺流程框图，见图 8-2。

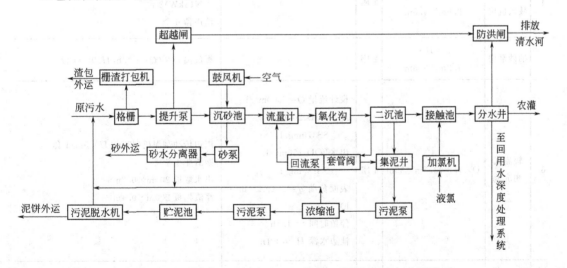

图 8-2　氧化沟法（第一方案）污水处理及污泥处理工艺流程

3．工艺构筑物及设备

（1）普通活性污泥法工艺构筑物及设备

详见表 8-6。

（2）氧化沟法工艺构筑物及设备

详见表 8-7。

表 8-6　普通活性污泥法工艺构筑物和设备一览表

序号	名称	规格	数量	设计参数	主要设备
1	格栅	$L \times B =$ 10.0m×4.1m	1座	设计流量 $Q_m = 18.0 \times 10^4 m^3/d$ $Q_h = 7500 m^3/h$ 栅条间隙 $e = 25mm$ 栅前水深 $h = 1.2m$ 过栅流速 $v = 0.71 m/s$	链式格栅除污机($B = 1.7m$)2台 超声波水位计2套 螺旋压榨机($\phi 300$)1台 螺纹输送机($\phi 300$)1台 钢闸门($2.0 \times 1.7m$)4扇 手动启闭机(5t)4台
2	进水泵房	$L \times B =$ 21.7m×13.4m	1座	设计流量 $Q = 7500 m^3/h$ 单泵流量 $Q = 2000 m^3/h$ 设计扬程 $H = 4.5 mH_2O$ 选泵扬程 $H = 5.0 mH_2O$ ($1 mH_2O = 9800 Pa$)	螺旋泵($\phi 1500mm$, $N60kW$)5台,4用1备 钢闸门($2.0m \times 2.0m$)5扇 手动启闭机(5t)5台 手动单梁悬挂式起重机(2t,$L_k 4m$)1台
3	细格栅及曝气沉砂池	$L \times B \times H =$ 14.0m×5.0m×5.4m	2座	设计流量 $Q = 7500 m^3/h$ 水平流速 $v = 0.085 m/s$ 有效水深 $H_1 = 2.5m$ 停留时间 $T = 2.0 min$ 空气用量 $Q_a = 1400 m^3/h$	细格栅($e = 10mm$) 除污机($\phi 300$ 螺旋式)2套
4	沉砂池鼓风机房	$L \times B =$ 9.9m×4.5m	1座		罗茨鼓风机($Q_a 15 m^3/min$, $p 19.6 kPa$, 　$N13kW$)3台 消声器6个
5	抽砂泵房	$L \times B =$ 7.2m×3.3m	2座		螺旋离心泵($Q40 m^3/h$, $H20m$)4台
6	辐流式初沉池	$D \times H = \phi 3.5m \times 35m$	4座	设计流量 $Q = 7500 m^3/h$ 进水BOD$_5$ 200mg/L 　　SS370mg/L 出水BOD$_5$ 150mg/L 　　SS185mg/L 表面负荷 $q = 2.1 m^3/(m^2 \cdot h)$ 停留时间 $t = 1.5h$ 池边水深 $H_1 = 3.1m$	周边传动刮泥机($\phi 35m$, $H3.5m$)4套 撇渣斗4个 出水堰板 200m×0.2m 浮渣挡板 200m×0.4m
7	配水井	$D \times H =$ $\phi 3.0m \times 5.0m$	2座		阀门 DN800 4个 启闭机(1t)4台
8	配泥及阀门开	$D \times H =$ $\phi 3.0m \times 5.0m$	2座		阀门 DN800 4个 启闭机(1t) 4台 阀门 DN200 4个 启闭机(0.5t)4台

序号	名称	规格	数量	设计参数	主要设备
9	曝气池	$L \times B \times H =$ 67.5m×45.0m×6.5m	4座	设计流量 $Q=6250\text{m}^3/\text{h}$ 进水 BOD_5 150mg/L 出水 BOD_5 15mg/L 污泥龄 $t_s=15\text{d}$ 污泥负荷 $N_s=0.2$ 　$kgBOD_5/(kgVSS \cdot d)$ 污泥回流比 $R=50\% \sim$ 100% MLSS=2.5g/L, $f=0.7$ 剩余污泥量 　Q_s 7504kgVSS/d 实际需氧量 33000kgO$_2$/d 理论需氧量 49000kgO$_2$/d 供气量 $G_a=600\text{m}^3/\text{min}$ 有效水深 $H_1=6.0\text{m}$ 有效容积 $V=4\times16000\text{m}^3$ 停留时间 $T=10.2\text{h}$	微孔曝气器(ϕ150mm)4×2500个
10	鼓风机房及污泥泵房	$L \times B =$ 30m×15m	1座	总风量 $Q_a=600\text{m}^3/\text{min}$ 污泥干重 $W=40.3\text{t}/\text{d}$ 污泥含水率 $P=98.7\%$ 污泥量 $Q_s=3120\text{m}^3/\text{d}$	离心式鼓风机(Q150m³/min,出口绝压 　p0.167MPa)5台 空气滤清器 5台 电动单梁桥式起重机(2t,L_k15m)1台 污泥泵(Q135m³/h,H18.5mH$_2$O)3台
11	流量计井	$L \times B \times H =$ 3.0m×3.0m×2.4m	4座		电磁流量计 　(Q1000~1600m³/h,ϕ1200mm)4台
12	二沉池（周边进水周边出水式）	$D \times H =$ ϕ45m×5.2m	4座	表面负荷 　$q=1.04\text{m}^3/(\text{m}^2 \cdot \text{h})$ 固体负荷 　$q_s=126\text{kgSS}/(\text{m}^2 \cdot \text{d})$ 停留时间 $T=2.0\text{h}$ 池边水深 $H_1=4.5\text{m}$ 设计流量 $Q=6250\text{m}^3/\text{h}$	中心传动单管吸刮泥机 　(ϕ45m,H4.5m,Q1670m³/h)4台 撇渣斗 4个 出水堰板 1520m×0.2m 导流裙板 560m×0.6m
13	接触消毒池	$L \times B \times H =$ 21m×37m×5m	1座	设计流量 $Q=6250\text{m}^3/\text{h}$ 停留时间 $T=0.5\text{h}$ 有效水深 $H_1=4.3\text{m}$	混合搅拌机(ϕ2.2m,H2.0m,N4.0kW)2台
14	加氯间	$L \times B =$ 12.0m×9.0m	1座	投氯量 750kg/d 氯库贮氯量按 15d 计	自动加氯机(Q15~25kg/h)2台 氯瓶(W1000kg)12个 管道泵(Q3~6m³/h,H20mH$_2$O, 　N1.1kW)2台 电动单梁悬挂起重机(2.0t)1台

序号	名称	规格	数量	设计参数	主要设备
15	回流污泥泵房	$L \times B = 18.0\text{m} \times 8.4\text{m}$	2座	设计流量 $Q_s = 6680\text{m}^3/\text{h}$ 设计扬程 $H = 2.5\text{mH}_2\text{O}$	螺旋泵($\phi1500\text{mm}$,$Q2000\text{m}^3/\text{h}$, 　$H2.5\text{mH}_2\text{O}$,$N30\text{kW}$)共4台 钢闸门(2.0×2.0m)4扇 手动单梁悬挂式起重机(2t)1台 套筒阀 $DN800\text{mm} \times 1500\text{mm}$4个、$\phi200$ 闸 　门4个 电动启闭机(1.0t)4台 手动启闭机(5.0t)4台
16	污泥浓缩池	$D \times H =$ $\phi16\text{m} \times 5.0\text{m}$	2座	设计流量 $Q_s = 6240\text{m}^3/\text{d}$ 进池含水率 $P_1 = 99.2\%$ 出池含水率 $P_2 = 97.2\%$ 排泥量 $Q_w = 1302\text{m}^3/\text{d}$ 固体负荷 $q_s = 100\text{kgSS}/$ 　$(\text{m}^2 \cdot \text{d})$ 停留时间 $T = 12.4\text{h}$	中心驱动污泥浓缩机 　($\phi16.0\text{m}$,$H5.0\text{m}$,$N1.5\text{kW}$)共2台 浮渣斗2个 浮渣挡板 95.0m×0.4m
17	一级消化池	$D \times H =$ $\phi20\text{m} \times 16.5\text{m}$	2座	投泥量 $Q_w = 1302\text{m}^3/\text{d}$ 有效容积 $V = 3700\text{m}^3 \times 2$ 停留时间 $T = 11.4\text{d}$	沼气搅拌收集设备2套
18	二级消化池	$D \times H =$ $\phi20\text{m} \times 16.5\text{m}$	1座	设计排泥量 $Q_w510\text{m}^3/\text{d}$ 有效容积 $V3700\text{m}^3$ 停留时间 $T = 7.25\text{d}$	沼气收集搅拌设备1套
19	消化池控制室	$L \times B =$ $15.0\text{m} \times 9.0\text{m}$	1座		单螺杆泵3台 沼气压缩机3套 污泥循环泵3台 空压机3台
20	污泥脱水间	$L \times B =$ $30.0\text{m} \times 18.0\text{m}$	1座	进泥量 $Q_w510\text{m}^3/\text{d}$ 进泥含水率 $P_1 = 97.0\%$ 湿泥饼 $G_b = 88.7\text{t}/\text{d}$ 泥饼含水率 $P_2 = 75\%$	DY-2000带式污泥脱水机(带宽2.0m, 　$N20.9\text{kW}$)4台
21	污泥棚	$L \times B =$ $18.0\text{m} \times 8.0\text{m}$	1座		螺旋输送机 　($\phi300\text{mm}$,$L6\text{m}$,$N4\text{kW}$,$\theta30°$)4台
22	沼气柜	$D \times H =$ $\phi16.0\text{m} \times 11.0\text{m}$	1座	供气量 $Q_g = 6970\text{m}^3/\text{d}$ 贮气柜容积 $V = 2200\text{m}^3$	
23	沼气发电机房	$L \times B =$ $20.0\text{m} \times 12.0\text{m}$	1座		沼气发电机组及配套热回收系统2套
24	沼气锅炉房	$L \times B =$ $20.0\text{m} \times 12.0\text{m}$	1座		沼气锅炉及燃烧器4套,沼气增压器4套

表 8-7 氧化沟法工艺构筑物和设备一览表

序号	名 称	规 格	数量	设 计 参 数	主 要 设 备
1	格栅	$L \times B =$ 10.0m×4.1m	1座	设计流量 $Q_d = 18.0 \times 10^4 m^3/d$ $Q_h = 7500 m^3/h$ 栅条间隙 $e = 25mm$ 栅前水深 $h = 1.2m$ 过栅流速 $v = 0.71 m/s$	GH-2000 链式格栅除污机($B = 1.7m$)2 台 超声波水位计 2 套 螺旋压榨机($\phi 300mm$)1 台 螺旋输送机($\phi 300mm$)1 台 钢闸门(2.0m×1.7m)4 扇 手动启闭机(5t)4 台
2	进水泵房	$L \times B =$ 26.5m×10m	1座	设计流量 $Q = 7500 m^3/h$ 单泵流量 $Q = 2000 m^3/h$ 设计扬程 $H = 4.5 mH_2O$ 选泵扬程 $H = 5.0 mH_2O$	螺旋泵($\phi 1500mm$,$N55kW$)5 台,4 用 1 备 钢闸门(2.0m×2.0m)5 扇 手动启闭机(5t)5 台 手动单梁悬挂式起重机(2t,$L_k = 4m$)1 台
3	曝气沉砂池	$L \times B \times H =$ 10.0m×5.0m×5.5m	2座	设计流量 $Q = 7500 m^3/h$ 水平流速 $v = 0.085 m/s$ 有效水深 $H_1 = 2.5m$ 停留时间 $T = 2.0min$ 空气用量 $Q_a = 1500 m^3/h$	砂水分离器($\phi 1.5m$,$Q10m^3/d$)2 台
4	沉砂池鼓风机房	$L \times B =$ 9.9m×4.5m	1座		罗茨鼓风机($Q_a 15.9 m^3/min$,$p19.6kPa$, $N11kW$)3 台 消声器 6 个
5	提砂泵房	$L \times B =$ 7.2m×3.3m	2座		螺旋离心泵($Q40m^3/h$,$H20m$)4 台
6	配水井	$D \times H =$ $\phi 3.0m \times 5.0m$	2座		闸门($\phi 800$) 2 座 启闭机(1t)2 台
7	氧化沟	$L \times B \times H =$ 120m×42m×4.5m	4座	设计流量 $Q = 6250 m^3/h$ 进水 BOD$_5$ 200mg/L, 出水 15mg/L 进水 NH$_3$-N 15mg/L 出水 5mg/L 污泥负荷 $N_s = 0.109$ kgBOD$_5$/(kgVSS·d) 污泥龄 $t_s = 21.8$ MLSS = 5.5g/L,$f = 0.6$ 污泥回流比 $R = 50\% \sim$ 75% 理论需氧量 $R_O = 4.00 kgO_2/h$ 剩余污泥量 $Q_s = 15829 kgSS/d$ 有效水深 $H_1 = 4.0m$ 有效容积 $V = 4 \times 19312 m^3$	DY325 倒伞型表面曝气机 32 台 ($D3250mm$,$N55kW$)变频调速器 16 台 出水堰门 8 扇(1.6m×0.8m) 启闭机(3t)8 台 手动单轨小车(5t)16 套 溶解氧测定仪 12 个 MLSS 测定仪 4 个

序号	名称	规格	数量	设计参数	主要设备
8	流量计井	$L \times B \times H =$ 3.0m×3.0m×2.4m	4座		电磁流量计 ($Q1000 \sim 1600 m^3/h$, $\phi1200mm$)4台
9	二沉池（周边进水周边出水式）	$D \times H =$ $\phi45.0m \times 5.1m$	4座	表面负荷 $q = 1.00 m^3/(m^2 \cdot h)$ 固体负荷 $q_s = 224 kgSS/(m^2 \cdot d)$ 停留时间 $T = 2.0h$ 池边水深 $H_1 = 4.5m$ 设计流量 $Q = 6250 m^3/h$	中心传动单管吸刮泥机（$\phi45m$, $H4.5m$, $Q1670 m^3/h$, $N0.75kW$）4台 撇渣斗 4 个 出水堰板 1520mm×0.2m 导流裙板 560mm×0.6m
10	接触消毒池	$L \times B \times H =$ 21m×38m×5.0m	1座	设计流量 $Q = 6250 m^3/h$ 停留时间 $T = 0.5h$ 有效水深 $H_1 = 4.3m$	混合搅拌机（$\phi2.2m$, $H2.0m$, $N4.0kW$）2台
11	加氯间	$L \times B = 12.0m \times 9.0m$	1座	投氯量 750kg/d 氯库贮氯量按15d计	自动加氯机（$Q15 \sim 25 kg/h$）2台 氯瓶（$W1000kg$）12个 管道泵（$Q3 \sim 6 m^3/h$, $N1.1kW$）2台 电动单梁悬挂起重机（2.0t）1台
12	回流污泥泵房	$L \times B = 15.0m \times 7.7m$	2座	设计流量 $Q = 3150 \sim 4688 m^3/h$ 设计扬程 $H = 2.0 mH_2O$ 选泵扬程 $H = 2.5 mH_2O$	螺旋泵（$\phi1500mm$, $H2.5mH_2O$, $N30kW$）4台 钢闸门（2.0m×2.0m）4扇 手动启闭机（5.0t）4台 套筒阀 $DN800$, $\phi1500mm$ 4个 电动启闭机（1.0t）4台 手动单梁悬挂起重机（2.0t）1台
13	剩余污泥泵房	$L \times B =$ 6.0m×5.0m	2座	设计排泥量 $Q = 1848 m^3/d$ 污泥含水率 $P = 99.0\%$ 污泥干重 $G = 18.4 t/d$	2PN 污泥泵（$Q40 m^3/h$, $H21mH_2O$, $N11kW$）4台 电磁流量计（$\phi150mm$）2台 电磁流量转换器 2台 手动单轨小车 2台
14	污泥浓缩池	$D \times H =$ $\phi16.0m \times 5.0m$	2座	进泥含水率 $P_1 = 99.0\%$ 出泥含水率 $P_2 = 96.0\%$ 排泥量 $Q = 458 m^3/d$ 池边水深 $H = 5.0m$ 停留时间 $T = 15.4h$ 固体负荷 $Q_s = 48 kg/(m^2 \cdot d)$	NG-16 中心驱动污泥浓缩机（$\phi16m$, $H5.0m$, $N1.5kW$）2台 浮渣斗 2个 浮渣挡板 95mm×0.4m
15	集泥井	$1/2D \times H = 1/2$ $\phi4.0m \times 6.0m$	2座		$\phi200$ 闸门 10个
16	浓缩污泥提升泵房	$L \times B =$ 6.0m×5.0m	1座		2PN 污泥泵（$Q40 m^3/h$, $H21mH_2O$, $N11kW$）3台

序号	名 称	规 格	数量	设计参数	主要设备
17	贮泥池	$L \times B \times H = $ 15.0m×7.0m×5.0m	1座	有效容积 $V = 472m^3$ 存泥时间 $T = 1.0d$	QBG075 潜水搅拌机（$\phi 1500mm$, $N7.5kW$） 2台超声波液位计2套
18	污泥脱水间	$L \times B = $ 30.0m×18.0m	1座	进泥量 $Q_w = 458m^3/d$ 进泥含水率 $P_1 = 96.0\%$ 湿泥饼量 $Q_b = 90.0t/d$ 泥饼含水率 $P_2 = 80\%$ 污泥干重 $G = 18.0t/d$	DY-3000 带式污泥脱水机 （带宽 3.0m,$N36.9kW$）4台（套）
19	污泥棚	$L \times B = $ 18.0m×8.0m	1座		螺旋输送机 3台 （$\phi 300,L = 6m,\theta = 30°,N4kW$）

4. 技术经济比较

（1）比较内容

① 技术比较　包括污水处理出水水质和运行管理水平要求；

② 经济比较　包括污水处理工程基建投资、运行费用和占地面积；

③ 比较范围　污水处理厂的污水及污泥处理工程以及附属建筑等工程；

④ 基建投资详细内容　普通活性污泥法方案投资估算见表 8-8。

表 8-8　普通活性污泥法污水处理厂投资估算

序号	工程或费用名称	估算价值/万元					合计
		土建工程	安装工程	设备购置	工具购置	其他费用	
1	第一部分工程费	5689.0	1548.0	4845.0			12082.0
①	水处理工程费	3186.0	576.0	2460.0			6222.0
②	污泥处理工程	2014.0	632.0	2062.0			4708.0
③	控制楼	54.0	48.0	222.0			324.0
④	生产辅助建筑	127.0	10.0	4.0			141.0
⑤	职工宿舍	112.0	9.0				121.0
⑥	总平面工程	186.0	211	37.0			434.0
⑦	生产辅助设备			60.0	114.0		174.0
⑧	厂外工程	10.0	62.0				72.0
2	第二部分工程费					1524.0	1524.0
3	预备费					686.0	686.0
4	建设期贷款利息					436.0	436.0
5	工程总投资						14728.0

⑤ 运行费用中未计入折旧费，但计入与基建投资相应的维修（大修）费。

（2）比较结果

普通活性污泥法和氧化沟法两方案的技术经济比较详见表 8-9。

（3）推荐方案

由以上内容知，两种工艺都能达到预期的处理效果，且都为成熟工艺，但经分析比较，氧化沟法工艺方案在以下方面具有明显优势。

表 8-9　工艺方案技术经济指标比较表

序　号	项　目		氧化沟法方案	活性污泥法方案
1	处理能力/ ($10^4 m^3/d$)		15.0	15.0
2	进水水质/ (mg/L)	BOD_5	200.0	200.0
		COD_{Cr}	450.0	450.0
		SS	360.0	360.0
		氨氮	15.0	15.0
3	出水水质/ (mg/L)	BOD_5	≤14	≤14
		COD_{Cr}	≤63	≤63
		SS	≤30	≤30
		氨氮	≤3	≤3
4	要求管理水平		较简单	复杂
5	总占地面积/亩		108.4	121.1
	单位占地/ [亩/ ($10^4 m^3 \cdot d$)]		6.78	7.57
6	工程总投资/万元		10925.5	14842.0
	单位投资/ [元/ ($m^3 \cdot d$)]		728.3	989.0
7	年运行费用/万元		1215.7	1423.5
	单位成本/ (元/m^3 污水)		0.22	0.26

注: 15 亩=1hm²。

①氧化沟法方案在达到与传统活性污泥法同样的去除 BOD_5 效果时, 还能有一定的反硝化效果;

② 氧化沟法管理较简单, 适合该市污水处理管理技术水平现状;

③ 氧化沟法污水处理厂总占地 108.4 亩 (15 亩=1hm²), 单位占地 6.78 亩/($10^4 m^3 \cdot$ d), 比普通活性污泥法减少占地约 10%;

④ 氧化沟法总投资 10757 万元, 单位投资 728.3 元/($m^3 \cdot d$), 比普通活性污泥法减少投资约为 29.8%;

⑤ 氧化沟法处运行费用 1215.7 万元/年, 处理 1t 污水运行成本为 0.22 元/m^3 污水, 比普通活性污泥法减少运行费约 15.4%。

综合以上对比分析, 本工程以氧化沟法污水处理厂工艺方案作为推荐方案。

三、污水处理工艺设计计算

1. 污水处理系统

(1) 格栅

① 设计说明　由于不采用池底空气扩散器形成曝气, 故格栅的截污主要对水泵起保护作用, 拟采用中格栅, 而提升水泵选用螺旋泵, 为敞开式提升泵, 为减少栅渣量, 格栅栅条间隙已拟定为 25.00mm。

设计流量: 平均日流量 $Q_d=15.0 \times 10^4 m^3/d=6250.0\ m^3/h=1.74 m^3/s$

最大日流量 $Q_{max}=K_z \cdot Q_d=1.19 \times 6250.0=7500.0 m^3/h$

$$=2.1\ m^3/s$$

设计参数：栅条间隙 $e=25.0$mm，栅前水深 $h=1.2$m，过栅流速 $v=0.6$m/s，安装倾角 $\delta=75°$。

② 格栅计算

a. 栅条间隙数（n）为

$$n=\frac{Q_{max}\sqrt{\sin\alpha}}{ehv}=\frac{2.1\times\sqrt{\sin75°}}{0.025\times1.2\times0.6}$$
$$=114（条）$$

b. 栅槽有效宽度（B）

设计采用 ϕ10 圆钢为栅条，即 $S=0.01$m。

$$B=S(n-1)+en=0.01\times(114-1)+0.025\times114$$
$$=3.98（m）$$

原污水来水水面埋深（相对标高）为 -2.5m，栅槽深度 3.7m。

选用 GH-2000 链式旋转格栅除污机 2 台，水槽宽度 2.05m，有效栅宽 1.7m，实际过栅流速 $v=0.71$m/s（平均流量时 $u=0.60$m/s），栅槽长度 $l=6.0$m。

格栅间占地面积 $10.0\times4.1=41.0$（m²）

过栅水头损失（h_1）

$$h_1=K\cdot\xi\cdot\frac{v^2}{2g}\cdot\sin\alpha=3\times1.79\times\left(\frac{0.01}{0.025}\right)^{4/3}\times\left(\frac{0.71^2}{2\times9.81}\right)\times\sin75°$$
$$=0.055（m）$$

③ 栅渣量计算 对于栅条间隙 $e=25.0$mm 的中格栅，对于城市污水，每单位体积污水拦截污物为 $W_1=0.05$m³/10^3m³。每日栅渣量为

$$W=\frac{Q_{max}W_1\times86400}{K_z\times1000}=\frac{2.1\times0.05\times86400}{1.2\times1000}$$
$$=7.6（m³/d）$$

拦截污物量大于 0.2m³/d，须用机械格栅。

污物的排除采用机械装置：ϕ300 螺旋输送机，选用长度 $l=8.0$m 的一台。

(2) 污水提升泵站

① 设计说明 采用氧化沟工艺方案，污水处理系统简单，对于新建污水处理厂，工艺管线可以充分优化，故污水只考虑一次提升。污水经提升后入曝气沉砂池，然后自流通过氧化沟、二沉池及消毒池。设计流量 $Q_{max}=7500$m³/h。

② 设计选型 污水经消毒池处理后排入市政污水管道，消毒水面相对高程为 ±0.00m，则相应二沉池、氧化沟、曝气沉砂池水面相对标高分别为 0.50m、1.00m 和 1.60m

污水提升前水位为 -2.50m，污水总提升流程为 4.10m，采用螺旋泵，其设计提升高度为 $H=4.50$m。设计流量 $Q_{max}=7500$m³/h，采用 4 台螺旋泵，单台提升流量为 1875m³/h。

采用 LXB-1500 型螺旋泵 5 台，4 用 1 备。该泵提升流量为 2100~2300m³/h，转速 42r/min，头数 3，功率 55kW，占地面积为 (2.00×16.0) m²。

③ 提升泵房 螺旋泵泵体室外安装，电机、减速机、电控柜、电磁流量计显示器室内安装，另外考虑一定检修空间。

提升泵房占地面积为 $(15.0+0.5+11.0)\times10.0=265.0$m²，其工作间占地面积为 $11.0\times10.0=110.0$m²。

（3）曝气沉砂池

① 设计说明　污水经螺旋泵提升后进入平流式曝气沉砂池，共两组，对称于提升泵房中轴线布置，每组分为两格。

沉砂池池底采用多斗集砂，沉砂由螺旋离心泵自斗底抽送至高架砂水分离器，砂水分离通入压缩空气洗砂，污水回至提升泵前，净砂直接卸入自卸汽车外运。

设计流量为 $Q_{max}=7500 m^3/h=2.1 m^3/s$，设计水力停留时间 $t=2.0 min$，水平流速 $v=0.085 m/s$，有效水深 $H_1=2.50 m$。

② 池体设计计算

a. 曝气沉砂池有效容积（V）

$$V=\frac{Q_{max}}{60}\times t=\frac{7500}{60}\times 2.0=250.0\ （m^3）$$

共四格，每格有效容积 $V_1=V/4=62.5 m^3$

每格池平面面积为 $A_i=\frac{V_i}{H_1}=\frac{62.5}{2.5}=25.0\ （m^3）$

b. 沉砂池水流部分的长度（L）

$$L=V\times t=0.08\times 2.0\times 60=9.6\ （m）$$

取 $L=10.0 m$。

则单格池宽 $B_1=\frac{A_i}{L}=\frac{25.0}{10.0}=2.50\ （m）$

每组池宽 $B=2B_1=5.0 m$

③ 曝气系统设计计算　采用鼓风曝气系统，罗茨鼓风机供风，穿孔管曝气。

设计曝气量 $q=0.2 m^3/（m^3\cdot h）$

空气用量 $Q_a=qQ_{max}=0.2\times 7500=1500\ （m^3/h）$

$$=25.0 m^3/min$$

供气压力 $p=19.6 kPa$。

穿孔管布置：于每格曝气沉砂池池长边两侧分别设置 2 根穿孔曝气管，每格 2 根，共8 根。

曝气管管径 $DN100 mm$，送风管管径 $DN150 mm$。

④ 进水、出水及撇油　污水直接从螺旋泵出水渠进入，设置进水挡墙，出水端前部设出水挡墙，进出水挡墙高度均为 1.5m。

在曝气沉尖池会有少量浮油产生，出水端设置撇油管 $DN200$，人工撇除浮油，池外设置油水分离槽井。

⑤ 排砂量计算　对于城市污水，采用曝气沉砂工艺，产生砂量约为

$$x_1=2.0\sim 3.0\ m^3/10^5 m^3$$

每日沉砂产量（Q_s）为

$$Q_s=Q_{max}x_1=180000\times 3.0\times 10^{-5}$$

$$=5.4\ （m^3/d）\qquad\qquad （含水率为 P=60\%）$$

假设贮砂时间为 $t=2.0 d$

则存砂所需容积为 $V=Q_s t=10.8 m^3$

折算为 $P=85.0\%$ 的沉砂体积为

$$V=10.8\times\frac{100-60}{100-85}=28.8\ （m^3）$$

每格曝气沉砂池设砂斗两个，共 8 个砂斗，砂斗高 2.50m，斗底平面尺寸 $(0.5\times0.5)m^2$。

砂斗总容积为

$$V=8\times\frac{2.5}{3}\times(2.5^2\times0.5^2+2.5\times0.5)$$

$$=51.6\ （m^3）$$

曝气沉砂池尺寸详见图 8-3。

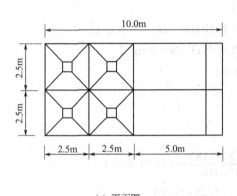

(a) 平面图

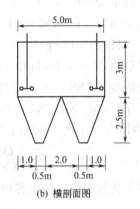

(b) 横剖面图

图 8-3　曝气沉砂池计算图

（4）提砂泵房与砂水分离器

选用直径 0.5m 钢制压力式旋流砂水分离器两台，一组曝气沉砂池一台。砂水分离器外形高度 $H_1=11.4m$，入水口离地面相对高程为 11.0m，则提砂泵静扬程为 $H_0=11.0-(-3.5)=14.5mH_2O$，砂水分离器入口的压力为 $H_2=0.1MPa=10.0mH_2O$

则提砂泵所需扬程为

$$H=H_0+H_2=14.5+10.0=24.5\ （mH_2O）$$

每组曝气沉砂设提砂泵房一座，配两台提砂泵，一用一备，共 4 台。

选用螺旋离心泵，$Q40.0m^3/h$，$H25.0mH_2O$，电动机功率为 11.0kW。

提砂泵房平面尺寸：$L\times B=(7.2\times3.3)\ m^2$。

（5）鼓风机房

砂水分离后，通入气水混合洗砂，气和水分别冲洗或联合冲洗。气和水的冲洗强度均为 $10L/(m^2\cdot s)$，则用气量为 $1.1m^3/min$。

洗砂用压缩空气与曝气沉砂池，均来自鼓风机房。鼓风机总供气量为 $27.2m^3/min$。

选用 TSO-150 罗茨鼓风机三台，二用一备，单台 $Q_a15.9m^3/min$，$p19.6kPa$，$N11.0kW$。

鼓风机房 $(9.9\times4.5)m^2$。

（6）配水井

曝气沉砂后污水进入配水井向氧化沟配水，每两组氧化沟设配水井一座，同时回流污泥也经配水井向氧化沟分配。配水井尺寸 $\phi3.0m\times5.0m$。

配水井设分水钢闸门两座，选用 SYZ 型闸门规格为 $\phi800mm$，配手摇式启闭机两台

(2t)。

（7）氧化沟

① 设计说明　拟用卡罗塞氧化沟，除去除 COD 与 BOD 之外，还应具备较好硝化能力和一定的脱氮作用，以使出水 NH_3-N 低于排放标准，故污泥负荷和污泥泥龄应分别低于 0.15kgBOD/（kgVSS·d）和高于 20.0d。

氧化沟采用垂直轴曝气机进行搅拌、推进、充氧，部分曝气机配置变频调速器。相应于每组氧化沟内安装在线溶解氧测定仪，溶解氧信号传至中控室微机，给微机处理后再反馈至变频调速器，实现曝气根据溶解氧自动控制。

设计流量 $Q=15.0×10^4 m^3/d=6250 m^3/h$

进水 BOD_5　$S_0=200mg/L$　　　　出水 BOD_5　$S_e=15mg/L$

进水 NH_3-N$=15mg/L$　　　　　　出水 NH_3-N$=3mg/L$

污泥负荷 $N_s=0.109kgBOD_5/$（kgVSS·d）

污泥浓度 MLSS$=5500mg/L$

污泥 $f=0.6$，MLVSS$=3300mg/L$。

② 池体设计计算　氧化沟所需总容积 V

$$V=\frac{QSr}{XVN_s}=\frac{150000×0.185}{3.3×0.109}=77148（m^3）$$

共设氧化沟四组，每组容积为 $V_i=V/n=77148/4=19287（m^3）$

氧化沟设计有效水深为 $H_1=4.0m$，则每组氧化沟平面面积为 $A_i=\frac{V_i}{H_1}=\frac{19287}{4.0}=4822（m^2）$。

设计每组氧化沟有 6 条沟，每沟断面尺寸为 $B×H_1=7.0m×4.0m$。

氧化沟直线段长 $L_1=105.3m$，圆弧段长度的 $L_2=7.175m$。

氧化沟实际平面面积为

$$A_i=3(105.3×14.0+7.2^2 π)-4\left(7.2×14.3-\frac{π}{2}×7.2^2\right)$$

$$=4828(m^2)$$

实际容积为

$$V_i=A_i'H_1=4828×4.0=19312（m^3）$$

③ 出水　每组氧化沟设出水槽一座，其中安装出水堰门来调节氧化沟内水位和排水量。每沟设出水堰两扇，启闭机 2 台。

钢制堰门规格为 $B×H=1.6m×0.8m$。

出水槽平面尺寸 $L×B=4.8m×1.2m$。

④ 曝气机设计选型

a. 需氧量计算

碳化需氧量为 O_1

$$O_1=a'QSr=0.5×15×10^4×0.185$$

$$=1.39×10^4（kgO_2/d）$$

硝化需氧量为 O_2

$$O_2=4.6QNr=4.6×15×10^4×(25-5)×10^{-3}$$

$$=1.38 \times 10^4 \quad (\text{kgO}_2/\text{d})$$

污泥自身氧化需氧量为 O_3

$$O_3 = b'XvV = 0.15 \times 3.3 \times 19312 \times 4$$
$$= 3.8 \times 10^4 \quad (\text{kgO}_2/\text{d})$$

合计实际需氧量为

$$R = O_1 + O_2 + O_3 = 6.57 \times 10^4 \quad (\text{kgO}_2/\text{d})$$

标准需氧量为 R_0

$$R_0 = \frac{RCs(20)}{\alpha[\beta \cdot \rho \cdot C_{sb(T)} - C] \times 1.024^{T-20}}$$

$$= \frac{10^4 \times 5.2 \times 9.17}{0.90(1 \times 0.95 \times 8.88 - 2.0) \times 1.024^{25-20}}$$

$$= 9.60 \times 10^4 \quad (\text{kgO}_2/\text{d})$$

$$= 4.00 \times 10^3 \quad (\text{kgO}_2/\text{h})$$

b. 曝气机数量　选用 DY325 倒伞型表面曝气机，单台每小时最大充氧能力 $125\text{kgO}_2/\text{h}$。曝气机所需数量为 n，则

$$n = \frac{R_0}{125} = \frac{4000}{125} = 32 \quad (\text{台})$$

每组氧化沟曝气机数量 n_1 为

$$n_1 = n/4 = 32/4 = 8, \text{ 取 } n_1 = 8$$

因反硝化供氧未考虑备用，每组共设 8 台曝气机，其中一半即 4 台为变频调速。

⑤ 剩余污泥计算

a. 剩余污泥包括生物增殖量和进水携带的惰性污泥，氧化沟污泥生物净产量为 ΔX_1，则

$$\Delta X_1 = yQSr - K_d XvV = 0.70 \times 15 \times 10^4 \times 0.185 - 0.05 \times 3.3 \times 4 \times 19312$$
$$= 6679 \quad (\text{kgVSS}/\text{d})$$

氧化沟每日排出的污泥为 W，$W = \Delta X_1 + \Delta X_2 = 6679 + 9150 = 15829 \quad (\text{kgSS}/\text{d})$
$$= 660 \quad (\text{kgSS}/\text{h})$$

折算为含水率 $P = 99.0\%$ 的湿污泥量 Q_w

$$Q_w = 1848\text{m}^3/\text{d} = 77.0\text{m}^3/\text{h}$$

b. 惰性污泥量

$$\Delta X_2 = \frac{15 \times 10^4 \times (270 \times 0.6 \times 0.5 - 20)}{1000}$$
$$= 9150 \quad (\text{kgSS}/\text{d})$$

⑥ 设计校核　氧化沟水力停留时间 T 为

$$T = \frac{4 \times 19312}{150000} \times 24$$
$$= 12.4 \quad (\text{h})$$

实际污泥负荷 N_s

$$N_s = \frac{QSr}{XvV} = \frac{150000 \times 0.185}{3.3 \times 4 \times 19312}$$
$$= 0.109 \quad (\text{kgBOD}_5/\text{kgVSS} \cdot \text{d})$$

污泥龄 θ

$$\theta = \frac{XvV}{\Delta X} = \frac{3.3 \times 4 \times 19312}{9285}$$

$$= 27.5 \ (d) > 20d$$

氧化沟工艺设计计算图见 8-4。

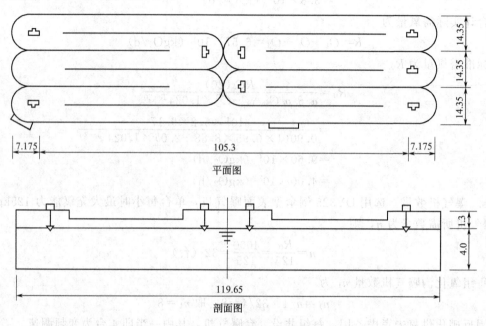

图 8-4 氧化沟工艺计算图（单位：m）

（8）二沉池

① 设计说明　对于大规模的城市污水处理厂，一般在设计沉淀池时，选用平流式和辐流式沉淀池。为了使沉淀池内水流更稳（如避免横向错流、异重流对沉淀的影响、出水束流等）、进出水配水更均匀、存排泥更方便，常采用圆形辐流式二沉池。

向心式辐流沉淀池，采用周边进水、周边出水，多年来的实际和理论分析，认为此种形式的辐流式沉淀池，容积利用系数比普通沉淀池高 17.4%，出水水质也能提高 20.0%～24.2%（以出水 SS 和 BOD_5 指标衡量）。

该污水厂设计采用周边进水、周边出水辐流式沉淀池。

设计流量 $Q = 15.0 \times 10^4 \text{m}^3/\text{d} = 6250 \text{m}^3/\text{h}$

表面负荷 $q = 1.0 \text{m}^3/ \ (\text{m}^2 \cdot \text{h})$

固体负荷 $q_s = 200 \sim 250 \text{kgSS}/ \ (\text{m}^2 \cdot \text{d})$

水力停留时间 $T = 2.0\text{h}$

设计污泥回流比 $R = 50\% \sim 100\%$

② 池体设计计算

a. 沉淀池表面面积 A

$$A = \frac{Q}{q} = \frac{6250}{1.0} = 6250 \ (\text{m}^2)$$

设共建四座二沉池，每座氧化沟对应一座二沉池，每座二沉池表面积 A_i 为

$$A_i = A/4 = 1562.5 \ (\text{m}^2)$$

二沉池直径 D

$$D=\sqrt{\frac{4A_i}{\pi}}=\sqrt{\frac{4\times1562.5}{\pi}}=44.6 \text{ (m)}$$

选取 $D=45.0\text{m}$。

实际表面积 $A=6358.5\text{m}^2$。

b. 池体有效水深 H_1　二沉池有效水深为

$$H_1=qT=1.0\times2.0=2.0 \text{ (m)}$$

c. 存泥区所需容积 V_w

氧化沟中混合液污泥浓度 $X=5500\text{mg/L}$，设计污泥回流比采用 $R=70\%$，则回流污泥浓度为 $X_\text{r}=13357.0\text{mg/L}$。

为保证污泥回流的浓度，污泥在二沉池的存泥时间不宜小于 2.0h，即 $T_\text{w}=2.0\text{h}$。

二沉池污泥区所需存泥容积 V_w 为

$$V_\text{w}=\frac{2T_\text{w}(1+R)QX}{X+X_\text{r}}=\frac{2\times2\times(1+0.70)\times6250\times5500}{5500+13357.0}$$
$$=12396 \text{ (m}^3\text{)}$$

d. 存泥区高度 H_2　每座二沉池存泥区容积 V_{w_1}

$$V_{\text{w}_1}=\frac{V_\text{w}}{4}=3099 \text{ (m}^3\text{)}$$

则存泥区高度 H_2 为

$$H_2=V_{\text{w}_1}/A_i=3099/1562.5=1.98 \text{ (m)}$$

e. 二沉池总高度 H　取二沉池缓冲层高度 $H_3=0.4\text{m}$，二沉池超高为 $H_4=0.5\text{m}$，则二沉池池边总高度 H 为

$$H=H_1+H_2+H_3+H_4=4.88 \text{ (m)}，设计取 H=5.0 \text{ (m)}$$

设计二沉池池底坡度 $i=0.01$，则池底坡降为 $H_5=\dfrac{D-2.5}{2}\times0.01=0.22 \text{ (m)}$，池中心总深度为

$$\sum H=H+H_5=5.10\text{m}$$

池中心污泥斗深度为 $H_6=0.98\text{m}$，则二沉池总深度 H_7 为

$$H_7=\sum H+H_6=6.08\text{m}$$

f. 校核径深比　二沉池直径与水深之比为

$$D/(H_1+H_3)=45/2.4=18.75$$

二沉池直径与池边总水深之比为

$$D/(H_1+H_2+H_3)=45/4.38=10.27$$

符合要求。二沉池设计计算见图 8-5。

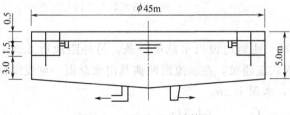

图 8-5　二沉池工艺计算图

③ 二沉池固体负荷 G 二沉池固体负荷 G 按下式计算

$$G=\frac{(1+R)QX}{A}$$

当 $R=0.5$、0.7 时，G 分别为

$$G_1=\frac{1.5\times15\times10^4\times5.5}{6250}=180\ [\text{kgSS/(m}^2\cdot\text{d})]$$

$$G_2=\frac{1.7\times15\times10^4\times5.5}{6250}=224\ [\text{kgSS/(m}^2\cdot\text{d})]$$

介于 $G=200\sim250\text{kgSS/ (m}^2\cdot\text{d})$ 之间，符合要求。

④ 进水配水槽设计计算 采用环形平底配水槽，等距设布水孔，孔径 $\phi100\text{mm}$，并加 $\phi100\text{mm}\times L150\text{mm}$ 短管。配水槽底配水区设挡水裙板，高 0.8m。

配水槽配水流量

$$Q=(1+R)Q_h=1.70\times6250=10625\ (\text{m}^3/\text{h})$$
$$=2.96\ (\text{m}^3/\text{s})$$

设配水槽宽 1.0m，水深 1.2m，则配水槽流速为

$$u_1=\frac{3.0}{1.2\times1.0\times4}=0.62\ (\text{m/s})$$

设 $\phi100$ 配水孔孔距为 $S=1.10\text{m}$，

则配水孔数量为

$$n=\frac{(D-1)\ \pi}{S}=\frac{(45.0-1.0)\pi}{1.10}=125.7\ (\text{条})$$

取 $n=125$ 个，则实际 $S=1.11\text{m}$。

配水孔眼流速为 u_2

$$u_2=\frac{Q}{4n\times\frac{\pi}{4}\times d^2}=\frac{2.96}{4\times125\times\frac{\pi}{4}\times0.1^2}=0.75\ (\text{m/s})$$

槽底环形配水区平均流速 u_3

$$u_3=\frac{Q}{nLB}=\frac{Q}{n(D-1.0)\pi B}=\frac{2.96}{4.0\times(45.0-1.0)\pi\times1.0}$$
$$=0.0051\ (\text{m/s})$$

环形配水平均速度梯度 G

$$G=\left(\frac{u_2^2-u_3^2}{2t\mu}\right)^{1/2}=\left(\frac{0.762-0.0052}{2\times600\times1.06\times10^{-6}}\right)^{1/2}$$
$$=21.0\text{s}^{-1}且<30\text{s}^{-1}$$
$$GT=21.0\times600$$
$$=1.26\times10^4<10^5$$

符合要求。

⑤ 出水渠设计计算 池周边设出水总渠一条，另外距池边 2.5m 处设溢流渠一条，溢流渠与出水总渠设辐射式流通渠，在溢流渠两侧及出水总渠一侧设溢流堰板。

出水总渠宽 1.0m，水深 1.2m。

出水总渠流速 $v_1=\frac{Q}{4\times h\times b}=\frac{1.74}{4.0\times1.2}=0.36\ (\text{m/s})$

出水堰溢流负荷 $q=2.0\ \text{L/}\ (\text{m}\cdot\text{s})$

则溢流堰总长为 L

$$L=\frac{Q}{q}=\frac{1.74\times1000}{2.0}=868\ (\text{m})$$

每池溢流堰长度需要

$$L_i=\frac{L}{4}=217.0\ (\text{m})$$

出水总渠及溢流渠上三条溢流堰板总长为

$$(45.0-4.0)\pi+2\times(45.0-2.5\times2)\pi=380.1(\text{m})$$

每堰口长 150mm，共设 2500 个堰口，单块堰板长 3.0m，共 125 块。

每堰堰口流量为 Q_i

$$Q_i=\frac{Q}{4\times n}=\frac{1.74}{4\times2500}=1.74\times10^{-4}\ (\text{m}^3/\text{s})$$

每堰上水头 h

$$h=\left(\frac{Q_i}{1.4}\right)^{0.4}=\left(\frac{1.74\times10^{-4}}{1.4}\right)^{0.4}=0.027\ (\text{m})$$

实际堰上水深介于 0.027～0.043m 之间。

⑥ 排泥方式与装置　为降低池底坡度和池总深，拟采用机械排泥，刮泥机将污泥送至池中心，再由管道排出池外。

本二沉池选用 DXZ—45 刮泥机，该机中心传动，周边线速度 3.5r/min，电动机功率为 0.75kW。

该机直径（公称）45.0m，配有刮泥板、吸泥管、浮渣漏斗及撇渣机构。

由于该机下部两侧分别装有刮泥板和吸泥管，可将活性较差的惰性污泥单独排出。

由于吸泥管设于池底，直接从池底中心回流污泥，且为中心传动，其质量和功率分别为多管式周边传动吸泥机的 60% 和 25%。

同时，该刮泥机具有回流污泥量易于控制（根据需要调节套筒阀高度来完成），吸泥管、刮砂板与池底的间隙便于调节等特点。

(9) 回流污泥泵房

① 设计说明　二沉池活性污泥由吸泥管吸入，由池中心落泥管及排泥管排入池外套筒阀井中，然后由管道输送至回流污泥泵站。其他污泥由刮泥板刮入污泥斗中，再由排泥管排入剩余污泥泵站集泥井中。

设计回流污泥量为 $Q_R=3125～4688\text{m}^3/\text{h}$。

污泥回流比 $R=50\%～75\%$。

② 回流污泥泵设计选型

a. 扬程　二沉池水面对相地面标高为 +0.50m，套筒阀井泥面相对高程为 0.1～0.2m，回流污泥泵房泥面相对标高为 −(0.2～0.3)m。

氧化沟水面相对标高为 1.0m，配水井最大水面标高为 +(1.3～1.5)m。

污泥回流泵所需提升高度为 1.8m。

b. 流量　两组氧化沟设一座回流污泥泵房，每泵房回流污泥量为 1563～3125m^3/h。

c. 选泵　选用 LXB—1500 螺旋泵 4 台，每站两台，单台提升能力 2100～2300m^3/h，提升高度为 2.0～2.5m，电动机转数 42r/min，电动机功率 $N=30\text{kW}$。

回流污泥泵房一组占地面积为 (15.0×7.7) m²。

(10) 接触消毒池与加氯时间

① 设计说明 因为纳污河段水质标准为《地面水环境质量标准》（GB 3838—88）中"Ⅳ"标准，故需经消毒处理出水才能排放。

设计流量 $Q=15 \times 10^4$ m³/d $=6250$ m³/h；水力停留时间 $T=0.5$ h；设计投氯量为 $C=3.0 \sim 5.0$ mg/L

② 设计计算

a. 设置消毒池（接触式）一座

池体容积 $V=QT=3125$ m³

消毒池池长 $L=38$ m，每格池宽 $b=7.0$ m，长宽比 $L/b=5.4$

接触消毒池总宽 $B=nb=3 \times b=21.0$ m

消毒池有效水深设计为 $H_1=4.0$ m

实际消毒池容积 V' 为

$$V'=BLH_1=nbLH_1=3 \times 7.0 \times 38.0 \times 4.0$$
$$=3192.0 \ (\text{m}^3)$$

满足有效停留时间的要求。

b. 加氯量计算 设计最大投氯量为 $\rho_{max}=5.0$ mg/L；每日投氯量为 $W=\rho_{max}Q=5.0 \times 150000 \times 10^{-3}=750 \ (\text{kg/d})=31.3 \ (\text{kg/h})$。

选用贮氯量为 1000kg 的液氯钢瓶，每日加氯量为 3/4 瓶，共贮用 12 瓶。每日加氯机两台，单台投氯量为 $15 \sim 25$ kg/h。

配置注水泵两台，一用一备，要求注水量 $Q3 \sim 6$ m³/h，扬程不小于 20 mH₂O。

③ 混合装置 在接触消毒池第一格和第二格起端设置混合搅拌机 2 台（立式）。混合搅拌机动率 N_0 为

$$N_0=\frac{\mu QTG^2}{10^2}$$

式中 QT ——混合池容，m³；

μ ——水力黏度，20℃时 $\mu=1.06 \times 10^{-4}$ kg·s/m²；

G ——搅拌速度梯度，对于机械混合 $G=500$ s⁻¹。

$$N_0=\frac{1.06 \times 1.74 \times 30 \times 500^2}{3 \times 5 \times 102}=0.91 \ (\text{kW})$$

实际选用 JBK—2200 框式调速搅拌机，搅拌机直径 $\phi2200$ mm，高度 $H2000$ mm，电动机功率为 4.0 kW。

接触消毒池设计为纵向折流反应池。在第一格，每隔 7.6m 设纵向垂直折流板，第二格每隔 12.67m 设垂直折流板，第三格不设。

接触消毒池计算见图 8-6。

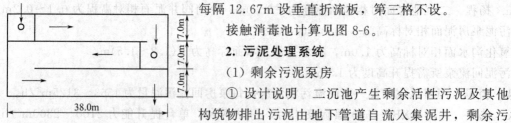

图 8-6 接触消毒池工艺计算图

2. 污泥处理系统

(1) 剩余污泥泵房

① 设计说明 二沉池产生剩余活性污泥及其他处理构筑物排出污泥由地下管道自流入集泥井，剩余污泥泵（采用地下式）将其提升至污泥处理系统。

每两座二沉池设置剩余污泥泵房一座。

污水处理系统每日排出污泥干重为 18.4t/d，按含水率 99.0% 计，污泥流量为

$$Q_w = 1848 m^3/d = 77 m^3/h$$

② 设计选型

a. 污泥泵扬程　辐流式浓缩池最高泥位（相对标高）为 3.5m，剩余污泥集泥池最低泥位为 -2.0m，则污泥泵静扬程为 $H_0 = 5.5 m H_2O$。

污泥输送管道压力损失为 6.0mH_2O，自由水头为 1.5mH_2O，则污泥泵所需扬程 H 为

$$H = H_0 + 6.0 + 1.5 = 13.0 m H_2O$$

b. 污泥泵选型　污泥泵选用两台，共四台，两用两备。

单泵流量 $Q \geqslant Q_w = 38.5 m^3/h$

选用 2PN 污泥泵，$Q40 m^3/h$，$H21 m H_2O$，$N11kW$。

③ 剩余污泥泵房　占地面积 $L \times B = (6.0 \times 5.0) m^2$。

集泥井占地面积 $\frac{1}{2}\phi 5.0 m \times H 5.0 m$。

(2) 污泥浓缩池

① 设计说明　剩余污泥泵房将污泥送至浓缩池，污泥含水率 $P_1 = 99.0\%$。

污泥流量 $Q_w = 1848 m^3/d = 77 m^3/h$

$$W = 18.4 t/d = 767 kg/h$$

设计浓缩后含水率 $P_2 = 96\%$。

设计固体负荷 $q = 2.0 kgSS/(m^2 \cdot h)$。

② 浓缩池池体计算　浓缩池所需表面面积 A

$$A = \frac{QC}{q} = \frac{W}{q} = \frac{767}{2.0} = 383 \ (m^2)$$

浓缩池设两座，每座面积

$$A_i = \frac{A}{n} = \frac{383}{2} = 192 \ (m^2)$$

浓缩池直径 $D = \sqrt{\frac{4A_i}{\pi}} = 15.6 \ (m)$

为保证有效表面积和容积，并与刮泥机配套，选 $D = 16.0m$。

水力负荷 u

$$u = \frac{Q_w}{A_i} = \frac{67}{2 \times \pi \times 8.0^2}$$
$$= 0.17 \ [m^3/(m^2 \cdot h)]$$

水力停留时间 $T \geqslant 12.0h$，

则有效水深 H_1 为

$$H_1 = uT = 0.17 \times 12.0 = 2.0 \ (m)$$

③ 排泥量与存泥容积　浓缩后排出含水率 $P_2 = 96\%$ 的污泥 $Q_w = 19.1 m^3/h = 458 m^3/d$。

每池为 $Q_w = 9.57 m^3/h$，设计污泥层（存泥区）厚度为 1.32m，池底坡度为 0.02，坡降

为 0.13m，则存泥区容积为：

$$V_w = \frac{H}{3}(S_1^2 + S_2^2 + \sqrt{S_1 S_2}) = \frac{1.45}{3}(8^2 + 1.25^2 + 1.25 \times 8) \times \pi = 114.7 \ (m^3)$$

存泥时间 $T = \frac{V_w}{Q_w} = \frac{114.7}{9.57} = 12.0$ （h）

④ 浓缩池总深度 H　有效水深 $H_1 = 2.0m$；缓冲层高度 $H_2 = 1.18m$；存泥区高度 $H_3 = 1.32m$；池体超高 $H_4 = 0.5m$；池底坡降 $H_5 = 0.13m$；则浓缩池总深度为

$$H = H_1 + H_2 + H_3 + H_4 + H_5 = 5.13 \ (m)$$

另外，池中心排泥积泥斗高为 $H_6 = 1.4m$。

⑤ 进泥中心管　进泥管 $DN150mm$；中心进泥筒 $\phi500mm$；反射板 $\phi900mm$。

⑥ 出水渠与堰板　排水量 $Q = 77m^3/h - 19m^3/h = 58m^3/h$，出水渠流量为 $\frac{1}{2} \times 58m^3/h = 8.1 \times 10^{-3} m^3/s$；出水渠宽 $b = 0.9q^{0.4} = 0.9(8.1 \times 10^{-3})^{0.4} = 0.15m$，取 $b = 0.30m$；出水渠中流速为 0.3m/s，出水渠中深为

$$h = q/bv = 9.5 \times 10^{-3}/0.3 \times 0.3 = 0.09 \ (m)$$

出水渠断面设计为 $h \times b = (0.3 \times 0.3) \ m^2$。

设计出水溢流堰上水头为 $H = 0.030m$，则每堰流量为

$$q = 1.4h^{2.5} = 2.18 \times 10^{-4} \ (m^3/s)$$

所需堰口数量为 $n = \frac{8.1 \times 10^{-3}}{2.18 \times 10^{-4}} = 36.7$ （个）

取 $n = 36$ 个。

共配 24 块堰板，每块长度 2.00m。每块堰板设堰 2 个，堰口 180mm，堰上水宽 0.060m。堰上负荷为 $\frac{9.5}{0.06 \times 48} = 3.2L/(m \cdot s)$，溢流负荷偏高。建议每块堰板设堰口 4 个，共计 96 个堰。

⑦ 污泥浓缩机　为了促进投药后污泥絮凝聚集，又起到刮泥利用，选用 NG—16 型中心传动浓缩机，周边线速度 2.3r/min，电动机功率 1.5kW。

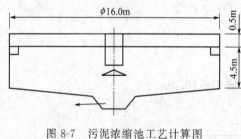

图 8-7　污泥浓缩池工艺计算图

⑧ 浮渣挡板与浮渣井　为了防止浮渣随水流失，设浮渣挡板一圈，与出水堰板相距 0.20m，浮渣挡板总长为 $L = (16 - 0.20 \times 2 - 0.30 \times 2)\pi = 47.1 \ (m)$

浮渣斗一个，浮渣井（池外）一座，渣水分离后，水入溢流管系，渣人工撇除。

污泥浓缩池计算见图 8-7。

（3）浓缩污泥贮池

浓缩池排出含水率 $P = 96.0\%$ 的污泥 $458m^3/d$。

贮泥池贮泥时间 $T = 1.0d$

设计贮泥池为 $L \times B \times H = 15.0m \times 7.0m \times 5.0m$。

贮泥分为两格，则贮泥池有效容积为

$$V = 15.0 \times 7.0 \times 4.5 = 472.5 \ (m^3)$$

满足要求。

贮泥池设置超声波液位计。距池底 0.5m 之外安装潜水搅拌机 QBG075 两台（每格一台），单机直径 1500mm，电动机功率为 7.5kW。进泥管、出泥管均为 $DN300mm$ 焊接钢管。溢流管为 $DN200mm$ 焊接钢管。

（4）浓缩污泥提升泵房

① 污泥提升泵

流量 $Q=458m^3/d=19.1m^3/h$

扬程 $H=4.0-(-1.5)+6.0+1.5=13.0m$

选用 2PN 污泥泵两台，一用一备，单台 $Q40m^3/h$，$H21.0mH_2O$，$N11kW$。

② 泵房　平面尺寸 $L×B=(6.0×5.0)m^2$

（5）污泥脱水间

进泥量 $Q_w=458m^3/d$，$P_1=96.0\%$。

湿泥量 $=90.0t/d$，$P_2=80.0\%$。

泥饼干重 $=18.0t/d$。

选用 DY-3000 带式脱水机，带宽 3m，对城市污水厂混合泥或氧化沟污泥，投加聚丙烯酰胺 2.0‰时，处理能力为 600kg（干）/h，选用 4 台，每日工作时间约为一班。

每台脱水机冲洗用水量 35m³/h；单台系统总功率 $N=36.9kW$；脱水间平面尺寸 $L×B=(30.0×18.0)m^2$

（6）污泥棚

每天堆放泥饼量 $W=90.0t$，约需占地面积为 112.5m²，堆泥棚占地面积设计值为 $L×B=(18.0×8.0)m^2$

配螺旋输送机 3 台，机器长度 $L=6.0m$，最大倾角 30°，电动机功率 $N=4kW$。

四、污水处理厂总体布置

1. 总平面布置

（1）总平面布置原则

本项目新建的城市污水处理厂，根据该城市地势走向、排水系统现状及城市总体规划，选择在该市南外环路排水总干管末端、清水河西侧建厂，该位置对于接纳污水进厂、处理出水排放十分方便。

该污水处理厂为新建工程，总平面布置包括：污水与污泥处理工艺构筑物及设施的总平面布置，各种管线、管道及渠道的平面布置，各种辅助建筑物与设施的平面布置。总图平面布置时应遵从以下几条原则。

① 处理构筑物与设施的布置应顺应流程、集中紧凑，以便于节约用地和运行管理。

② 工艺构筑物（或设施）与不同功能的辅助建筑物应按功能的差异，分别相对独立布置，并协调好与环境条件的关系（如地形走势、污水出口方向、风向、周围的重要或敏感建筑物等）。

③ 构（建）之间的间距应满足交通、管道（渠）敷设、施工和运行管理等方面的要求；

④ 管道（线）与渠道的平面布置，应与其高程布置相协调，应顺应污水处理厂各种介质输送的要求，尽量避免多次提升和迂回曲折，便于节能降耗和运行维护。

⑤ 协调好辅建筑物、道路、绿化与处理构（建）筑物的关系，做到方便生产运行，保证安全畅通，美化厂区环境。

（2）总平面布置结果

污水厂北临南外环路，污水由南外环路排水总干管截流进入，经处理后由该排水总干管和泵站排入清水河。

污水处理厂呈长方形，东西长305m，南北长237m。综合楼、控制楼、职工宿舍及其他主要辅助建筑位于厂区西北，正门在西北角面对南环路，占地较大的水处理构筑物在厂区中部，沿流程自西向东排开。污泥处理系统及出水消毒设施位于厂区东端。为了改善办公及生活区环境，在厂东北角另设一大门，以便污泥及沉砂外运。

厂区地势低洼，为解决厂区排涝与土方平衡问题，除就近处理一部分弃土外，厂内地面普通填高0.3～0.5m，使地面达到64.8～65.0m高程。

厂区主干道宽6m，两侧构（建）筑物间距不小于15m，次干道宽4m，两侧构（建）筑物间距不小于10m。

氧化沟法工艺方案总平面布置参见附图1。

厂区土地使用情况见表8-10。

表 8-10　厂区用地一览表

序号	项　　目	占地面积/m²	占地比例/%	序号	项　　目	占地面积/m²	占地比例/%
1	构（建）筑物	35521	49.1	3	绿化用地	29035	40.2
2	道路及铺装地面	7716	10.7	4	总占地面积	72272	100.0

2. 高程布置

（1）高程布置原则

① 充分利用地形地势及城市排水系统，使污水经一次提升便能顺利自流通过污水处理构筑物，排出厂外。

② 协调好高程布置与平面布置的关系，做到既减少占地，又利于污水、污泥输送，并有利于减少工程投资和运行成本。

③ 做好污水高程布置与污泥高程布置的配合，尽量同时减少两者的提升次数和高度。

④ 协调好污水处理厂总体高程布置与单体竖向设计，既便于正常排放，又有利于检修排空。

（2）高程布置结果

由于该市污水处理厂出水排入市政排水总干管后，经终点泵站提升才排入清水河，故污水处理厂高程布置由自身因素决定。

采用推荐的氧化沟方案，二沉池、氧化沟占地面积很大，如果埋深设计过大，一方面不利于施工，也不利于土方平衡，故应尽量减少埋深。从降低土建工程投资考虑，接触消毒池水面相对高程定为±0.00m，则相应二沉池、氧化沟、曝气沉砂池水面相对标高分别为0.50m、1.00m、1.60m。这样布置亦利于排泥及排空检修。

氧化沟法方案高程布置参见附图2。

五、土建与公用工程

1. 土建工程

厂区地层结构简单，岩土性质均一，基本为亚黏土或轻亚黏土，无不良地质现象。0～8m范围地耐力为0.12MPa；8m以下为0.18MPa。工程地质条件可以满足各种构（建）筑物的要求，不必对地基进行特殊处理。

除砂水分离器以外，所有构筑物均为钢筋混凝土结构，提高了二沉池防渗能力，也节省了投资。

所有附属建筑均采用砖混结构，包括综合楼、控制楼、机修间、车库、锅炉房与食堂、堆物棚、污泥棚、提砂泵房、鼓风机房、加氯间、传达室、职工宿舍，合计总建筑面积为 6300m²。

另外，有污泥脱水间采用框架结构，建筑面积为 540.0m²。剩余污泥泵房和浓缩污泥泵房地下为钢筋混凝土结构，地上为砖混结构，共计建筑面积为 60.0m²。

2. 公用工程

（1）供电

污水处理厂污水与污泥处理系统合计用电负荷为 2080kW，其中最大使用容量为 1700kW，按该市供电现状及发展，污水处理厂供电拟采用高压 10kV 双回路，两路输电距离均为 1.5km。厂内设变配电站一座，内设两台低能耗变压器，及无功功率自动补偿器。厂内各工号用电均接自变配电站低压配电室内，采用 380/220V 三相四线制供电。

（2）自动监测与控制

本工程拟用现代微机管理控制系统，对污水处理工艺中的各环节进行自动控制、自动监测及显示，从而达到处理效果好、运行经济、减少劳动强度、节省人力和提高效益的目的。

设计方案：选用 STD 总线工业控制机作为自动控制系统的主机，另配备一套数据采集及输出控制接口硬件，并通过软件编程对各个设备进行先后有序、协调统一的监测和管理，从而建立一套完善的微机自动监测与控制系统。需要在主要工艺构筑物内设有污水及回流污泥流量、溶解氧、混合液 MLSS、温度、水位、泥位等传感器，以便对运行参数进行连续监测，并将信号传输至微机系统。中控室内设大屏幕模拟显示系统，以便对全厂工艺设备的运行状态及运行参数进行不间断的监视。中控室内设主控制台，以便对全厂工艺设备进行集中托运控制或手动/自动切换。自动控制项目见表 8-11。自动监测项目见表 8-12。

表 8-11　自动控制项目一览表

设备名称	内容	主令	一次仪表	控制设备	自控台数
曝气机	转速	DO	固定式溶氧仪	变频调速器	16
污水提升泵	开/停	水位	超声水位计	启动柜	5
格栅除污机	开/停	水位差	超声水位计	动力柜	2

（3）供水

本污水处理厂每日需供水（生活饮用水）150m³/h，其中包括 3 台带式污泥脱水机、加氯机、绿化及地面冲洗等。因近期市政自来水管网尚不能引至厂内，需申请打自配井一眼，也可将污水深度处理后回用于这一部分供水。

六、投资估算

1. 估算范围及编制依据

（1）估算范围

污水处理厂污水处理工程、污泥处理工程、其他附属建筑工程、其他公用工程等。另外包括部分厂外工程（供电线路、通讯线路、临时道路等）。

表 8-12　自动监测项目一览表

序号	监测项目	数　量	一次仪表	显示地点	打印周期/h	
					瞬时量	累计量
1	污水流量	2	电磁流量计	大屏幕	2	24
2	回流污泥量	2	电磁流量计	大屏幕	2	
3	剩余污泥量	2	电磁流量计	大屏幕		24
4	氧化沟溶解氧	12	固定式溶氧仪	大屏幕	2	
5	氧化沟 MLSS	4	固定式 MLSS 仪	大屏幕	2	
6	氧化沟水温	2	热电阴	大屏幕	2	
7	进水水位	1	超声波水位计	大屏幕	2	
8	贮泥池泥位	2	超声波水位计	大屏幕	2	
9	电能	1	电度表	微机屏幕		24

（2）编制依据

① 本工程依据《×省市政工程费用定额》的标准，及《×省市政工程费用定额的补充规定》中给水工程费率。套用《全国市政工程预算定额×省市政工程单位估价表》中的定额基价，并对基价进行调整，调整系数为 15.34%。土方工程计取地区材料基价系数，按《×省市政工程费用定额》中土石方工程费率计算。

② 氧化沟法工艺设计方案

（3）材料价格

构筑物材料价格根据市场当时（1996 年）价格，经调查分析综合测算后确定，如钢筋（综合）2700 元/t；水泥（425♯）280 元/t；锯材 2100 元/m³；碎石 80 元/m³；中粗砂 70 元/m³。管材出厂价格按铸铁管 3300 元/t，钢管 4500 元/t。

国内设备按厂家出厂价格另加运杂费用，引进设备按到岸价另加国内运杂费用。

2. 投资估算

该市污水处理厂（15×10⁴m³/d）工程总投资为 10925.5 万元，详见表 8-13。

表 8-13　氧化沟法污水处理厂工程投资估算

序号	工程或费用名称	估算价值/万元					合计/万元
		土建工程	安装工程	设备购置	工具购置	其他费用	
一	第一部分工程费	3698.5	728.00	4188.00	114.00		8728.5
1	水处理工程	2857.1	301.00	3180.00			6338.1
（1）	格栅	17.6	7.6	43.6			68.8
（2）	污水泵房	145.3	16.5	124.6			286.4
（3）	曝气沉砂池	22.1	16.1	174.0			212.2
（4）	配水井	5.3	0.4	2.7			8.4
（5）	氧化沟	2081.2	172.8	2022.0			4276.0
（6）	二沉池	429.5	64.5	480.0			974.0

续表

序号	工程或费用名称	估算价值/万元					合计/万元
		土建工程	安装工程	设备购置	工具购置	其他费用	
(7)	回流污泥泵房	134.1	19.5	209.7			363.3
(8)	流量计井	9.3	2.3	110.0			121.6
(9)	分水闸门井	12.7	1.3	13.4			27.4
2	污泥处理工程	209.4	60.0	660.0			929.4
(1)	剩余污泥泵房	46.6	8.3	35.6			90.5
(2)	污泥浓缩池	79.5	5.3	91.9			176.7
(3)	贮泥池及泵房	26.2	8.2	61.0			95.4
(4)	污泥脱水间	49.9	36.6	459.5			546.0
(5)	污泥棚	7.2	1.6	12.0			20.8
3	控制楼	54.0	48.0	222.0			324.0
4	生产辅助建筑	166.0	22.0	12.0			200.0
5	职工宿舍	112.0	8.0				120.0
6	总平面工程	236.0	227.0	54.0			517.0
7	生产辅助设备			60.0	114.0		174.0
8	厂外配套工程	10.0	62.0				72.0
9	土方外运	54.0					54.0
二	第二部分工程费					1284.0	1284.0
三	预备费					492.0	492.0
四	小计						10504.5
五	建设期贷款利息					421.0	421.0
六	工程总投资						10925.5

七、劳动定员与运行费用

1. 劳动定员

（1）生产组织

污水处理厂隶属于市公用事业主管部门，生产受市环保部门监督。根据国家《城镇污水厂和附属设备设计标准》（CJJ 131—89），结合该市具体情况，设立如下机构及人员。

生产机构：包括生产科、技术科、动力科、机修科与化验科。

管理科室：设办公室、财务科、经营科、人保科等。

技术人员来自以下专业：环境工程（或给排水）、电气、机械、工业自动化等。

生产工人配备以下工种：运转工、机修工、电工、仪表工、泥（木）工、司机、杂工等。

（2）劳动定员

全厂劳动定员为 90 人。其中包括管理人员 30 人，生产工人 60 人。本厂生产必须连续运行，一经投产则不能停运，生产人员按"四班三运转"配备。

(3) 人员培训

为了使本厂建成后高效运行，专业技术人员和技术工人应在国内和本厂工艺类似，运行管理好的城市污水处理厂进行实践培训。

2. 运行费用

(1) 成本估算有关单价

① 电价　基本电价为 9.0 元/(kVA·月)，电表读值综合电价 0.50 元/(kW·h)。

② 工资福利每人每年　0.60 万元/(人·年)。

③ 高分子絮凝剂　1.9 万元/t。

④ 液氯　0.08 万元/t。

⑤ 混凝剂及助凝剂　0.10 万元/t。

⑥ 维修大修费率　大修提成率 2.1%；维护综合费率 1.0%。

(2) 运行成本估算

① 动力费　格栅除污机每天工作 4h 用电量为 $4 \times 2 \times 1.5 = 12.0$ (kW·h)；污水提升泵 24h 运转，用电量为 $24 \times \left(\dfrac{1.74 \times 1000 \times 4.5}{102 \times 0.80 \times 0.9} \right) = 2559$ (kW·h)；

鼓风机 24h 运行，用电量　$24 \times 2 \times 11.0 = 528$ (kW·h)；

排砂泵每天工作 1.0h，用电量　$1.0 \times 11.0 = 11.0$ (kW·h)；

曝气机 24h 运行，按 25 台满负荷运行计算其用电量　$24 \times 25 \times 55 = 33000$ (kW·h)；

吸（刮）泥机 24h 运行，用电量　$24 \times 4 \times 0.75 = 72$ (kW·h)；

回流污泥泵 24h 运行，$R = 75\%$ 时用电量　$24 \times \left(\dfrac{1.74 \times 1000 \times 2.5}{102 \times 0.80 \times 0.9} \right) \times 75\% = 1066$ (kW·h)；

剩余污泥泵 24h 运行，用电量　$24 \times 2 \times 11.0 = 528$ (kW·h)；

污泥浓缩机每天工作 24h，用电量　$24 \times 1.5 \times 2 = 72$ (kW·h)；

浓缩污泥提升泵每天运行 12h，用电量　$12 \times 11.0 \times 1 = 132$ (kW·h)；

污泥脱水机每天运行 8h，用电量　$8 \times 3 \times 36 = 864$ (kW·h)；

其他用电量与照明共计　180 kW·h；

合计每日用电量　39024 kW·h。

电表综合电价　$39024 \times 0.5 = 19512$ (元/日)

电贴折算　$(1250 \times 9 \times 1)/30 = 375$ (元/日)

即电费（19512＋375）元/日＝596610 元/月，即 59.7 万元/月，每年电费 716.4 万元/年。

② 工资福利费　全厂定 90 人，共计费用为

$$90 \times 0.6 = 54.0 \text{（万元/年）}$$

③ 药剂费用　污泥脱水聚丙烯酰胺投药量 0.2%（按干重计），则药剂费为

$$\frac{30.95 \times 36.5 \times 1.9}{1000} = 21.5 \text{（万元/年）}$$

④ 水费　按每日用水 1200m³ 计，水费为

$$1200 \times 365 \times 0.9 = 39.4 \text{ （万元/年）}$$

⑤ 运费 每天外运含水 75% 的湿泥 64t，自备汽车运输，运价 0.4 元/(t·km)，费用为

$$64 \times 10 \times 0.4 \times 365 \times 10^{-4} = 9.3 \text{ （万元/年）}$$

⑥ 维护（修理）费 维修费率按 3.1% 计，则年费用为

$$3.1\% \times 8728.5 = 270.6 \text{ （万元）}$$

⑦ 管理费

$$(716.4 + 54.0 + 21.5 + 39.4 + 9.3 + 270.6) \times 9.95\% = 110.6 \text{ （万元）}$$

⑧ 年运行成本 合计年运行费用为 1221.8 万元。则处理每立方米污水成本为 0.22 元。

第二节 某淀粉厂废水处理工艺设计实例

一、概述

某淀粉厂以玉米为原料生产淀粉，原料玉米经高温浸泡，然后破碎，再进行胚芽分离、细磨和离心分离，可以得到玉米皮浆、黄浆和淀粉乳。黄浆送至贮存沉淀池，未沉淀的黄浆作为废水排放，沉淀下来的黄浆由泵打入板框压滤机中脱水，产生黄浆水（排放）和湿黄蛋粉（作精饲料）。玉米皮浆送入卧式离心分离机，滤出物烘干得到粗渣（去做粗饲料），同时滤出液作为黄浆水排放。

这一系列淀粉及副产品生产过程中，在离心分离、沉淀、板框压滤等过程会产生大量高浓度的黄浆水，另外在浸泡、破碎、细磨等过程亦产生出大量废水。黄浆水的 COD_{Cr} 浓度高达 8000～10000mg/L，直接外排会严重污染环境。若采用厌氧发酵工艺处理，可生产出沼气，变废为宝。因排出口废水的 COD、BOD_5、SS 等指标大大超过国家的排放标准，为保护环境，该淀粉厂拟建废水处理站来处理包括黄浆水在内的生产废水。

二、设计资料

设计处理能力为日处理淀粉废水 1500m³，最大时废水约 190m³/h。

废水水质如下：pH 值 4.0～6.0，水温 22～32℃，COD_{Cr} 6800～8000mg/L，BOD_5 2700～3500mg/L，SS 1800～3000mg/L。

按该厂规划及现状，废水经地面明沟进入废水处理站，沟断面尺寸约 300mm×450mm，沟底标高（相对于地面）−0.40m。

根据环保部门要求，废水处理站投产运行后外排废水，应达到国家标准《污水综合排放标准》GB 8978 中规定的"二级现有"标准，即 $COD_{Cr} \leqslant 200$mg/L，$BOD_5 \leqslant 80$mg/L，SS $\leqslant 250$mg/L，pH 值 6.0～9.0。

地下水位多年平均 4.96m，多年平均降雨量 768mm，主导风向为东南风，多年平均气温 13.5℃，最冷月平均气温 −9.6℃，土壤最大冻土深度 36cm。

三、处理工艺方案的确定

1. 基本工艺路线的确定

据分析，在淀粉生产中，来自于玉米浸泡、剥离、离心分离、黄浆沉淀与压滤，玉米皮

浆的离心分离过程的生产废水，会有淀粉、糖类、有机酸等溶解性有机物质，含有蛋黄粉、玉米芯、玉米皮等不溶性细小颗粒有机物，另外还含有泥砂等无机物。其中主要以有机物为主，并不含有害物质，具有较好的可生化性，属高浓度可生化有机废水。对比设计进水水质（COD_{Cr} 7800mg/L，BOD_5 3200mg/L，SS2500mg/L）和处理出水水质，污染物的去除率应分别达到：COD_{Cr} 97.4%，BOD_5 97.5%，SS 90%。

由于进水水质和处理去除率均很高，应采用厌氧-好氧的处理路线，废水首先通过厌氧处理装置，大大去除进水有机负荷，获得能源——沼气，并使出水达到好氧处理可接受的浓度，再进行好氧处理后达标排放。

2. 厌氧处理工艺选择

近年来，厌氧处理技术得到很快发展，常用的先进技术有厌氧接触工艺、上流式厌氧污泥床和厌氧过滤器。

厌氧接触法属于传统厌氧消化技术的发展。它采用完全混合式消化反应器，适合于处理含悬浮固体很高的废水，预处理要求低，需要设置池内完全混合搅拌，池外还要设消化液沉淀池。其处理效率比传统厌氧消化技术有提高，但中温消化时容积负荷只有 $1.0\sim3.0$kgCOD/(m^3·d)，其水力停留时间仍然较长，要求的消化池容积大。本工程处理对象为较好生化处理的废水，为提高处理效率，节省工程投资和占地，不宜采用厌氧接触法。

上流式厌氧污泥床（UASB），属采用了滞留型厌氧生物处理技术，在底部有污泥床，依据进水与污泥的高效接触提供高的去除率，依靠顶部的三相分离器，进行气、液、固分离，能使污泥维持在污泥床内而很少流失。因而生物污泥停留时间长，处理效率高，适合于处理较易生化降解，COD_{Cr} 和 SS 浓度均较高的废水（一般要求进水 SS 不大于 4000mg/L）。常温条件下，对于较易生物降解有机废水，容积负荷可达 $4\sim8$kgCOD$_{Cr}$/(m^3·d)。

厌氧过滤器采用附着型厌氧生物处理技术，在反应器内充填一部分填料，使生物污泥附着在填料上生长，不易随出水流失，且填料对于改善水流均匀性有益，并起到一定过滤截留作用。但反应器内填料易发生堵塞现象，因此不适合处理有机物浓度过高的废水，且要求进水 SS 浓度应较低，一般要求 SS<200mg/L。尽管厌氧过滤器抗冲击负荷能力大，处理效率亦高，但不适合本工程进水水质（SS 浓度较高）。

综合以上分析，结合类似工程资料，本工程废水厌氧处理装置采用 UASB。

3. 好氧处理工艺选择

有机废水经厌氧处理，出水的 BOD_5/COD_{Cr} 会降低，出水可生化性较原污水差。采用一般好氧生物处理方法（活性污泥法和生物膜法），处理厌氧处理出水，其 COD_{Cr} 去除率约只有 60%，而处理同等浓度的原有机废水，COD_{Cr} 可达 80%。尽管采用生物膜法处理效果可能会稍好，但难以适应 BOD_5 大于 250mg/L 的来水。近年来开发了一些处理此类废水（进水浓度较高，可生化性较差，不易生化降解）的工艺技术，如 A-B 法活性污泥工艺、氧化沟活性污泥法、SBR 法等。这些方法均能对不易生化降解有机废水或厌氧处理出水有较好的处理效果。

以上三种方法中，SBR 法具有特别显著的特点：首先由于采用间歇运行，运行周期每一阶段有适应基质特征的优势菌群存在；污泥不断内循环，排泥量少，生物固体平均停留时间长；沉淀和排水时水流处于静止状态，故处理效果优于一般活性污泥法。其次由于进水、曝气、沉淀、排水等工序在一个池内进行，省去了沉淀池和污泥回流设施，故而其工程投资和占地面积均小于一般活性污泥法。

综合以上分析，本工程好氧处理采用 SBR 法工艺。

4. 淀粉废水处理工艺流程

该淀粉厂生产废水处理工艺流程如图 8-8 所示。

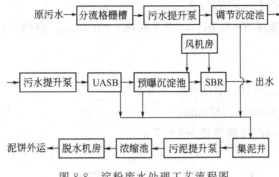

图 8-8　淀粉废水处理工艺流程图

对该处理工艺流程作以下说明。

① 废水通过格栅截留大颗粒有机物和漂浮物，由于截污量较小，采用人工清渣方式。雨季或生产不正常时排出雨水或事故废水，通过分流格栅槽中溢流口闸板控制。

② 一次污水提升泵，设置集水井，污水泵设置于地面上露天放置（考虑环境气温不低于−3℃），污水泵配套引水筒。

③ 调节沉淀池在调节水量的同时，去除一部分格栅无法截留的悬浮颗粒有机物，如玉米碎粒、玉米皮、泥砂等。该池采用半地下式结构，便于沉淀物的排除。

④ 二次污水提升泵，泵房为地下式泵房，自灌启动，直接从调节池吸水，泵房出水干管上设置流量计。为保证 UASB 运行所需水温，在污水泵吸水井中设置蒸汽管，直接加热污水，并在水泵出水总管上设置水温自控装置，冬季污水温度（约 16℃）偏低时，通过加热维持在 24~26℃左右。

⑤ UASB 为主要的生化处理装置，全钢结构，地上式，考虑保温。沼气部分，设计水封罐、气水分离器。

⑥ 预曝沉淀池，要改变厌氧出水的溶解氧含量，沉淀去除 UASB 出水带来的悬浮污泥。该池为地上式，钢筋混凝土结构。

⑦ SBR 池为半地下式，钢筋混凝土结构，运行中采用自动控制。处理出水排入市政污水管。

⑧ 淀粉废水各级处理效果如下：调节沉淀池进水 COD_{Cr} 8000mg/L，BOD_5 3200mg/L，SS2500mg/L，去除率分别为 COD_{Cr} 25%、BOD_5 10%、SS40%，出水水质分别为6000mg/L、2880mg/L、1500mg/L。UASB 的去除率分别为 COD_{Cr} 87.5%、BOD_5 90.0%、SS70.0%，出水水质分别为 750mg/L、450mg/L、288mg/L。预曝沉淀池去除率为 COD_{Cr} 20.0%、BOD_5 10.0%、SS40.0%，出水水质分别为 600mg/L、260mg/L、270mg/L。SBR的出水水质为 COD_{Cr} 180mg/L、BOD_5 52mg/L、SS81mg/L，去除率分别为 COD_{Cr} 70.0%、BOD_5 80.0%、SS70.0%。

四、处理工艺构筑物设计

1. 分流格栅槽的设计

（1）格栅的设计

① 设计说明　　格栅主要是拦截废水中的较大颗粒和漂浮物，以确保后续处理的顺利进行。

该厂处理站仅处理生产废水，尽管 SS 含量不低，但较大漂浮物及较大颗粒少，格栅拦截的污染物不多，故选用人工清渣方式。

栅条选圆钢，栅条宽度 $S=0.01\text{m}$，栅条间隙 $e=0.02\text{m}$。格栅安装倾角 $\alpha=60°$，便于除渣操作。

② 设计计算

最大设计污水量 $Q_{max}=190\text{m}^3/\text{h}=0.053\text{m}^3/\text{s}$

污水沟断面尺寸为 $300\text{mm}\times450\text{mm}$

设栅前水深 $h=0.3\text{m}$，过栅流速 $v=0.7\text{m/s}$

栅条间隙数

$$n=\frac{Q_{max}\sqrt{\sin x}}{ehv}=\frac{0.053\times\sqrt{\sin 60°}}{0.02\times0.3\times0.7}=11.8，取 12。$$

校核平均流量时过栅流速为 0.23m/s，偏小。设计最大流量时过栅流速为 0.95m/s。则栅条间隙数为 $n=8.66$，取 9。

栅槽宽度

$$\beta'=S(n-1)+en=0.01\times(9-1)+0.02\times9=0.26(\text{m})$$

栅槽实取宽度 $B=0.3\text{m}$，栅条 10 根。

圆形栅条阻力系数

$$\xi=\beta\left(\frac{S}{e}\right)^{\frac{4}{3}}=1.79\times\left(\frac{0.01}{0.02}\right)^{\frac{4}{3}}=0.71$$

过栅水头损失

$$h_1=0.71\times\frac{0.9^2}{2\times9.81}\times\sin 60°\times3=29.3\text{mm}，取 30\text{mm}。$$

取 $h_1=50\text{mm}=0.05\text{m}$

栅前槽高 $H_1=h+h_2=0.3+0.15=0.45$（m）　　　（h_2 为超高）

栅后槽总高度 $H=0.45+h_1=0.5$（m）

（2）分流格栅槽布置

在原污水沟上格栅入口下侧设闸板 1#（$300\text{mm}\times500\text{mm}$），污水站正常运行时，污水由闸板截流进入污水站。污水站发生事故时，格栅前闸板（$300\text{mm}\times500\text{mm}$）关闭，1# 闸板打开，污水分流。

$$格栅槽总长度＝闸板段长度＋栅条段长度＋渣水分离筛段长度$$
$$=0.5+0.4+1.1=2.0（\text{m}）$$

2. 调节池的设计

（1）设计说明

根据生产废水排放规律，后续处理构筑物对水质水量稳定性的要求，调节池停留时间取 8.0h。调节池采用半地下式，便于利用一次提升的水头，并便于污泥重力排入集泥井，并有一定的保温作用，由于调节池内不安装工艺设备或管道，考虑土建结构可靠性高，故障少，只设一个调节池。

（2）设计计算

调节池调节周期 $T＝8.0$h

调节池有效容积 $V＝TQ_H＝8×62.5＝500$（m³）

调节池有效水深 $h＝3.5$m

调节池规格 $2m×6m×12m×3.5m$，$V_有＝504$ m³

调节池设污泥斗四个，每斗上口面积 $6m×5.6m$，下口面积 $(0.6×0.6)$ m²，泥斗倾角 $45°$，泥斗高 $2.7m$。

每个泥斗容积

$$V_i＝\frac{h}{3}(S_1+S_2+S_3+\sqrt{S_1S_2})＝\frac{2.5}{3}(6^2+0.6^2+\sqrt{6^2×0.6^2})$$

$$＝33.5m^3$$

泥斗容积共 $V＝4V_i＝130m^3$

调节池每日沉淀污泥重为 $W＝2500×40\%×1500＝1.5×10^6(g)＝1.5t$。

湿污泥体积约为 $V'＝1.5/2.5\%＝60(m^3)$（设污泥密度为 $1t/m^3$）。

泥斗可存约两天半污泥。

调节池最高水位设置为 $＋3.00m$，超高为 $0.50m$，顶标高为 $3.50m$。最低水位 $－0.50m$，池底标高 $－3.20m$。调节池出水端设吸水段。

调节池设计计算见图 8-9。

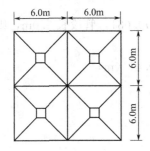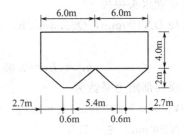

图 8-9　调节池工艺计算图

3. 一次污水泵设计计算

（1）设计说明

一次污水泵从集水井中吸水压至调节池，污水泵设置于地面上，不能自灌，设置引水筒。

（2）集水井

污水泵总提升能力按 Q_{max} 考虑，即 $Q_{max}＝190m^3/h$，选三台泵，则每台流量为 $63.3m^3/h$。

选 80WGF 污水泵三台，另备用一台，单泵提升能力 70.0 m³/h，扬程 $16.5m$，电动机功率 $5.5kW$，占地尺寸 $1100mm×500mm$。

集水井容积按最大一台泵 5min 出流量计算，则其容积为

$$\frac{5×65}{60}＝5.4（m^3）$$

集水井最高水位（与格栅槽连接）$－0.5m$，最低水位 $－2.5m$，井底 $－3.0m$，平面尺寸 $5.0m×1.5m$，安装三台 80WGF 污水泵于集水井一侧地面上，平均流量时相当于一用二备。

（3）污水泵计算

① 污水泵流量

$$Q_b = \frac{Q_{max}}{3} = 63.3 \ (m^3/h)$$

取 65 m^3/h。

② 污水泵扬程

管路水头损失计算：污水泵吸水管水头损失，不计引水筒水头损失。

管径 $DN150$，$v_1 = 0.93 m/s$，$i = 0.011$，$L = 3.0m$

沿程损失 $h_{i_1} = iL = 0.011 \times 3 = 0.033$ （m）

引水筒出水管 $h_{i_1}' = 0.026 \times 1.0 = 0.026$ （m）

计算取 $DN125$，$v_2 1.32 m/s$，$i 0.026$，$L 1.0m$

局部水头损失，各项局部阻力系数如下。

吸水管入口 $\xi_1 = 1.0$

引水筒出口 $\xi_2 = 0.20$

引水筒出水管闸阀 $\xi_3 = 0.10$

则 $h_{j_1} = (\xi_1 + \xi_2)\dfrac{v_1^2}{2g} + \dfrac{v_2^2}{2g} \cdot \xi_3 = (1.0 + 0.20)\dfrac{0.93^2}{2 \times 9.81} + 0.1 \times \dfrac{1.32^2}{2 \times 9.81}$

$$= 0.061(m)$$

污水泵出水管水头损失

出水管管径 $DN100mm$，$Q 63.3 m^3/h$，$v 2.0 m/s$，$i 0.081$，管段长 5.0m，则沿程水头损失为

$$h_{i_2} = iL_2 = 0.081 \times 5.0 = 0.41 \ (m)$$

出水管各项局部阻力系数为

异径管 $DV80mm \times 100mm$ $\xi_1 = 0.07$

止回阀 $DN100mm$ $\xi_2 = 7.5$

闸阀 $DN100mm$ $\xi_3 = 0.2$

90°弯头 $DN100mm$ $\xi_4 = 0.6$

$h_{j_2} = (\xi_1 + \xi_2 + \xi_3 + \xi_4) \times \dfrac{v^2}{2g} = (0.03 + 7.5 + 0.2 + 0.60)\dfrac{2.0^2}{2 \times 9.81}$

$$= 1.67(m)$$

污水泵管路总水头损失 $h_1 = \sum h$

$$\sum h = h_{i_1} + h_{i_1}' + h_{j_1} + h_{i_2} + h_{j_2}$$
$$= 0.033 + 0.026 + 0.061 + 0.41 + 1.67 = 2.2(m)$$

污水泵提升高度 $h_2 = 3.0 - (-2.5) = 5.5(m)$

出水管出水自由水头 $h_3 = 2.0m$

则污水泵所需扬程 H 为

$$H = h_1 + h_2 + h_3 = 2.2 + 5.5 + 2.0 = 9.7 \ (m)$$

③ 一次污水泵的启动 集水井最高水位 $-0.5m$，最低水位 $-2.5m$，中间水位 $-2.0m$ 和 $-1.0m$，通过手动和电动两种方式控制，使水位为 $-2.0m$、$-1.0m$ 时启动一台和两台污水泵，当水位为 $-2.5m$ 时，泵全部停止工作。

（4）引水筒的设计计算

引水筒引水效果好，结构简单，投资少，操作方便，不能自灌时引水筒选用为引水设备。引水筒吸水管容积为

$$V_1 = \frac{\pi}{4} d_1^2 L = \frac{\pi}{4} \times 0.15^2 \times 3.5 = 0.062 \ (\text{m}^3)$$

则引水筒容积约为

$$V = 3V_1 = 0.19 \text{m}^3$$

假定引水筒直径为 $D = 550\text{mm}$，引水筒高度为 $H = 0.9\text{m}$，其容积为 $V = 0.21\text{m}^3$。

① 引水筒容积的计算

泵启动前气体体积

$$V_1 = \frac{\pi}{4} D^2 \cdot L + \frac{\pi}{4} d_1^2 \cdot L$$

$$= \frac{\pi}{4} \times 0.55^2 \times 0.15 + \frac{\pi}{4} \times 0.15^2 \times 3$$

$$= 0.089 \ (\text{m}^3)$$

② 泵启动后气体压力计算

泵启动前引水筒内气体压力 $p_1 = $ 大气压 $= 10.3 \text{mH}_2\text{O}(1\text{mH}_2\text{O} = 9800\text{Pa})$

吸水管内流速为

$$v = \frac{4q}{\pi d^2} = \frac{4 \times 1.05}{\pi \times 0.15^2} = 0.95 (\text{m/s})$$

雷诺数 $Re = \frac{v \cdot d}{r} = \frac{95 \times 15}{0.0131} = 107633 > 2000$

说明水流为层流运动状态。

则沿程阻力系数 $\quad\lambda = \frac{0.3164}{Re^{0.25}} = \frac{0.3164}{107633^{0.25}} = 0.017$

沿程损失为 $\quad h_1 = \frac{\lambda L \gamma V^2}{2gd} = \frac{0.017 \times 3.25 \times 1 \times 0.95^2}{2 \times 9.8 \times 0.15}$

$$= 0.017 \ (\text{mH}_2\text{O})$$

局部阻力系数，进口 $\xi_1 = 1.0$，出口 $\xi_2 = 1.0$。

局部损失 $\quad h_2 = \sum \xi \cdot \frac{v^2}{2g} = (1.0 + 1.0) \times \frac{0.95^2}{2 \times 9.8} = 0.092 (\text{m})$

总水头损失 $\quad h = h_1 + h_2 = 0.017 + 0.092 = 0.109 \ (\text{mH}_2\text{O})$

泵中心到最低液面水头为 $\quad hz = 2.85\text{m}$

泵启动后气体压力 $\quad p_2 = p_1 - (h + hz) = 10.3 - (0.109 + 2.85)$

$$= 7.37 \ (\text{mH}_2\text{O})$$

泵启动后气体体积 $\quad V_2 = \frac{p_1 V_1}{p_2} = \frac{10.33 \times 0.089}{7.37}$

$$= 0.12 \ (\text{m}^3)$$

③ 引水筒净高的计算

泵启动气体体积 V_2 引起的液面下降高度 H_0 为

$$H_0 = \frac{V_2}{A} = \frac{0.12}{\frac{\pi}{4}(0.55^2 - 0.159^2)}$$

$$=0.55 \text{ (m)}$$

出水管管径 $DN100$，启动后泵浸没深度 0.20m（至泵中心），出水管中心到筒底距离为 0.10m，则引水筒净高为

$$H=0.15+0.55+0.2+0.1=1.0 \text{ (m)}$$

引水筒净容积为

$$V=\frac{\pi}{4}D^2 H-\frac{\pi}{4}d_1^2(H-0.15)$$

$$=\frac{\pi}{4}\times 0.55^2 \times 1.0-\frac{\pi}{4}\times 0.15^2 \times (1.0-0.15)$$

$$=0.22 \text{ (m}^3)$$

4. UASB 的设计

（1）设计说明

UASB 反应器是由荷兰瓦赫宁根农业大学的 G. Lettinga 等人在 20 世纪 70 年代研制的。80 年代以后，我国开始研究 UASB 在工业废水处理中的应用，90 年代该工艺在处理工程中被广泛采用。

UASB 一般包括进水配水区、反应区、三相分离区、气室等部分，UASB 反应器的工艺基本出发点如下。

① 为污泥絮凝提供有利的物理-化学条件，厌氧污泥即可获得并保持良好的沉淀性能。

② 良好的污泥床常可形成一种相当稳定的生物相，能抵抗较强的冲击。较大的絮体具有良好的沉降性能，从而提高设备内的污泥浓度。

③ 通过在反应器内设置一个沉淀区，使污泥细颗粒在沉淀区的污泥层内进一步絮凝和沉淀，然后回流入反应器。

UASB 处理有机工业废水具有以下特点。

① 污泥床污泥浓度高，平均污泥浓度可达 $20\sim 40\text{gVSS/L}$；

② 有机负荷高，中温发酵时容积负荷可达 $8\sim 12\text{kgCOD/(m}^3 \cdot \text{d)}$；

③ 反应器内无混合搅拌设备，无填料，维护管理较简单；

④ 系统较简单，不需另设沉淀池和污泥回流设施。

本工程所处理淀粉生产废水，属高浓度有机废水，生物降解性好，UASB 反应器作为处理工艺的主体，拟按下列参数设计。

设计流量　$1500 \text{ m}^3/\text{d}$，即 $6.25 \text{ m}^3/\text{h}$；

进水浓度　$COD_{Cr}6000\text{mg/L}$，COD_{Cr} 去除率　$E=87.5\%$；

容积负荷　$N_V=6.5\text{kg COD/(m}^3 \cdot \text{d)}$（按常温 23℃）；

产气率　$r=0.4\text{m}^3/\text{kg COD}$；

污泥产率　$X=0.15\text{kg/kg COD}$。

（2）UASB 反应器工艺构造设计计算

① UASB 总容积计算

UASB 总容积　　　　$V=\dfrac{QSr}{N_V}$

式中　Q——设计处理流量，m^3/d；

　　　Sr——去除的有机污染物浓度，kg/m^3；

　　　N_V——容积负荷，$\text{kgCOD/(m}^3 \cdot \text{d)}$。

则
$$V = \frac{1500 \times 6.0 \times 87.5\%}{6.5} = 1212(\text{m}^3)$$

选用 4 个池子,每个池子的容积为 $V_i = V/4 = 1212/4 = 303$ （m³）

假定 UASB 容积有效系数 90%,则每池的容积为 $V_i = 336\text{m}^3$

若选用直径 $\phi 7000\text{mm}$ 的反应器 4 个,则其水力负荷约为 $0.4\text{m}^3/(\text{m}^2 \cdot \text{h})$,基本符合要求。

若反应器总高为 $H = 9.7 + 0.3 = 10.0$ （m）,反应器总容积为 $V = 373.3\text{m}^3$。有效反应容积约为 307.8m^3,符合有机负荷要求。

② 工艺构造设计 UASB 的重要构造是指反应器内三相分离器的构造,三相分离器的设计直接影响气、液、固三相在反应器内的分离效果和反应器的处理效果。对污泥床的正常运行和获得良好的出水水质起十分重要的作用,根据已有的研究和工程经验,三相分离器应满足以下几点要求。

a. 混合液进入沉淀区之前,必须将其中的气泡予以脱出,防止气泡进入沉淀区影响沉淀。

b. 沉淀区的表面水力负荷应在 $0.7\text{m}^3/(\text{m}^2 \cdot \text{h})$ 以下,进入沉淀区前,通过沉淀槽底缝隙的流速不大于 2.0m/h。

c. 沉降斜板倾角不应小于 $50°$,使沉泥不在斜板积聚,尽快回落入反应区内。

d. 出水堰前设置挡板,以防止上浮污泥流失;某些情况下,应设置浮渣清除装置。

三相分离器设计须确定三相分离区数量,大小斜板尺寸、倾角和相互间关系。

小斜板（反射锥）临界长度计算:

反射锥临界长度计算公式（该公式的推导便是依据以上三相分离器的设计要求得出的）为

$$AO' = \frac{1}{\sin\beta}[(q/L \cdot N \cdot U_p) + r]$$

式中 q——通过缝隙的流量,m³/h;

L——回流缝隙长度,m;

N——缝隙条数;

U_p——气泡的上升速度,m/s;

r——上斜板到器壁的距离,m;

β——下斜板与器壁的夹角。

且其中 U_p 由斯托克斯公式计算:

$$U_p = \frac{Bg}{18\mu}(\rho_l - \rho_g)d_g^2$$

式中 U_p——气泡的上升速度,cm/s;

B——气泡碰撞系数;

g——重力加速度;

ρ_l——液体密度,g/cm³;

ρ_g——气体密度,g/cm³;

μ——液体动力黏度,g/(cm·s);

d_g——气泡直径,cm。

且
$$\mu = \gamma \cdot \rho_l$$

式中　γ——液体的运动黏滞系数，cm^2/s。

设水温为 25℃，气泡直径 d_g 为 0.02cm，废水 ρ_l 为 1.02g/cm³，气体 ρ_g 为 1.15×10^{-3} g/cm³，B 取 0.95，净水 $\gamma=0.0089cm^2/s$，则净水动力黏度为

$$\mu'=\gamma\cdot\rho_l=0.0089\times1.02=0.00908\quad(g/cm\cdot s)$$

因处理对象为废水，μ 比净水的 μ 大，其值取为净水的 2.5 倍，则废水动力黏度为 $\mu=\mu'\times2.5=0.0227g/(cm\cdot s)$，气泡在静止水中上升速度为

$$U_p=\frac{0.95\times980}{18\times0.0227}\times(1.02-1.15\times10^{-3})\times0.02^2=0.93(cm/s)=0.93\times10^{-2}\quad(m/s)$$

单池处理水量为　　$q=\frac{62.5}{4}\times\frac{1}{3600}=0.43\times10^{-2}(m^3/s)$

设计回流缝数量 $n=1$，宽度 $r=0.6m$，下斜板倾角 $\alpha=54°$，即 $\beta=36°$，计算出回流缝长度　$L=(3.5-0.2-0.3)\times2\times\pi=18.85(m)$。

计算回流缝后，进一步计算下斜板临界长度

$$AO'=\frac{1}{\sin36°}[(0.43\times10^{-2}/18.85\times1\times0.93\times10^{-2})+0.6]=1.06(m)$$

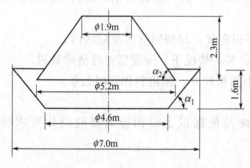

取小斜板长度 $L_小=1.5AO'=1.6m$，其水平 $L_{小水平}=0.94m$，垂直 $L_{小垂直}=1.29m$。三相分离器设计如图 8-10 所示。

图中 $D_1=1.9m$，$D_2=5.2m$，$D_3=4.6m$，$\alpha_1=53.1°$，$\alpha_2=54.3°$

大集气罩的收气面积占总面积的比例为

$$\frac{A_3}{A}=\frac{(7-2.4)^2\times\pi}{7^2\times\pi}=43\%\qquad 符合要求$$

图 8-10　三相分离器工艺计算图

沉淀区面积 $S=\frac{1}{4}\pi(7-0.6)^2-\frac{1}{4}\pi\times1.9^2=29.3(m^2)$

沉淀区负荷为 $0.53m^3/(m^2\cdot h)$，符合要求。

回流缝的过水流速为：$v=\frac{62.5/4}{18.2\times0.6}=1.43(m/h)\qquad 符合要求$

UASB 设计结果：$D=7.0m$，$H=10.0m$，其中超高 $H_1=0.3m$，三相分离器高度 $H_2=3.5m$，反应区高 $H_3=5.5m$，反应器底污泥区高 $H_4=0.7m$。集气罩顶直径 $D_1=1.9m$，大斜板长 $L_大=2.83m$，倾角 $\alpha_2=54.3°$，小斜板长 $L_小=1.6m$，倾角 $\alpha_1=53.1°$

③ 脱气条件校核　如果水是静止的，则沼气将以 $U_p=0.9\sim1.0cm/s$ 的流速上升，可以进入气室中。但由于在三相分离器中，水是变向流动的，因此沼气气泡不仅获得了水的加速，而且运动方向发生了改变。气泡进入气室，必须保证满足以下公式要求

$$U_p/v>L_2/L_1$$

式中　U_p——气泡垂直上升速度；

　　　v——气泡实际缝隙流速；

　　　L_2——回流缝垂直长度；

　　　L_1——小斜板与大斜板重叠长度。

根据三分离器设计结果，得：

$$U_p/v = \frac{0.93}{\left(1.43 \times 100 \times \frac{1}{3600}\right)} = 23.2$$

$$L_2/L_1 = (0.6 \times \tan 53.1°) \Big/ \left[(5.2-4.6) \times \frac{1}{2} \times \tan 53.1°\right] = 2.0$$

可见 $U_p/v \gg L_2/L_1$，满足脱气条件要求。

（3）布水系统的设计计算

① 设计说明 为了保证四个 UASB 反应器运行负荷的均匀，并减少污泥床内出现沟流短路等不利因素，设计良好的配水系统是很必要的，特别是在常温条件下运行或处理低浓度废水时，因有机物浓度低，产气量少，气体搅拌作用较差，此时对配水系统的设计要求高一些。

二次泵房出水，直接向四台 UASB 反应器供水，布水形式为两两分中。各台 UASB 反应器进水管上设置调节阀和流量计，以均衡流量。在 UASB 反应器内部采用适应圆池要求的环形布水器。

反应器布水点数量设置与处理流量、进水浓度、容积负荷等因素有关，本次设计拟每 $2\sim4\text{m}^2$ 设置一个布水点。

② 设计计算 布水器设置 16 个布水点，每点负荷面积为 $S_i = 1/16 \times \frac{\pi}{4} \times D^2 = 2.4$ (m^2)。

布水器设环管一根，支管 4 根，环管上（即外圈）设 12 个布水点，支管上设 4 个布水点，布水点共 16 个。

按均匀布置原则，环管（外圈）环径为 5.6m，支管上内圈环径为 2.5m。

UASB 反应器布水器中心管流量为 $q_i = 62.5 \times \frac{1}{4} (\text{m}^3/\text{h}) = 0.00436 (\text{m}^3/\text{s})$，中心管流

速选为 0.8m/s，则中心管管径为 $d_0 = \sqrt{\frac{4q_i}{\pi v}} = 83\text{mm}$，取 $d_0 = 80\text{mm}$。

布水器支管均分流量为 $0.0011\text{m}^3/\text{s}$，支管管内流速选为 1.2m/s，则管径计算为 $d_1 = 27.7\text{mm}$，取 $d_1 = 30\text{mm}$。

环管均分流量为 $12 \times \frac{0.00436}{16} = 0.00326\text{m}^3/\text{s}$，环管流速假定为

1.5m/s，则环管管径计算为 0.053m，取环管管径 $d_2 = 50\text{mm}$。

布水孔 16 个，流速选为 1.5m/s，孔径计算为 0.0152m，取孔径 $d_3 = 15\text{mm}$。

布水器水头损失计算：尽管布水器为环状，但当运行稳定、不堵塞，且配水均匀条件下，可按枝状管网计算其水头损失，如图 8-11 所示。

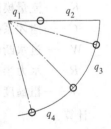

图 8-11 布水器
计算图

图中 $q_1 = 0.0011\text{m}^3/\text{s}$

$q_2 = 0.000081\text{m}^3/\text{s}$

$q_3 = 0.00054\text{m}^3/\text{s}$

$q_4 = 0.00027\text{m}^3/\text{s}$

相应管段的管径、流量、流速及水头损失如下

DN32　$q=1.1L/s$，$v=1.16m/s$，$h_L=300mm$；

DN32　$q=0.8L/s$，$v=0.84m/s$，$h_L=200mm$；

DN50　$q=0.8L/s$，$v=0.38m/s$，$h_L=7.0mm$；

DN50　$q=0.54L/s$，$v=0.26m/s$，$h_L=6.6mm$；

DN50　$q=0.27L/s$，$v=0.21m/s$，$h_L=4.6mm$；

合计水头损失为518.2mm，加上局部损失，总水头损失约为770mm。

③ 布水器配水压力计算　布水器配水压力 H_4 按下列公式计算。

$$H_4=h_1+h_2+h_3$$

式中　h_1——布水器配水时最大淹没水深，m；

　　　h_2——UASB 反应器水头损失，m；

　　　h_3'——布水器布水所需自由水头，m。

其中　　　　　　　　$h_1=9.5mH_2O$

　　　　　　　　　　$h_2=0.8mH_2O$

　　　　　　　　　　$h_3=2.5mH_2O$

则　　　　　　　　　$H_4=12.8mH_2O$

（4）出水渠设计计算

每个 UASB 反应器沿周边设一条环形出水渠，渠内侧设溢流堰，出水渠保持水平，出水由一个出水口排出。

① 出水渠设计计算　环形出水渠在运行稳定，溢流堰出水均匀时，可假设为两侧支渠计算。

单个反应器流量 4.34L/s，侧支渠流量为 2.17L/s。根据均匀流计算公式

$$q=K\sqrt{i}$$

$$K=WC\sqrt{R}$$

$$C=\frac{1}{n}R^{1/6}$$

式中　q——渠中水流量，m^3/s；

　　　i——水力坡度，定为 $i=0.005$；

　　　K——流量模段，m^3/s；

　　　C——谢才系数；

　　　W——过水断面面积，m^2；

　　　R——水力半径，m；

　　　n——粗糙度系数，钢取 $n=0.012$。

计算　　　　　　$K=q/\sqrt{i}=2.17\times10^{-3}/\sqrt{0.005}=0.031(m^3/s)$

假定渠宽 $b=0.15m$，则有

$$W=0.15h$$

$$X=2h+0.15$$

$$R=\frac{W}{X}=\frac{0.15h}{2h+0.15}$$

式中　h——渠中水深，m；

　　　X——渠湿周，m。

代入
$$K = W \cdot \frac{1}{n} \cdot R^{1/6} \cdot R^{1/2}$$

即
$$K = W \cdot \frac{1}{n} \cdot R^{2/3}$$

则有
$$0.031 = 0.15h \times \frac{1}{0.012} \times \left(\frac{0.15h}{0.15 + 2h}\right)^{2/3}$$

解方程可得：$h = 0.03$（m）

可见渠宽 $b = 0.15$m，水深 $h = 0.03$m。

则渠中水流流速约为

$$v = \frac{q}{W} = \frac{2.17 \times 10^{-3}}{0.15 \times 0.03} = 0.48 \text{(m/s)} > 0.40 \text{m/s}$$

符合明渠均匀流要求。

② 溢流堰设计计算 每个 UASB 反应器处理水量 4.34L/s，溢流负荷为 $1 \sim 2$L/(m·s)。设计溢流负荷取 $f = 1.0$L/(m·s)，则堰上水面总长为

$$L = \frac{q}{f} = \frac{4.34}{1} = 4.34 \text{m}$$

设计 90°三角堰，堰高 $H = 40$mm，堰口宽 $B = 80$mm，堰上水头 $h = 20$mm，则堰口水面宽 $b = 40$mm。

三角堰数量 $n = \frac{L}{b} = \frac{4.34}{40 \times 10^{-3}} = 108.5$（个）   设计取 $n = 100$ 个。

出水渠总长为 $3.14 \times (7 - 0.3) = 21.05$(m)

设计堰板长 210mm，共 10 块，每块堰 10 个 80mm 堰口，10 个间隙。

堰上水头校核

每个堰出流量为 $q = \frac{4.34 \times 10^{-3}}{100} = 4.34 \times 10^{-5}$（m³/s）

按 90°三角堰计算公式

$$q = 1.43h^{5/2}$$

则堰上水头为

$$h = (q/1.43)^{0.4} = \left(\frac{4.34}{1.43} \times 10^{-5}\right)^{0.4} = 0.016 \text{(m)}$$

（5）UASB 排水管设计计算

单个 UASB 反应器排水量 4.34L/s，选用 $DN125$ 钢管排水，v 约为 0.75m/s，充满度为 0.5，设计坡度 0.01。

四台 UASB 反应器排水量 17.36L/s，选用 $DN200$ 钢管排水，v 约为 0.90m/s，充满度（设计值）为 0.6，设计坡度 0.006。

UASB 反应器溢流出水渠出水由短立管排入 $DN125$ 排水支管，再汇入设于 UASB 走道下的 $DN200$ 排水总管。

（6）排泥管的设计计算

① 产泥量的计算

产泥系数 $r = 0.15$kg 干泥/(kgCOD·d)

设计流量 $Q = 62.5$m³/h

进水 COD 浓度 $S_0 = 6000\text{mg/L}$

COD_{Cr} 去除率 $E = 87.5\%$

则 UASB 反应器总产泥量为

$$\Delta X = rQSr = RQS_0E = 0.15 \times 1500 \times 6 \times 0.875 = 1181.25[\text{kg}(干)/\text{d}]$$
$$= 49.2\text{kg}(干)/\text{h}$$

每池产泥

$$\Delta X_i = \Delta X/4 = 295.3\text{kg}(干)/\text{d}$$

设污泥含水量为 98%，因含水率 $P > 95\%$，取 $\rho = 1000\text{kg/m}^3$，则污泥产量为

$$Q_\text{s} = \frac{1181.25}{1000} \times \frac{1}{(1 - 98\%)} = 59.06(\text{m}^3/\text{d})$$

每池排泥量

$$Q_{si} = 59.06/4 = 14.8(\text{m}^3/\text{d})$$

② 排泥系统设计   因处理站设置调节沉淀池，故进入 UASB 中砂的量较少，UASB 产生的外排污泥主要是有机污泥，故 UASB 只设底部排泥管，排空时由污泥泵从排泥管强排。

UASB 每天排泥一次，各池污泥同时排入集泥井，再由污泥泵抽入污泥浓缩池中。各池排泥管选钢管 $DN150$，四池合用排泥管选用钢管 $DN200$，该管按每天一次排泥时间 1.0h 计，q 为 16.9L/s，设计充满度 0.6，v 为 0.90m/s。

(7) 沼气管路系统设计计算

① 产气量计算

设计流量 $Q = 62.5\text{ m}^3/\text{h}$

进水 COD_{Cr} $S_0 = 6000\text{mg/L}$

COD 去除率 $E = 87.5\%$

产气率 $e = 0.4\text{m}^3$ 气/kg COD

则总产量为

$$G = eQSr = eQS_0E = 62.5 \times 6.0 \times 0.875 \times 0.4 = 131.25(\text{m}^3/\text{h})$$

每个 USAB 反应器产气量

$$G_i = G/4 = 32.8\text{m}^3/\text{h}$$

② 沼气集气系统布置   由于有机负荷较高，产气量大，每两台反应器设置一个水封罐，水封罐出来的沼气分别进入气水分离器，气水分离器设置一套两级，共两个，从分离器出来去沼气贮柜。

集气室沼气出气管最小直径为 $DN100$，且尽量设置不短于 300mm 的立管出气，若采用横管出气，其长度不宜不于 150mm。每个集气室设置独立出气管至水封罐。

③ 沼气管道计算

a. 产气量计算   每池产气量为 32.8 m³/h，则大集气罩的出气量为

$$G_{i_1} = G_i \times 43\% = 14.1(\text{m}^3/\text{h})$$

小集气罩的出气量为

$$G_{i_2} = G_i \times 57\% = 18.7(\text{m}^3/\text{h})$$

该沼气容重为 $r = 1.2\text{kg/m}^3$，换算为计算容重 $r' = 0.6\text{kg/m}^3$ 的出气量分别为

$$G'_{i_1} = G_{i_1} \times \sqrt{r/r'} = 14.1 \times \sqrt{2} = 19.9 \ (\text{m}^3/\text{h})$$

$$G'_{i_2} = G_{i_2} \times \sqrt{2} = 26.4 \ (\text{m}^3/\text{h})$$

b. 沼气管道压力损失计算　沼气出气管的流速分别为

$$v_1 = \frac{G'_{i_1}}{\frac{\pi}{4}d^2} = 19.9 \times \frac{4}{\pi} \times 0.1^2 \times 3600 = 0.70 \text{(m/s)}$$

$$v_2 = \frac{G'_{i_2}}{\frac{\pi}{4}} = 26.4 \times \frac{4}{\pi} \times 0.1^2 \times 3600 = 0.93 \text{(m/s)}$$

v_1 及 v_2 远小于 5m/s，符合规范对流速的要求。

沼气收集管道压力一般较低，约为 200～300 mmH$_2$O，其管道内气体压力损失可按下式计算。

$$h_i = G^2 rL/K^2 D^5$$

式中　L——管道长度，m；

　　　G——气体容重为 0.6 kg/m^3 时的流量，m^3/h；

　　　r——气体容重，kg/m^3；

　　　K——摩擦系数；

　　　D——管径，cm。

计算公式中 K^2D^5 查《给水排水设计册》得 $K^2D^5 = 35000$。

对大集气罩出气管，$DN100$，$G19.9$ m^3/h，$L15$m，$v0.70$m/s，则计算出 $h_i = 0.100$mmH$_2$O，局部损失为 $h_j = 22\% \times h_i = 0.022mmH_2$O，总压力损失为

$$h = h_i + h_j = 0.102 \text{ (mmH}_2\text{O)}$$

对小集气罩出气管，$DN100$，$G26.4$m^3/h $L10$m，$v0.93$m/s，则计算出 $h_i = 0.102$mmH$_2$O，局部损失为 $h_j = 34\% \times h_i = 0.036mmH_2$O，总压力损失为

$$h = h_i + h_j = 0.106 \text{ (mmH}_2\text{O)}$$

可见沼气管道压力损失均很小。因此，对于沼气贮柜之前的低压沼气管道，可以认为管路压力损失为 0，这种水封罐的水封取集气槽里面的压力减去沼气柜的压力的值即可，这样计算方法偏于安全。

④ 水封罐的设计计算　见图 8-12。

水封罐一般设于消化反应器和沼气柜或压缩机房之间，起到调整和稳定压力，兼作隔绝和排除冷凝水之用。

UASB 反应中大集气罩中出气气体压力为 $p_1 = 1.0$mH$_2$O，小集气罩中出气气体压力为 $p_2 = 2.5$mH$_2$O，则两者气压差为

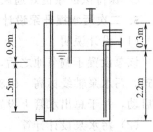

图 8-12　水封罐计算图

$$\Delta p = p_2 - p_1 = 1.5 \text{ (mH}_2\text{O)}$$

故水封罐中该两气管的水封深度差为 1.5mH$_2$O。

沼气柜压力 $p \leqslant 400$ mmH$_2$O，取为 0.4 mH$_2$O，则在忽略沼气管路压力损失时（这种计算所得结果最为安全），水封罐所需最大水封为

$$H_0 = p_2 - p = 2.5 - 0.4 = 2.1 \text{ (mH}_2\text{O)}$$

取水封罐总高度为 $H = 2.5$m。

水封罐直径 1800mm，设进气管 $DN100$ 钢四根，出气管 $DN150$ 钢一根，进水管 $DN52$ 钢一根，放空管 $DN50$ 钢一根，并设液面计。

⑤ 气水分离器　气水分离器起到对沼气干燥作用，选用 $\phi500$mm$\times H1800$mm、钢制气

水分离器两个，串联使用。气水分离器中预装钢丝填料，在各级气水分离器前设置过滤器以净化沼气，在分离器出气管上装设流量计、压力表及温度计。

⑥ 沼气柜容积确定 由上述计算可知该处理站日产沼气 $3150m^3$，则沼气柜容积应为平均时产气量的 3h 体积来确定，即

$$3 \times \left(\frac{3150}{24}\right) = 393.8(m^3)$$

设计选用 $500\ m^3$ 钢板水槽内导轨湿式贮气柜（C—1416A）。

（8）UASB 的其他设计

① 取样管设计 为掌握 UASB 运行情况，在每个 UASB 上设置取样管。在距反应器底 $1.1 \sim 1.2m$ 位置，污泥床内分别设置取样 4 根，各管相距 $1.0m$ 左右，取样管选用 $DN50$ 钢管，取样口设于距地坪 $1.0m$ 处，配球阀取样。

② UASB 的排空 由 UASB 池底排泥临时接上排泥泵强制排空。

③ 检修

a. 人孔 为便于检修，各 UASB 反应器在距地坪 $1.0m$ 处设 $\phi800mm$ 人孔一个。

b. 通风 为防止部分容重过大的沼气在 UASB 反应器内聚集，影响检修和发生危险，检修时可向 UASB 反应器中通入压缩空气，因此在 UASB 反应器一侧预埋缩空气管（由鼓风机房引来）。

c. 采光 为保证检修的采光，除采用临时灯光处，还可移走 UASB 反应器的活动顶盖，或不设 UASB 顶盖。

④ 给排水 在 UASB 反应器布置区设置一根 $DN32$ 供水管供补水、冲洗及排空中使用。

⑤ 通行 在距 UASB 反应器顶面之下 $1.1m$ 之处设置钢架、钢板行走平台，并连接上台钢梯。

⑥ 安全要求

a. UASB 反应器的所有电器设施，包括泵、阀、灯等一律采用防爆设备；

b. 禁止明火火种进入该布置区域，动火操作应远离该区及沼气柜；

c. 保持该区域良好通风。

5. 二次污水提升泵设计计算

（1）设计说明

该泵设置于调节池之后，紧贴调节池出水段，直接于调节池中吸水。泵房采用半地下式形式，污水泵轴线标高 $-0.85m$。污水泵提升流量按平均时流量设计，污水泵自灌运行，自动启动，并于总出水管上设置流量计。

（2）污水泵设计计算

① 污水泵扬程计算 污水泵扬程为 H_6。

$$H_6 = H_1 + H_2 + H_3 + H_4$$

式中 H_1——污水泵吸水管水头损失，m；

H_2——污水泵出水管水头损失，m；

H_3——调节池最低水位与布水器水位之差，m；

H_4——布水器所需压力，m。

a. H_1 的计算 取吸水管 $DN100$，管长 $3.0m$。

查水力计算表得：$v1.01\text{m/s}$，$q8.68\text{L/s}$，$i20.8$。则吸水管沿程水头损失

$$h_i = 3.0 \times \left(\frac{20.8}{1000}\right) = 0.06 \text{ (m)}$$

吸水管局部阻力系数：进口 0.45，闸阀 0.2，渐缩管 0.16。

则　　　　　$h_j = \sum \xi \frac{v^2}{2g} = (0.45 + 0.2 + 0.16)\frac{1.01^2}{2g} = 0.04(\text{m})$

故　　　　　　　　　　$H_1 = h_i + h_j = 0.10(\text{m})$

b. H_2 的计算　　总出水管 $DN100$，管长 10.0m。

查水力计算表：$DN100$，$q17.4\text{L/s}$，$v2.02\text{m/s}$，$i82.0$，则出水管沿程水头损失为 $h_i = 10 \times \left(\frac{82.0}{1000}\right) = 0.82$ （m）。出水管局部阻力系数：渐放管为 0.03，弯头五个为 0.63，闸阀为 0.2，止回阀为 7.0，丁字管为 1.5，闸阀为 0.2，蝶阀为 0.2，流量计为 0.3（参考蝶阀），合计局部阻力系数为 12.6，则局部阻力损失为

$$h_j = \sum \xi \frac{v_2}{2g} = 12.6 \times \frac{2.02^2}{2g} = 2.57(\text{m})$$

故合计出水管水头损失为　　$H_2 = h_i + h_j = 3.4\text{m}$。

c. H_3 的计算　　调节池最低水位 -0.50m，布水器设计高程为 0.0m，则两者水位差 $H_3 = 0.50\text{m}$。

d. H_4 布水器所需配水压力为

$$H_4 = 12.8\text{m}$$

则　　　　　　　$H_6 = H_1 + H_2 + H_3 + H_4 = 16.8$ （m）

② 污水泵的选用　　污水泵扬程 $H_{10} = 16.8\text{mH}_2\text{O}$，流量为 $Q_6 = 62.5 \times 1/2 = 31.3 \text{ m}^3/\text{h}$。可选用 80WG 污水泵三台，两用一备。污水泵性能：$Q25 \sim 70 \text{ m}^3/\text{h}$，$H16.5 \sim 19.0\text{m}$，$N5.5\text{kW}$，$n1850\text{r/min}$，$W70\text{kg}$。

（3）污水泵房

污水泵单台占地 $L1297\text{mm} \times B596\text{mm}$，高 $H530\text{mm}$。

污水泵房地下一层，深 1.4m，平面面积 $(4.5 \times 6.8) \text{ m}^2$，设积水坑 $300\text{mm} \times 500\text{mm} \times 500\text{mm}$ 一个，地面排水由污水泵吸水管预留管排出。

污水泵房地上一层，高 3.6m，平面面积为 $(8.4 \times 9.0) \text{ m}^2$，设手动葫芦及单轨小车。

污水泵设就地控制柜一组，设流量计于控制柜，就地显示，并远程传至中控室。

6. 预曝气沉淀池设计计算

（1）设计说明

污水经 UASB 反应器厌氧处理后，污水中含一部分有厌氧活性的絮状颗粒，在 UASB 反应器中难以沉淀去除，故而使其在此曝气沉淀池中去除，由于经曝气作用，厌氧活性丧失，沉淀效果增强，同时在该沉淀池中没有沼气气流影响，故而沉淀效果亦增强。另外，UASB 出水中溶解氧含量几乎为零，若直接进入好氧处理构筑物，会使曝气池中好氧污泥难以适应，影响好氧处理效果，通过预曝气亦可以吹脱去除一部分 UASB 反应器出水中所含带的气体。

预曝气沉淀池参考曝气沉砂池和竖流沉淀池设计。曝气利用穿孔管进行，压缩空气引自鼓风机房。曝气后污水从挡墙下直接进入沉淀池，沉淀后污水经池周出水。所产生污泥由重力自排入集泥井，每天排泥一次。

（2）预曝气沉淀池工艺构造计算

进水水质 COD_{Cr} 750mg/L，BOD_5 288mg/L，SS450mg/L。

出水水质 COD_{Cr} 600mg/L，BOD_5 260mg/L，SS270mg/L。

预曝气沉淀池，曝气时间 20～30min，沉淀时间 2h，沉淀池表面负荷 0.7～1.0m³/(m²·h)。曝气量为 0.2m³/m³ 污水。

① 有效容积计算

曝气区 $$V_1 = \left(\frac{1500}{24}\right) \times 0.5 = 31.3(\text{m}^3)$$

沉淀区 $$V_2 = \left(\frac{1500}{24}\right) \times 2.0 = 125.0(\text{m}^3)$$

② 工艺构造设计计算 预曝气沉淀池工艺构造如图 8-13 和图 8-14。

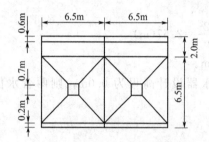

图 8-13 预曝气沉淀池平面图

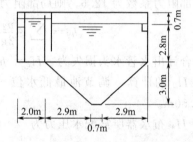

图 8-14 预曝气沉淀池立面图

曝气区池高 3.5m，其中超高 0.5m，水深 3.0m，总容积为 78m³。曝气区设进水配槽，尺寸为 2m×6.5m×0.3m×0.8m，其深度 0.8m（含超高）。

沉淀区池高 6.0m，其中沉淀有效水深 2.0m，沉淀区总容积 169.0m³，沉淀池负荷为 0.74m³/(m²·h)，满足要求。

沉淀池总深度 H 为

$$H = H_1 + H_2 + H_3 + H_4 + H_5$$

式中 H_1——超高，取 $H_1 = 0.4$m；

H_2——沉淀区高度，$H_2 = 2.0$m；

H_3——底隙高度，取 $H_3 = 0.2$m；

H_4——缓冲层高度，取 $H_3 = 0.4$m；

H_5——污泥区高度，$H_5 = 3.0$m。

即沉淀池总深 $H = 6.0$m

沉淀池污泥斗容积为

$$V_i = \frac{1}{3} \times H_5 \times (a_1^2 + a_2^2 + \sqrt{a_1^2 \times a_2^2})$$

$$= \frac{1}{3} \times 3.0 \times (6.5^2 + 0.7^2 + \sqrt{6.5^2 \times 0.7^2})$$

$$= 47.3 \ (\text{m}^3)$$

总容积 $V = 2V_i = 94.6$m³。

③ 沉淀污泥量计算 预曝气沉淀池污泥主要因悬浮物沉淀产生，不考虑微生物代谢造

成的污泥增量。

进水 SS450mg/L，出水 270mg/L，则所产生污泥量为：

$$Q_s = 1500 \times (450 - 270) \times 10^{-3} = 270 [kg(干)/d]$$

污泥容重为 1000kg/m³，含水率为 98%，其污泥体积为

$$V = \frac{270}{(10^3 \times 2\%)} = 13.5 \ (m^3)$$

每日污泥流量为 13.5 m³/d。

污泥斗可以容纳 7d 的污泥。

（3）曝气装置设计计算

① 曝气量计算 设计流量为 62.5m³/h，曝气量为 0.2m³/m³ 污水。则供气量为 0.21 m³/min，单池曝气量取为 0.12m³/min，供气压力为 4.0~5.0mH₂O（1mH₂O=9800Pa）。

② 曝气装置 利用穿孔管曝气，曝气管设在进水一侧。

供气管供气量 0.24m³/min，则管径选 DN50 时，供气流速约为 2m/s。曝气管供气量为 0.12m³/min，供气流速为 2.0m/s 时，管径为 DN32。

曝气管长 6.0m，共两根，每池一根。在曝气管中垂线两下侧开 φ4mm 孔，间距 280mm，开孔 20 个，两侧共 40 个，孔眼气流速度为 4m/s。

（4）沉淀池出水渠计算

① 溢流堰计算 设计流量单池为 31.25m³/h，即 8.68L/s。

设计溢流负荷 2.0~3.0L/(m·s)。

设计堰板长 1300 mm，共 5 块，总长 6500mm。

堰板上共设 90°三角堰 13 个，每个堰口宽度为 100mm，堰高 50mm。堰板高 150mm。

每池共有 65 个堰，每堰出流率为 $q = 8.68/65 = 0.13$（L/s）

则堰上水头为：

$$h = \left(\frac{q}{1.40}\right)^{0.4} = \left(\frac{0.13 \times 10^{-3}}{1.40}\right)^{0.4} = 0.025 \ (m)$$

则每池堰口水面总长为 $0.025 \times 2 \times 65 = 3.25$（m）

校核堰上负荷为 8.68/3.25=2.60[L/(m·s)]，符合要求。

② 出水渠计算 每池设计处理流量 31.25m³/h，即 8.68×10⁻³m³/s。每池设出水渠一条，长 6.5m。

出水渠宽度为
$$b = 0.9(1.2q)^{0.4}$$
$$= 0.9 \times (1.2 \times 8.68 \times 10^{-3})^{0.4}$$
$$= 0.145(m) = 0.15m$$

渠内起端水深为　　　　　　$h_1 = 0.75b = 0.11m$

末端水深为　　　　　　　　$h_2 = 1.25b = 0.18m$

假设平均水深为　　　　　　$h = 0.15m$

则渠内平均流速为

$$V = \frac{q}{b \cdot h} = \frac{8.68 \times 10^{-3}}{0.15 \times 0.15} = 0.39 \approx 0.40 \ (m/s)$$

设计出水渠断面尺寸为　　　$b_1 \times h_1 = (0.2 \times 0.3) m^2$

出水渠过水断面面积为 $\quad A=0.20\times0.14=0.028$ （m²）

过水断面湿周为 $\quad x=2h_2+b_2=0.48$ （m）

水力半径为 $\quad R=A/x=0.028/0.48=0.058$ （m）

流量因素

$$C=\frac{1}{n}R^{1/6}=\frac{1}{0.013}\times(0.058)^{1/6}$$
$$=47.8$$

水力坡降

$$i=\frac{V^2}{C^2\cdot R}=\frac{0.4^2}{47.8^2\times0.058}$$
$$=1.2\times10^{-3}$$

渠中水头损失为

$$h_i=i\cdot L=1.2\times10^{-3}\times6.5=0.008\ \text{（m）}$$

（5）排泥

预曝气沉淀池内污泥贮存 1~2d 后，每天排泥一次，采用重力排泥，流入集泥井，排泥管管径 $DN200mm$。

（6）进水配水

为使预曝气沉淀池曝气区进水均匀，设置配水槽。配水槽长 6.5m，宽 0.3m，深 0.8m。槽底设 10 个配水孔，每池 5 个，孔径 $\phi100mm$。

7. SBR 反应池设计计算

（1）设计计算说明

根据工艺流程论证，SBR 法具有比其他好氧处理法处理效果好、占地面积小、投资省的特点，因而选用 SBR 法。SBR 法的处理效果为：进水 COD_{Cr} 600mg/L、BOD_5 260mg/L、SS270mg/L，出水 COD_{Cr} 180mg/L、BOD_5 52mg/L、SS81mg/L。设计处理流量 Q_h 62.5m³/h。

由于 SBR 法处理对象为经过厌氧处理后的淀粉废水，其可生化性亦不如原污水，但 BOD_5/COD_{Cr} 仍为 0.43。而且该废水中不含特别难降解的污染物和有害物质，SBR 运行周期中反应时间，根据类似工程经验确定为 4~5h，且运行周期中不设闲置阶段。

SBR 运行每一周期时间为 8.0h，其中进水 2.0h，反应（曝气）4~5h，沉淀 1h，排水 0.5~1h。

SBR 处理污泥负荷设计为 $N_3=0.15kg\ BOD_5/(kgVSS\cdot d)$。

（2）SBR 反应池容积计算

根据运行周期时间安排和自动控制特点，SBR 反应池设置 4 个。

① 污泥量计算　SBR 反应池所需污泥量为

$$MLSS=\frac{MLVSS}{0.75}=\frac{QSr}{0.75N_s}=\frac{1500\times(260-52)\times10^{-3}}{0.75\times0.15}$$
$$=2773.3\ \text{[kg（干）]}\approx28t$$

设计沉淀后污泥的 SVI=150mL/g

则污泥体积为

$$V_s=1.2SVI\cdot MLSS=1.2\times150\times10^{-3}\times2773.3=499.2\ \text{（m³）}$$

② SBR 反应池容积

SBR 反应池容积　　　　　　　　　　$V=V_{si}+V_F+V_b$

式中　V_{si}——代谢反应所需污泥容积，m^3；

　　　V_F——反应池换水容积，m^3；

　　　V_b——保护容积，m^3。

V_F 为 SBR 反应池的进水容积，即

$$V_F=(1500/24)\times2.0=125（m^3）$$

$V_s=499.2m^3$，单池污泥容积为 $V_{si}=V_s/4=124.8m^3$

则 $V=125+124.8+V_b=250+V_b$

③ SBR 反应池构造尺寸　　SBR 反应池为满足运行灵活及设备安装需要，设计为长方形，一端为进水区，另一端为出水区。

SBR 反应池单池平面（净）尺寸为 (12.0×6.0) m^2，水深为 5.0m，池深为 5.5m。

单池容积为 $V=12\times6\times5=360（m^3）$

则保护容积为 $V_b=110m^3$

四池总容积 $\sum V=4V=1440m^3$

SBR 反应池尺寸（外形）$(25.5\times12.6\times5.5)$ m^3。

（3）SBR 反应池运行时间与水位控制

SBR 反应池总水深 5.0m。按平均流量考虑，则进水前水深为 3.2m，进水结束后5.0m。排水时水深为 5.0m，排水结束后 3.2m。

5.0m 水深中，换水水深为 1.8m，存泥水深 2.0m，保护水深 1.2m，保护水深的设置是为避免排水时对沉淀及排泥的影响，见图 8-15。

进水开始与结束由水位控制，曝气开始由水位和时间控制，曝气结束由时间控制，沉淀开始与结束由时间控制，排水开始由时间控制，排水结束由水位控制。

（4）排水口高度和排水管管径

① 排水口高度　　为保证每次换水 $V=125m^3$ 的水量及时快速排出，以及排水装置运行的需要，排水口应在反应池最低水位之下约0.5~0.7m，设计排水口在最高水位之下 2.5m，设计池内底埋深 1.5m，则排水口相对地坪标高为 1.0m，最低水位相对地面标高为 1.7m。

② 排水管管径　　每池设浮动排装置一套，出水口两个，排水管一根；固定设于 SBR 墙上。浮动排水装置规格 $DN200mm$，排水管管径 $DN300mm$。

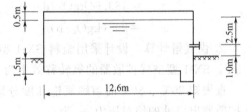

图 8-15　SBR 池高程控制图

设排水管排水平均流速为 1.1m/s，则排水量为

$$q=\frac{\pi}{4}d^2\cdot v=\frac{\pi}{4}\times0.3^2\times1.1=0.078（m^3/s）$$

$$=280（m^3/h）$$

则每周期（平均流量时）所需排水时间为

$$\frac{V}{q}=\frac{125}{280}=0.45（h）$$

（5）排泥量及排泥量系统

① SBR 产泥量　　SBR 的剩余污泥主要来微生代谢的增殖污泥，还有很少部分由进水悬

浮物沉淀形成。SBR 生物代谢产泥量为

$$\Delta X = a \cdot Q \cdot Sr - b \cdot X_r \cdot V = a \cdot QSr - b \cdot \frac{QSr}{N_s}$$

$$= (a - b/N_s)QSr$$

式中　a——微生物代谢增系数，kgVSS/kgBOD；

　　　b——微生物自身氧化率，1/d。

根据淀粉废水性质，参考类似经验数据，设计 $a=0.83$，$b=0.05$，则有

$$\Delta X = \left(0.83 - \frac{0.05}{0.15} \right) \times 1500 \times 0.208 = 156 \ (\text{kg/d})$$

假定排泥含水率为 98%，则排泥量为

$$Q_s = \frac{\Delta X}{10^3 \times (1-P)} = \frac{156}{10^3 \times (1-98\%)} = 7.8 \ (\text{m}^3/\text{d})$$

或　　　　　　$Q_s = 0.156/(1-99\%) = 15.6 (\text{m}^3/\text{d})(P=99\%)$

考虑一定安全系数，则每天排泥量为 18m³/d。

② 排泥系统　每池池底坡向排泥坑坡度 $i=0.01$，池出水端池底设 $(1.0 \times 1.0 \times 0.5)$ m³ 排泥坑一个，每池排泥坑中接出泥管 $DN200$ 一根，排泥管安装高程相对地面为 0.4m，相对于最低水位为 1.3m。剩余污泥在重力作用下排入集泥井。

（6）需氧量及曝气系统设计计算

① 需氧量计算　SBR 反应池需氧量 O_2 计算式为

$$O_2 = a' \cdot QSr + b'X \cdot V$$

$$= a' \cdot QSr + b' \cdot (QSr/N_s)$$

式中　a'——微生物代谢有机物需氧率；

　　　b'——微生物自氧需氧率，1/d。

根据类似工程经验数据，取 $a'=0.55$，$b'=0.15$，需氧量为

$$O_2 = 0.55 \times 1500 \times 0.208 + 0.15 \times (1/0.15) \times 1500 \times 0.208$$

$$= 483.6 (\text{kgO}_2/\text{d})$$

$$= 20 \ (\text{kgO}_2/\text{h})$$

② 供气量计算　设计采用塑料 SX-1 型空气扩散器，敷设 SBR 反应池池底，淹没深度 4.5m。SX-1 型空气扩散器的氧转移效率为 $E_A=8\%$。

查表知 20℃、30℃时溶解氧饱和度分别为 $C_{s(20)}=9.17\text{mg/L}$，$C_{s(30)}=7.63 \ \text{mg/L}$，空气扩散器出口处的绝对压力 p_b 为

$$p_b = 1.013 \times 10^5 + 9.8 \times 10^3 \times H$$

$$= 1.013 \times 10^5 + 9.8 \times 10^3 \times 4.5$$

$$= 1.454 \times 10^5 \ (\text{Pa})$$

空气离开曝气池时，氧的百分比为

$$\frac{21(1-E_A)}{79 + 21(1-E_A)} = \frac{21(1-8\%)}{79 + 21(1-8\%)}$$

$$= 19.6\%$$

曝气池中溶解氧平均饱和度为（按最不利温度条件计算）

$$C_{sb(30)} = C_{s(30)} \left(\frac{p_b}{2.066 \times 10^5} + \frac{O_t}{42} \right) = 7.63 \left(\frac{1.454 \times 10^5}{2.066 \times 10^5} + \frac{19.6}{42} \right)$$

$$=1.17 \times 7.63 = 8.93 \text{ (mg/L)}$$

水温 20℃ 时曝气池中溶解氧平均饱和度为

$$C_{\text{sb}(20)} = 1.17 C_{\text{s}(20)} = 1.17 \times 9.17 = 10.73 \text{ (mg/L)}$$

20℃ 时脱氧清水充氧量为

$$R_O = \frac{R C_{\text{s}(20)}}{a [\beta \cdot P C_{\text{sb}(T)} - C_j] \times 1.024^{T-20}}$$

计算时取值 $a = 0.82$，$\beta = 0.95$，$C_j = 2.0$，$P = 1.0$，则计算得

$$R_O = \frac{O_2 \times 10.73}{0.82 \times [0.95 \times 1.0 \times 8.93 - 2.0] \times 1.024^{(30-20)}} = 1.6 O_2$$
$$= 31.8 \text{ (kgO}_2\text{/h)}$$

SBR 反应池供气量 G_s 为

$$G_s = \frac{R_O}{0.3 E_A} = \frac{31.8}{0.3 \times 0.08} = 1325 \text{ (m}^3\text{/h)}$$
$$= 22.08 \text{ (m}^3\text{/min)}$$

每立方污水供气量为

$$\frac{1325}{62.5} = 21.2 \text{ (m}^3 \text{ 空气/m}^3 \text{ 污水)}$$

去除每千克 BOD_5 的供气量为

$$\frac{1325}{62.5 \times 0.208} = 102 \text{ (m}^3 \text{ 空气/kgBOD}_5\text{)}$$

去除每千克 BOD_5 的供氧量为

$$\frac{31.8}{62.5 \times 0.208} = 2.45 \text{ (kgO}_2\text{/kgBOD}_5\text{)}$$

③ 空气管计算　空气管的平面布置如图 8-16 所示。鼓风机房出来的空气供气干管，在相邻两 SBR 池的隔墙上设两根供气支管，为两 SBR 池供气。在每根支管上设 6 条配气竖管，为 SBR 池配气，四池共四根供气支管，24 条配气管竖管。每条配气管安装 SX-1 扩散器 3 个，每池共 18 个扩散器，全池共 72 个扩散器。每个扩散器的服务面积为 $72\text{m}^2/18$ 个 $= 4\text{m}^2/$个。扩散器布置见图 8-17。

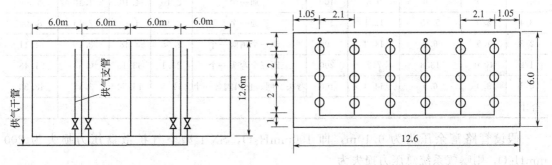

图 8-16　SBR 池空气管平面布置图　　　　图 8-17　SBR 池底扩散器布置图（m）

空气支管供气量为

$$G_{si} = 22.08 \times 1.25 \times 0.25 \times 1$$
$$= 6.9 \text{m}^3\text{/min} = 0.12 \text{m}^3\text{/s}$$

由于 SBR 反应池交替运行，四根空气支管不同时供气，故空气干管供气量亦

为 $13.8 m^3/min$。

空气管路的最不利管线计算，如图 8-18 所示。

空气管路计算结果见表 8-14。

计算表中包括鼓风机房干管及支管。

由计算表可得：空气管路总水头损失为

$$\sum h = 138.0 mmH_2O = 1352.4 \ (Pa)$$

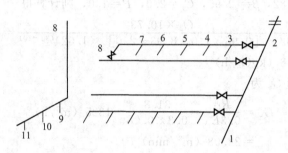

图 8-18 SBR 池空气管路计算

表 8-14 空气管路计算结果

管段编号	管段长度/m	空气流量/(m³/min)	空气流速/(m/s)	管径/mm	配 件	当量长度/m	计算长度/m	压力损失 9.8/(Pa/m)	压力损失 9.8/Pa
	L	G_s	v	D		l_0	$L+l_0$	i	h
10/11	2.0	0.38	3.2	50	弯头一个	0.76	2.76	0.42	1.16
9/10	2.0	0.76	6.6	50	三通一个	0.50	2.50	1.70	4.25
8/9	6.0	1.15	9.6	50	三通一个,弯头二个,闸阀一个	1.64	7.64	3.46	27.8
7/8	2.0	1.15	2.0	100	弯头一个	4.66	6.66	0.10	0.67
6/7	2.0	2.3	5.0	100	三通一个	2.10	4.10	0.40	1.64
5/6	2.0	3.45	7.2	100	三通一个	2.10	4.10	0.80	3.28
4/5	2.0	4.6	9.8	100	三通一个	2.10	4.10	1.45	5.95
3/4	2.0	5.75	12.1	100	三通一个	2.10	4.10	2.15	8.82
2/3	1.5	6.9	14.3	100	三通一个闸阀一个	2.98	4.48	3.15	14.11
1/2	40.0	13.8	7.2	200	三通三个弯头一个	25.1	65.10	0.33	21.48
0/1	3.0	6.9	14.3	100	弯头、闸、止回阀各一个	12.5	15.50	3.15	48.83
合计									138.0

假设管路富余压头为 0.10m，即 100mmH₂O，SX-1 型空气扩散器压力损失为 200 mmH₂O，则曝气系统总压力损失为

$$h = 0.138 + 0.10 + 0.20 = 0.438 \ (mH_2O)$$

8. 鼓风机房设计

(1) 供风量

本处理站需提供压缩空气的处理构筑物及其供风量为：预曝气沉淀池 0.21 m^3/min，4.0 mH_2O；SBR 反应池 13.8 m^3/min，4.5 mH_2O。

（2）供风风压

预曝气沉淀池供风风压为 $3.5 \sim 4.0 \mathrm{mH_2O}$，SBR 反应池需供风风压为 $4.5 \mathrm{mH_2O}$，鼓风机供风以 SBR 反应池为准。

根据计算，SBR 反应池曝气系统风压损失为 $0.338 \mathrm{mH_2O}$，则鼓风机所需出风压力为

$$p_s = H_1 + H_2 + H_3$$

式中　H_1——SBR 反应池所需风压；

　　　H_2——空气管路系统风压损失；

　　　H_3——曝气系统富余风压。

即　$p_s = H_1 + H_2 + H_3 = 4.5 + 0.338 + 0.1 = 4.938\,(\mathrm{mH_2O})$

（3）鼓风机的选择

综合以上计算，鼓风机总供风量及风压为

$$Q_s = 14.01 \mathrm{m^3/min}, \quad p_s = 4.938 \mathrm{mH_2O}$$

拟选用 TSC—100 鼓风机三台，两用一备。该鼓风机技术性能如下：转速 n1450r/min，口径 DN100mm，出风量 $8.0\ \mathrm{m^3/min}$，出风升压 p_s49.0kPa，电机功率 N15kW，机组质量 W330kg。机组占地（安装尺寸）面积 1010mm×500mm，机组高 1150mm。

（4）鼓风机房布置

鼓风机房平面尺寸 $(10.8 \times 5.4)\ \mathrm{m^2}$，鼓风机房净高 4.8m。鼓风机房含机房两间 $7.8\mathrm{m^2}$，值班（控制）室一间 $3.0\mathrm{m^2}$。鼓风机机组间距不小于 1.5m。

鼓风机不专设风道，新鲜空气直接从建筑窗上部的进风百叶窗进入，由鼓风机进风过滤器除尘。鼓风机在出风支管上装设压力表及安全阀，鼓风机由值班室和中控室均可控制。

9. 污泥处理系统

（1）产泥量

根据前面计算知，有以下构筑物排泥。

调节沉淀池	$60\mathrm{m^3/d}$	$P = 97.5\%$
UASB	$59\mathrm{m^3/d}$	$P = 98.0\%$
预曝气沉淀池	$13.5\mathrm{m^3/d}$	$P = 98.0\%$
SBR 反应池	$15.6\mathrm{m^3/d}$	$P = 99.0\%$

则污水处理系统每日总排泥量为 $V = 148.1\mathrm{m^3}$。

（2）污泥处理方式

污水处理系统各构筑物所产生污泥每日排泥一次（除 SBR 池外），集中到污泥集泥井，然后再由污泥泵打至污泥浓缩池，经浓缩后送至贮泥柜暂放，再由污泥泵送至脱水机房脱水，形成的泥饼外运作农肥（因为污泥中无有害污染物，而有机质含量较高）。

污泥浓缩池为间歇运行，运行周期为 24.0h。其中各构筑物排泥，污泥泵抽送污泥时间 $1.0 \sim 1.5$h（除 SBR 外）。污泥浓缩时间 20.0h，浓缩池排水与排泥时间 2.0h，闲置时间 $0.5 \sim 1.0$h。

（3）集泥井容积计算

考虑各构筑物为间歇排泥，每日总排泥量为 $148.1\mathrm{m^3}$，需在 1.5h 内抽送完毕，集泥井容积确定为污泥泵提升流量（$148.1\mathrm{m^3}$）的 10min 的体积，即 $16.5\mathrm{m^3}$。

此外，为保证 SBR 排泥能按其运行方式进行，集泥井容积应外加 $15.6\mathrm{m^3}$。则集泥井总容积为 $16.5 + 15.6 = 32.1\,(\mathrm{m^3})$。

集泥井有效泥深为 3.0m，则平面面积应为

$$A = \frac{V}{H} = \frac{32.1}{3.0} = 10.7 \ (\text{m}^2)$$

设计集泥井平面尺寸为（3.0×3.6）m²。

集泥井为地下式，池顶加盖，由潜污泵抽送污泥。

集泥井最高泥位 -1.0m，最低泥位 -4.0m，池底标高为 -4.5m。集泥井总容积为 48.6m³。

（4）集泥井排泥泵

集泥井中安装潜污泵两台，购三台，使用两台，备用一台。选用 AS75—2CB 潜污泵，配双泵双导轨自耦底座 100GAK。该泵技术性能为 Q_b850m³/h，H_b13.0m，电动机功率 7.5kW，转速 2900r/min，质量 W185kg。

安装所占平面尺寸 2200mm×1250mm，集泥井顶盖最小开口尺寸 1500mm×700mm。集泥井最低泥位 -4.0m，浓缩池最高泥位 3.0m，则排泥泵抽升的所需净扬程 7.0m。排泥富余水头 2.0m，污泥泵吸水管和出水管压力损失为 3.0m，则污泥泵所需扬程为 $H_h = 7.0 + 2.0 + 3.0 = 12.0$ (m)。

10. 污泥浓缩池设计计算

（1）设计说明

污泥浓缩池采用间歇式重力浓缩池，运行周期为 24.0h，其中进泥 1.0～1.5h，浓缩 20.0h，排水和排泥 2.0h，闲置 0.5～1.0h。

浓缩前污泥量为 148.1m³，含水率 P=98%。

（2）容积计算

浓缩 20.0h 后，污泥含水率为 95.5%，则浓缩后污泥体积为

$$V = V_0 \times (C_0/C) = 148.1 \times [(1-98\%)/(1-95.5\%)] = 65.8 (\text{m}^3)$$

则污泥浓缩池所需容积应不小于 148.1＋65.8＝213.92＝214.0 (m³)。

（3）工艺构造尺寸

设计污泥浓缩池两个，单池容积不应小于 107m³。设计平面尺寸为 2×（5.5×5.5）m²，则净面积为 60.5m²。设计浓缩池上部柱体高度为 3.5m，其中泥深 3.0m，柱体部分污泥容积为 181.5m³。

浓缩池下部为锥斗，上口尺寸（5.5×5.5）m²，下口尺寸为（0.5×0.5）m²，锥斗高为 3.0m，则污泥斗容积为

$$2 \times \frac{1}{3} \times 3.0 \times (5.5^2 + 0.5^2 + \sqrt{5.5^2 \times 0.5^2}) = 66.5 \ (\text{m}^3)$$

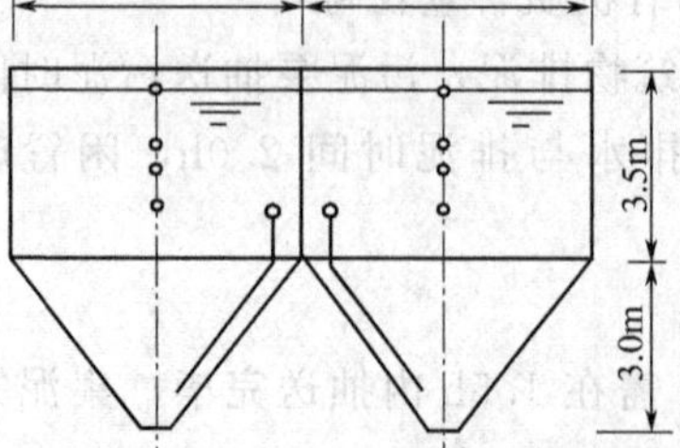

图 8-19　污泥浓缩池构造和尺寸

污泥浓缩池总容积为 181.5＋66.5＝248.0（m³）＞214.0m³，满足要求。浓缩池保护容积为 34.0m³。锥体斜面倾角为 50.2°，浓缩池池顶标高为 3.5m，池内底标高为 -3.0m。污泥浓缩池构造和尺寸见图 8-19。

（4）排水和排泥

① 排水　浓缩后池内上清液利用重力排放，由站区溢流管道排入调节池。浓缩池设四根排水管于池壁，管径 DN150mm。于浓缩池最高水位处设置一根，向下每隔 1.0m、0.6m、0.4m 处设置一根排水管，下面三根安装蝶阀。

② 排泥　污泥浓缩后由污泥泵抽送入污泥贮柜。污泥泵抽升流量 66.0m³/h。浓缩池最低泥位－0.5m，污泥贮柜最高泥位为 5.5m，则污泥泵静扬程为 6.0m。

选用 2PN 污泥泵一台，该泵 Q_b 60m³/h，H_b 17.5mH₂O，转速 n 1450r/min，电动机功率 N 10kW，质量 W 150kg，平面尺寸 1250mm×500mm。

11. 污泥脱水系统设计

（1）污泥贮柜

浓缩后需排出污泥 66m³，污泥贮柜容积应为 $V \geqslant 660$m³。设污泥贮柜为 ϕ 4.0m×H 6.0m，则贮泥有效容积为

$$V = \frac{\pi}{4} \times 4.0^2 \times 5.7 = 71.6 \ (\text{m}^3) \ > 66.0\text{m}^3$$

可满足污泥贮存要求。

污泥贮柜除进出泥管外，需设置泥位计、通风孔、人孔。

（2）污泥脱水机房

① 污泥产量　干污泥产量为

调节沉淀池	1.5t/d
UASB	1.2t/d
预曝气沉淀池	0.28t/d
SBR 反应池	0.16t/d

合计干污泥量为　　　　　　　　　　　　3.14t/d

经浓缩池浓缩后为含水 P = 95.5% 的污泥共 66.0m³/d。

② 污泥脱水机　根据所需处理污泥量，选用 DYQ—2000 型脱水机一台。该脱水机处理能力为 430kg（干）/h，则工作时间 7.3h。

脱水机技术指标：干泥生产量 400～460kg/h，泥饼含水率 70%～80%，主机调速范围 0.97～4.2r/min，主机功率 1.1kW，系统总功率 25.2kW，滤带有效宽度 2000mm，滤带运行速度 1.04～4.5r/min。外形尺寸 4800mm×3000mm×2500mm，机组质量 6120kg。

③ 投药装置

投药量：根据对城市污水污泥、啤酒厂污水站污泥絮凝剂脱水试验知，常用絮凝剂的投药量分别为：FeCl₃ 5.0%～8.0%，硫酸铝 8.0%～12.0%，聚合氯化铝 3.0%～10.0%，聚丙烯酰胺 1.5‰～2.5‰。

投药系统按投加聚丙烯胺考虑。设计投药量为 2.0‰，则每日需药剂为

$$3140\text{kg} \times 2.0/1000 = 6.28\text{kg}$$

需用纯度为 90% 的固体聚丙烯酰胺为　6.28/0.90 = 7.0kg

调配的絮凝剂溶液浓度为 0.2%～0.4%，则溶解所需溶药罐最小容积为 2000L。选用 BJQ—14—0.75 溶药搅拌机一台，药液罐规格 1.8m×ϕ 1.5m，有效容积为 2625L，搅拌电动机功率为 0.75kW。

药液投加选用 JZ—450/8 计量泵，投药量为 450L/h，投药压力为 8.0kgf/cm²（1kgf/cm² = 98kPa），计量泵外形占地尺寸为 825mm×890mm，高为 880mm（含基础）。

④ 其他配套设备

a. 污泥进料泵　单螺杆泵一台 GFN65×2A，该泵输送流量 0.5～15.0m³/h，输送压力为 4.0kgf/cm²（1kgf/cm² = 98kPa），电动机功率为 7.5kW，占地尺寸 2100mm×1200mm。

b. 滤带清洗水泵　DA1—80×5 清水泵一台，该泵流量 25.2～39.6m³/h，扬程 44～64mm，电动机功率为 7.5kW，占地尺寸为 1400mm×700mm。

c. 空压机　Z—0.3/7 移动式空压机一台，输送空气流量为 0.3m³/min，压力为 7.0kgf/cm²（1kgf/cm²＝98kPa）。

⑤ 脱水机房面积　脱水机房建筑尺寸为（12.0×9.0）m²，必要时可设置（2.0×6.0）m² 的污泥栅。

五、污水处理站平面布置和高程布置

1. 构筑物和建筑物主要设计参数

该淀粉厂废水处理工艺构筑物和建筑物及其技术参数详见表 8-15，表中包括部分独立露天设置的设备。综合楼的功能包括办公与值班、化验、配电、控制。

构筑物平面尺寸指平面外形尺寸。建筑物平面尺寸为轴线尺寸。

表 8-15　构（建）筑物一览表

序号	名称	技术参数	平面尺寸/m²	高度/m	备注
1	分流格栅槽	$S=0.01m$	2.0×0.3	0.70	砖混
2	集水井	$T=0.25h$	5.0×1.5	3.20	砖混
3	一次污水泵房	80WGF 三台 $Q_b65m³/h$ $H_b16.5m$	5.0×2.0		钢筋混凝土
4	调节沉淀池	$T=8.0h$	12.9×12.6	6.70	砖混
5	二次污水泵房	80WG 三台 $Q25～70m³/h$ $H_b16.5m$	9.0×8.4	5.0	钢
6	UASB	四台 $\phi7.0m×H10.0m$ $N_v=6.0kgCOD/m³·d$	18.0×20.0	10.0	钢
	水封罐	两个	$\phi1.8m$	2.5	钢
7	预曝气沉淀池	$T=2.50h$	13.9×9.4	6.0	钢筋混凝土
8	SBR 反应池	$\sum T=8.0h$ $T_R=4.0h$	25.5×12.6	5.5	钢筋混凝土
9	鼓风机房	$Q14.0m³/min$ $p5.0mH_2O$	10.8×5.4	4.8	砖混
10	集泥井	$Q=148.1m³/d$	3.0×3.6	4.5	砖混
11	污泥浓缩池	$P95.5\%$ $Q65.8m³$ $T=24.0h$	11.9×6.1	6.5	钢筋混凝土
12	污泥泵	2PN 一台 $Q_b60m³/h$ $H17.5m$	1.25×0.5		
13	污泥贮柜	$V66.0m³$	$\phi4.0m$	6.0	钢
14	污泥脱水机房	DYQ—2000	12.0×9.0	5.4	砖混
15	污泥棚		2.0×6.0	3.9	砖混
16	沼气柜	$V500m³$	$\phi10.3m$	7.0	钢
17	综合楼	二层	15.0×5.4	7.2	砖混

2. 污水处理站平面布置

该淀粉厂污水处理站位于淀粉厂东南角，处理站东西宽 39.0m，南北长 77.0m，总占地面积 3003.0m²。其中构（建）筑物占地面积为 1322.0m²，所占比例为 44.0%。污水从处理站西北进水，从东侧出水。

（1）布置原则

① 处理站构（建）筑物的布置应紧凑，节约用地和便于管理。

a. 池形的选择应考虑减少占地，利于构（建）筑物之间的协调；

b. 构（建）筑物单体数量除按计算要求确定外，亦应利于相互间的协调和总图的协调；

c. 构（建）筑物的布置除按工艺流程和进出水方向布置外，还应考虑与外界交通、气象、人居环境和发展规划的协调，做好功能划分和局部利用。

② 构（建）筑物之间的间距应按交通、管道敷设、基础施工和运行管理需要考虑。

③ 管线布置尽量沿道路与构（建）筑物平行布置，便于施工与检修。

④ 做好建筑、道路、绿地与工艺构筑物的协调，做到即使生产运行安全方便，又使站区环境美观，向外界展现优美的形象。

⑤ 具体做好以下布置。

a. 污水调节池和污泥浓缩池应与办公区或厂前区分离；

b. 配电应靠近引入点或耗电量大的构（建）筑物，并便于管理；

c. 沼气系统的安全要求较高，应远离明火或人流、物流繁忙区域；

d. 重力流管线应尽量避免迂回曲折。

（2）管线设计

参见附录附图 3 工艺管道平面布置图。

① 污水管

a. 进水渠 原污水沟上截流闸板的设置和进站控制闸板的设置由淀粉厂完成。

b. 出水管 DN200 铸铁管或陶瓷管，q17.4L/s，v0.90m/s，i0.006。

c. 超越管 考虑运行故障或进水严重超过设计水量水质时废水的出路，在 UASB 之前及预曝气沉淀池之前设置超越管，规格 DN200 铸铁管或陶瓷管，i0.006。

d. 溢流管 浓缩池上清液及脱水机压滤水含微生物有机质 0.5%~1.0%，需进一步处理，排入调节池。设置溢流管，DN200 铸铁管，i0.004。

② 污泥管 调节池沉淀池、UASB、预曝气沉淀池、SBR 反应池污泥均排入集泥井，站区排泥管均选用 DN200 铸铁管，i0.02。

集泥井至浓缩池，浓缩池排泥泵至贮泥柜，贮泥柜至脱水机间均为压力输送污泥管。集泥井排泥管 DN250，钢管，v0.9m/s。浓缩池排泥管、贮泥柜排泥管，DN150，钢管，v1.0m/s。

③ 沼气管 沼气管从 UASB 至水封罐为 DN100，钢管。从水封罐向气水分离器及沼气柜为 DN150，钢管。沼气管逆坡向走管，i0.005。

④ 给水管 沿主干道设置供水干管 DN50，镀锌钢管。引入污泥脱水机房供水支管 DN50，镀锌钢管。引入办公综合楼、泵房及各池均为 DN32，镀锌钢管。

⑤ 雨水外排 依靠道路边坡排向厂区主干道雨水管。

⑥ 管道埋深

a. 压力管道 在车行道之下，埋深 0.7~0.9m，不得小于 0.7m；在其他位置 0.5~

0.7m，不宜大于 0.7m。

b. 重力流管道　由设计计算决定，但不宜小于 0.7m（车行道下）和 0.5m（一般区域）。

（3）平面布置特点

平面布置结果见图 8-20。平面布置特点有：布置紧凑，构（建）筑物占地面积比例大于 35.0%。重点突出，运行及安全重点区域 UASB 放置站前部，引起注意，但未靠近厂区主干道。美化环境，集水井、调节池、污泥浓缩池设于站后部。

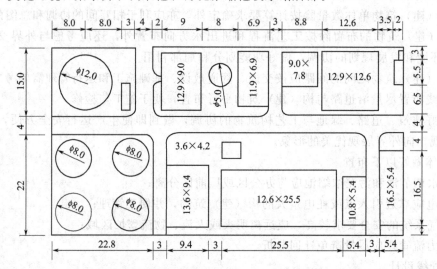

图 8-20　某污水处理站平面布置图（单位：m）

3. 污水处理站高程布置

（1）布置原则

① 尽可能利用地形坡度，使污水按处理流程在构筑物之间能自流，尽量减少提升次数和水泵所需扬程。

② 协调好站区平面布置与各单体埋深，以免工程投资增大、施工困难和污水多次提升。

③ 注意污水流程和污泥流程的配合，尽量减少提升高度。

④ 协调好单体构造设计与各构筑物埋深，便于正常排放，又利检修排空。

（2）高程布置

结果参见附录图 4。

六、施工要求

该淀粉厂废水处理工程施工时，除按施工图的具体技术要求施工外，还应满足以下要求。

① 主体施工详见施工图纸，严格执行国家有关钢筋混凝土工程、钢结构工程施工规范和《给水排水构筑物施工及验收规范》GB/J 141—92。

② 主体结构施工应对照工艺、电气设计图纸进行，不得遗漏预埋件和预埋孔洞，做好预埋件的防腐处理。如有矛盾和不详实之处，应及时与设计单位联系。

③ 设备安装技术要求除按到货技术要求执行外，还应执行《机械设备安装工程施工及验收规范》第一册 TJ231（一），及第五册，压缩机、风机、泵、空气分离设备安装 TJ231

（五）；《化工机械设备安装施工及验收规范（通用规定）》HGJ 203—83；或由设备生产厂技术人员指导、参与安装和调试。

尤其注意设备基础和安装施工应按订货（或到货）设备图纸进行。

④ 管道安装工程，一般应执行《给水排水管道工程施工及验收规范》GB 50268—97。

a. 连接与防腐　镀锌钢管，$DN75.0mm$ 之下丝扣连接。明装管道，除锈之后刷丹油两遍，再刷银粉两遍；暗装管道，除锈之后刷丹油两遍，再刷沥青漆两遍，执行《建筑安装工程质量检验评定标准（管道部分）》TJ 302。

焊接钢管，焊接或法兰连接，地埋管道在除锈之后刷丹油一遍，铁红环氧底漆两遍，再刷沥青漆一遍；明装管道，除锈之后刷丹油一遍，铁红环氧底漆两遍，面漆一遍。执行《建筑安装工程质量检验评定标准（工业管道安装工程）》TJ 307。

陶土排水管，承插连接，执行《市政排水管渠工程质量检验评定标准》CJJ 3—90。

b. 管道保温　室外明装管道（沼气管道除外）以 20mm 岩棉包装，外用玻璃布包扎，再刷面漆一层。

c. 管道支吊架　详见国标图纸 S161 管道支架和吊架。

⑤ 设备管道面漆颜色规定

设备：成套设备为原色；非标设备灰蓝色。

管道：污水管，绿色；自来水管，银灰色；污泥管，褐色；沼气管，浅蓝色；压缩空气管，深蓝色；真空管，黄色。

第三节　某城市污水厂深度处理工程设计实例

一、工程概述

城市污水经过二级生化系统处理后，水质满足 GB 18918—2002 的二级标准，但还残留有难降解有机物、氮和磷的化合物、不可沉淀的固体颗粒、致病微生物以及无机盐等污染物质。污水厂二级处理出水常含 BOD_5 20～30mg/L、COD40～100mg/L、SS20～30mg/L、NH_3-N 5～25mg/L、TP 1～2mg/L。出水如排放入湖泊、水库、河道等缓流水体会导致水体的富营养化；排放至养鱼水体会导致水体被破坏；因此必须进一步对出水进行深度处理，才能够达到 GB 18918—2002 的一级排放标准或回用。

本工程实例深度处理进水为污水处理厂二级处理出水，设计进出水水质指标见表 8-16。

表 8-16　深度处理设计进出水水质

项目	BOD_5	COD	SS	NH_3-N	TP	备注
进水水质/(mg/L)	20	80	30	7	1.0	
出水水质/(mg/L)	10	50	10	7	0.5	

二、深度处理工艺方案比较

深度处理工艺的选择直接关系到出水各项水质指标能否达到处理要求及其稳定与否，运行管理是否方便可靠，建设费用、运行费用和占地、能耗高低。

深度处理的常规工艺目前采用较多的是：混凝→沉淀→过滤→消毒方案和混凝→气浮→

过滤→消毒方案。两种工艺的区别在于絮凝作用发生的程度和固液分离方法不同。该设计实例根据工程可行性研究报告，采用混凝、沉淀、过滤深度处理工艺，该工艺具有运行稳定可靠，投资少，设备操作过程简单，维护量少，维护费用低等优点。

混凝-沉淀是向水中投加一定数量的凝聚剂，在适当的外力作用下发生凝聚和絮凝过程，使污水中颗粒和胶体污染物形成较大絮状颗粒，在重力作用下沉淀到池底，完成固液分离过程。这种工艺操作过程简单，设备少，运行稳定，应用极为普遍。

深度处理工艺（混凝-沉淀-过滤方案）工艺流程见图8-21。

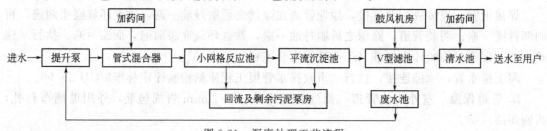

图8-21　深度处理工艺流程

三、深度处理工艺设计计算

1. 设计规模和进出水水质

深度处理采用混凝→沉淀→过滤→消毒的常规净水处理工艺方案，处理后的深度出水作为市区内河道的补充水源。

设计规模：$5 \times 10^4 \mathrm{m}^3/\mathrm{d}$。

自用水系数：10%

设计进水水质为：

BOD_5	20mg/L
COD_{Cr}	80mg/L
SS	30mg/L
NH_3-N	7mg/L
TP	1mg/L

设计出水水质：

BOD_5	10mg/L
COD_{cr}	50mg/L
SS	10mg/L
TKN	10mg/L
TP	0.5mg/L
pH	6.5～9

2. 提升泵房配水井

（1）设计说明

将污水处理厂二级处理系统满足深度处理进水水质的出水输送至深度处理工段，多余水排放，主要应考虑二级生化系统各系列出水水质的不均衡，优先采用优质出水，减少药剂的添加量。

（2）设计计算（设计计算略）

3. 提升泵房

（1）设计说明

将污水处理厂二级处理系统出水经潜水泵一次提升至深度处理构筑物，进行深度处理，满足后续处理流程高程的要求。

（2）设计计算（设计计算略）

4. 管式静态混合器井

管式静态混合器混合效果好，构造简单，制作安装方便。

（1）设计说明

设计流量 $Q=55000m^3/d=2292m^3/h$，进水管投药口至絮凝反应池的距离为50m，进水管采用2条，直径 $d_1=600mm$。

（2）设计计算

① 进水管流速 v

据 $d_1=600mm$，$q=\dfrac{55000}{2\times24}=1146$（$m^3/h$），查水力计算表知 $v=1.15m/s$。

② 混合管段的水头损失 h

$$h=il=\frac{3.11}{1000}\times50=0.156\ （m）<0.3\sim0.4m$$

说明仅靠进水管内流不能达到充分混合的要求，故需在进水管内装设管道混合器。选用管式静态混合器，其规格为 $DN600$。

5. 网格反应池

"涡旋混凝低脉动沉淀技术"是一种新型的高效混凝沉淀技术，该技术是哈尔滨建筑大学王绍文教授多年研究的物相接触、亚微观物质的惯性效益理论在给水处理上的开发研究成果，包括小孔眼网格和小间距斜板等专利技术，由于理论上的重大突破，大幅度地提高了水流中颗粒的碰撞速率，得到了高效率的效果：混合时间30s，反应时间仅需5～10min，沉淀上升流速3mm/s以上，沉淀池出水可达3NTU以下，并对原水具有广泛的适应性。

"涡旋混凝低脉动沉淀技术"指导下的小孔眼网格反应池，全程布设网格，有利于析出的小矾花快速有效碰撞，使矾花颗粒由小变大，由松散到密实，既保证了反应后矾花颗粒达到一定的尺度和密实度，又增强了矾花抗剪切的能力，从而避免了反应的不完善和过反应现象产生。这种技术目前已经获得广泛的应用，并普遍取得十分满意的效果。

（1）设计说明

设计水量 $Q=50000m^3/d$，絮凝反应池分为两组，絮凝时间 $t=17min$。絮凝池分为三段：

前段放密栅条，过栅流速 $v_{1栅}=0.25m/s$，竖井平均流速 $v_{1井}=0.12m/s$；

中段放中疏栅条，过栅流速 $v_{2栅}=0.22m/s$，竖井平均流速 $v_{2井}=0.12m/s$；

末段放疏栅条，过栅流速 $v_{3栅}=0.15m/s$，竖井平均流速 $v_{3井}=0.12m/s$。

前段竖井的过孔流速0.30～0.2m/s，中段0.2～0.15m/s，末段0.1～0.14m/s.

（2）设计计算

① 每组絮凝池的设计水量 $Q_分$　考虑水厂的自用水量10%，则

$$Q_分=\frac{50000\times1.1}{2}=27500\text{ （m}^3/\text{d）}=1146\text{ （m}^3/\text{h）}=0.318\text{ （m}^3/\text{s）}$$

② 絮凝池的容积 W

$$W=\frac{Qt}{60}=\frac{1146\times17}{60}=324.7\text{ （m}^3)$$

③ 絮凝池的平面面积 A　为与沉淀池配合，絮凝池的池深为3.5m。

$$A=\frac{W}{H}=\frac{324.7}{3.5}=92.77\text{ （m}^2)$$

④ 絮凝池单个竖井的平面面积 f

$$f=\frac{Q}{v_井}=\frac{0.318}{0.15}=2.1\text{ （m}^2)$$

为方便平面布置，取竖井的长 $l=1.46$m，宽 $b=1.46$m，单个竖井的实际平面 $f_实=1.46\times1.46=2.13$ （m²）

⑤ 竖井的个数 n

$$n=\frac{A}{f}=\frac{92.77}{2.13}=43.55\text{ （个） 取 }n=43\text{ （个）}$$

⑥ 竖井内栅条的布置　选用栅条材料为塑料型，断面为矩形，宽度为50mm，外框架为不锈钢，直接安装。

a. 前段放置密栅条后

竖井过水面积为：

$$A_{1水}=\frac{Q_分}{v_{1栅}}=\frac{0.318}{0.25}\approx1.27\text{ （m}^2)$$

竖井中栅条面积为：

$$A_{1栅}=2.13-1.27=0.86\text{ （m}^2)$$

单栅过水断面面积为：

$$a_{1栅}=1.46\times0.05\approx0.073\text{ （m}^2)$$

所需栅条数为：

$$M_1=\frac{A_{1栅}}{a_{1栅}}=\frac{0.87}{0.073}=11.9\text{ （根），取 }M_1=12\text{ 根}$$

两边靠池壁各放置栅条1根，中间排列放置10根，过水缝隙数为11个。

平均过水缝宽：

$$S_1=\frac{(1460-12\times50)}{11}=78.18\text{ （mm）}$$

实际过栅流速：

$$v'_{1栅}=\frac{0.318}{(11\times1.46\times0.078)}\approx0.255\text{ （m/s）}$$

b. 前段放置密栅条后

竖井过水面积为：

$$A_{2水}=\frac{Q_分}{v_{2栅}}=\frac{0.318}{0.22}\approx1.44\text{ （m}^2)$$

竖井中栅条面积为：

$$A_{2栅} = 2.13 - 1.44 = 0.69 \ (m^2)$$

单栅过水断面面积为:

$$a_{2栅} = 1.46 \times 0.05 \approx 0.073 \ (m^2)$$

所需栅条数为:

$$M_2 = \frac{A_{1栅}}{a_{1栅}} = \frac{0.69}{0.073} = 9.45 \ (根), \ 取 \ M_2 = 10 \ 根$$

两边靠池壁各放置栅条 1 根,中间排列放置 8 根,过水缝隙数为 9 个。

平均过水缝宽:

$$S_2 = \frac{(1460 - 10 \times 50)}{9} = 106.7 \ (mm)$$

实际过栅流速:

$$v'_{2栅} = \frac{0.318}{(9 \times 1.46 \times 0.107)} \approx 0.226 \ (m/s)$$

c. 前段放置密栅条后

竖井过水面积为:

$$A_{3栅} = \frac{Q_分}{v_{3栅}} = \frac{0.318}{0.15} \approx 2.1 \ (m^2)$$

竖井中栅条面积为:

$$A_{3栅} = 2.13 - 2.1 = 0.03 \ (m^2)$$

单栅过水断面面积为:

$$a_{3栅} = 1.46 \times 0.05 \approx 0.073 \ (m^2)$$

所需栅条数为:

$$M_3 = \frac{A_{3栅}}{a_{3栅}} = \frac{0.03}{0.073} = 0.041 \ (根), \ 取 \ M_3 = 1 \ 根$$

中间放置 1 根,过水缝隙数为 2 个。

平均过水缝宽:

$$S_3 = \frac{(1460 - 1 \times 50)}{2} = 705 \ (mm)$$

实际过栅流速:

$$v'_{3栅} = \frac{0.318}{(2 \times 1.46 \times 0.705)} \approx 0.154 \ (m/s)$$

⑦ 絮凝池总高 絮凝池的有效水深为 3.5m,取超高 0.3m,池底设穿孔排泥管及快开排泥阀排泥,占用深度 0.5m,池的总高 H:

$$H = 3.5 + 0.3 + 0.5 = 4.3 \ (m)$$

⑧ 竖井隔墙孔洞尺寸

$$竖井隔墙孔洞的过水面积 = \frac{流量}{过孔流速}$$

如 $1^{\#}$ 竖井的孔洞面积 $= \frac{0.318}{0.3} = 1.06 \ (m^2)$

取孔的宽为 1.56m,高为 0.65m。

其余各竖井孔洞的计算略。

⑨ 水头损失 h

$$h = \sum h_1 + \sum h_2 = \sum \xi_1 \frac{v_1^2}{2g} + \sum \xi_2 \frac{v_2^2}{2g} \quad (\text{m})$$

式中 h——总水头损失，m；

   h_1——每层网格、栅条的水头损失，m；

   h_2——每个孔洞的水头损失，m；

   ξ_1——栅条、网格阻力系数，前段取 1.0，中段取 0.9；

   ξ_2——孔洞阻力系数，可取 3.0；

   v_1——竖井过栅、过网流速，m/s；

   v_2——各段孔洞流速，m/s。

第一段计算数据如下：

竖井个数 18 个，前 15 个竖井栅条数 2 层，后三个竖井栅条数 3 层，共计 39 层；$\xi_1 = 1.0$；过栅流速 $v_{1栅} = 0.252\text{m/s}$；竖井隔墙 18 个孔洞；$\xi_2 = 3.0$。

过孔流速：$v_{1孔} = 0.3\text{m/s}$；$v_{2孔} = 0.3\text{m/s}$；$v_{3孔} = 0.29\text{m/s}$；$v_{4孔} = 0.29\text{m/s}$；$v_{5孔} = 0.28\text{m/s}$；$v_{6孔} = 0.28\text{m/s}$；$v_{7孔} = 0.27\text{m/s}$；$v_{8孔} = 0.27\text{m/s}$；$v_{9孔} = 0.26\text{m/s}$；$v_{10孔} = 0.26\text{m/s}$；$v_{11孔} = 0.25\text{m/s}$；$v_{12孔} = 0.25\text{m/s}$；$v_{13孔} = 0.24\text{m/s}$；$v_{14孔} = 0.24\text{m/s}$；$v_{15孔} = 0.23\text{m/s}$；$v_{16孔} = 0.22\text{m/s}$；$v_{17孔} = 0.21\text{m/s}$；$v_{18孔}$ 与 $= 0.20\text{m/s}$。

计算：

$$h = \sum h_1 + \sum h_2 = \sum \xi_1 \frac{v_1^2}{2g} + \sum \xi_2 \frac{v_2^2}{2g}$$

$$= 39 \times 1.0 \times \frac{0.252^2}{2 \times 9.8} + \frac{3}{2 \times 9.8} (0.3^2 + 0.3^2 + 0.29^2 + 0.29^2 + 0.28^2 + 0.28^2$$

$$+ 0.27^2 + 0.27^2 + 0.26^2 + 0.26^2 + 0.25^2 + 0.25^2 + 0.24^2 + 0.24^2 + 0.23^2 + 0.23^2$$

$$+ 0.22^2 + 0.21^2 + 0.20^2)$$

$$\approx 0.13 + 0.27 = 0.40 \quad (\text{m})$$

第二段计算数据如下：

竖井个数 18 个，单个竖井栅条数 1 层，共计 18 层；$\xi_1 = 0.9$；过栅流速 $v_{1栅} = 0.224\text{m/s}$；竖井隔墙 18 个孔洞；$\xi_2 = 3.0$。

过孔流速：$v_{1孔} = 0.19\text{m/s}$；$v_{2孔} = 0.19\text{m/s}$；$v_{3孔} = 0.19\text{m/s}$；$v_{4孔} = 0.19\text{m/s}$；$v_{5孔} = 0.18\text{m/s}$；$v_{6孔} = 0.18\text{m/s}$；$v_{7孔} = 0.18\text{m/s}$；$v_{8孔} = 0.18\text{m/s}$；$v_{9孔} = 0.17\text{m/s}$；$v_{10孔} = 0.17\text{m/s}$；$v_{11孔} = 0.17\text{m/s}$；$v_{12孔} = 0.17\text{m/s}$；$v_{13孔} = 0.16\text{m/s}$；$v_{14孔} = 0.16\text{m/s}$；$v_{15孔} = 0.16\text{m/s}$；$v_{16孔} = 0.16\text{m/s}$；$v_{17孔} = 0.15\text{m/s}$；$v_{18孔} = 0.15\text{m/s}$。

计算：

$$h = \sum h_1 + \sum h_2 = \sum \xi_1 \frac{v_1^2}{2g} + \sum \xi_2 \frac{v_2^2}{2g}$$

$$= 18 \times 0.9 \times \frac{0.224^2}{2 \times 9.8} + \frac{3}{2 \times 9.8} (0.19^2 \times 4 + 0.18^2 \times 4 + 0.17^2 \times 4 + 0.16^2 \times 4 + 0.15^2 \times 2)$$

$$\approx 0.04 + 0.08 = 0.12 \quad (\text{m})$$

第三段计算数据如下：

竖井个数 7 个，单个竖井栅条数 1 层，共计 7 层；$\xi_1 = 0.9$；过栅流速 $v_{1栅} = 0.153\text{m/s}$；竖井隔墙 18 个孔洞；$\xi_2 = 3.0$；

过孔流速：$v_{1孔} = 0.14\text{m/s}$；$v_{2孔} = 0.14\text{m/s}$；$v_{3孔} = 0.13\text{m/s}$；$v_{4孔} = 0.13\text{m/s}$；$v_{5孔} =$

0.12m/s; $v_{6\text{孔}}=0.12\text{m/s}$; $v_{7\text{孔}}=0.11\text{m/s}$。

计算：

$$h=\sum h_1+\sum h_2=\sum \xi_1 \frac{v_1^2}{2g}+\sum \xi_2 \frac{v_2^2}{2g}$$

$$=7\times0.9\times\frac{0.153^2}{2\times9.8}+\frac{3}{2\times9.8}\ (0.14^2+0.14^2+0.13^2+0.13^2+0.12^2+0.12^2+0.11^2)$$

$$\approx0.01+0.02=0.03\ (\text{m})$$

⑩ 各段停留时间和 G 值（搅拌速度梯度）

第一段：$t_1=\dfrac{V_1}{Q}=\dfrac{1.46\times1.46\times3.5\times18}{0.318}=422.30\ (\text{s})=7.04\ (\text{min})$

第二段：$t_2=\dfrac{V_2}{Q}=\dfrac{1.46\times1.46\times3.5\times18}{0.318}=422.30\ (\text{s})=7.08\ (\text{min})$

第三段：$t_3=\dfrac{V_3}{Q}=\dfrac{1.46\times1.46\times3.5\times7}{0.318}=164.23\ (\text{s})=2.74\ (\text{min})$

总停留时间 $t=t_1+t_2+t_3=1008.8\ (\text{s})$

G 值：

$$G=\sqrt{\frac{\rho g h}{\mu t}}$$

20℃时，$\mu=1\times10^{-3}\text{Pa}\cdot\text{s}$

第一段：$G_1=\sqrt{\dfrac{\rho g h_1}{\mu t_1}}=\sqrt{\dfrac{1000\times9.81\times0.4}{1\times10^{-3}\times422.30}}=96.39\ (\text{s}^{-1})$

第二段：$G_2=\sqrt{\dfrac{\rho g h_2}{\mu t_2}}=\sqrt{\dfrac{1000\times9.81\times0.12}{1\times10^{-3}\times422.30}}=52.80\ (\text{s}^{-1})$

第三段：$G_3=\sqrt{\dfrac{\rho g h_3}{\mu t_3}}=\sqrt{\dfrac{1000\times9.81\times0.03}{1\times10^{-3}\times164.23}}=42.33\ (\text{s}^{-1})$

$$\overline{G}=\sqrt{\frac{\rho g \sum h}{\mu t}}=\sqrt{\frac{1000\times9.81\times0.55}{1\times10^{-3}\times1008.8}}=73.1\ (\text{s}^{-1})$$

$$\overline{G}_t=73.1\times1008.8=73743.28$$

在小网格絮凝反应池底部设置 $DN300$ 穿孔排泥管，用做定期排放池底积泥和放空。

6. 平流沉淀池

平流沉淀池对水质、水量变化的适应性强，处理效果稳定，构造简单，池深度较浅，造价低，管理方便，采用机械排泥效果好，是一种常用的沉淀池形式。

（1）设计说明

设计水量 $Q=50000\text{m}^3/\text{d}$，自用水系数 10%。沉淀池采用 $n=2$ 个，沉淀时间 $t=2\text{h}$，池内平均水平流速 $v=8\text{mm/s}$。

（2）设计计算

① 设计水量 Q

$$Q=50000\times1.1=55000\ (\text{m}^3/\text{d})=2291\ (\text{m}^3/\text{h})$$

② 池体尺寸

a. 单池池容 W

$$W=\frac{Qt}{n}=\frac{2291\times2}{2}=2291\ (\text{m}^3)$$

b. 池长 L

$$L = 3.6vt = 3.6 \times 8 \times 2 = 57.6 \text{ (m)}, \text{采用 58m}$$

c. 池宽 B

池的有效水深采用 $H = 3$m，则池宽：

$$B = \frac{W}{LH} = \frac{2291}{58 \times 3} = 13.16 \text{ (m)}$$

为配合机械选型取用 13m。

③ 进水穿孔墙

a. 沉淀池进口处采用穿孔墙布水，墙长 13m，墙高 3.5m（有效水深 3m，用机械刮泥装置排泥，其积泥厚度 0.1m，超高 0.4m）。

b. 穿孔墙孔洞总面积 Ω

孔洞处流速采用 $v_0 = 0.25$m/s，则

$$\Omega = \frac{Q}{3600v_0} = \frac{2291}{3600 \times 0.25} = 2.55 \text{ (m}^2\text{)}$$

c. 孔洞个数 N

孔洞形状采用矩形，尺寸为 15cm×18cm，则

$$N = \frac{\Omega}{0.15 \times 0.18} = \frac{2.55}{0.15 \times 0.18} = 94.44，取用 96 个$$

④ 出水槽

a. 采用穿孔集水槽淹没出水，孔口保证水平。

b. 出水槽宽度采用 0.33m，长度采用 20m，单池内设 7 个。

⑤ 排泥设施　为取得较好的排泥效果，采用机械排泥，运行方式为间歇排泥，间隔时间根据运行效果调整。

⑥ 沉淀池水力条件复核

a. 水力半径 R

$$R = \frac{\omega}{\rho} = \frac{BH}{2H + B} = \frac{1300 \times 300}{2 \times 300 + 1300} = 205 \text{ (cm)}$$

b. 弗劳德数

$$Fr = \frac{v^2}{Rg} = \frac{0.8^2}{205 \times 981} = 0.3 \times 10^{-5}$$

该 Fr 值稍小于 $10^{-5} \sim 10^{-4}$。

沉淀池出水采用指形集水槽，每个平流沉淀池内设 7 个不锈钢集水槽，规格 $L \times B = 20\text{m} \times 330\text{mm}$。吸泥机和排泥管的运行按时间控制。

7. V 型滤池

近年来采用较多的 V 型滤池是一种高效、稳定的过滤技术。V 型滤池是法国得利满公司开发研制的均质深层截污过滤技术。该技术在国内已有很多成功运行的实例，普遍收到了高效率、高水质、节水节能等效果，故在国内得以广泛的推广应用。V 型滤池采用均质深层砂滤料，截污能力强、滤速高、出水水质好且稳定。反冲洗方式为气水反冲加表面扫洗，冲洗效果好、运行周期长、省水省电。单池进、出水设置堰板，使各池进水均匀，进出水不受其他单池的影响，滤池出水管设有调节阀门，可方便地实现达到恒位、恒速过滤。此种池型自动化程度较高。

（1）设计说明

设计水量 50000m³/d，自用水系数 10％；

计算水量 $Q=1.1\times50000=55000$m³/d；

滤速 $v=6$m/h；

第一步气冲冲洗强度 $q_气=15$L/(s·m²)；第二步气-水同时反冲，冲洗强度 $q_气=15$L/(s·m²)，水强度为 $q_水=6$L/(s·m²)；第三步水冲冲洗强度 $q_水=6$L/(s·m²)；

第一步气冲时间 $t_气=3$min，第二步气-水同时反冲时间 $t_{气水}=4$min，单独水洗时间 $t_水=5$min；冲洗时间共计 $t=12$min$=0.2$h；冲洗周期 $T=48$h；反冲洗横扫强度 3L/(s·m²)。

（2）设计计算

① 池体计算

a. 滤池工作时间 $t'=24-\dfrac{24t}{T}=24-\dfrac{0.2\times24}{48}=23.9$（h）

b. 滤池面积 F

$$F=\frac{Q}{vt'}=\frac{55000}{6\times23.9}=383.5（m²）$$

c. 滤池的分格。为节省占地，选双格 V 型滤池，池底板用混凝土，单格宽 $B_单=3.5$m，长 $L_单=14$m，面积 49m²。共 4 座，每座面积 $f=98$m²，总面积 392m²。

d. 校核强制滤速 v'

$$v'=\frac{Nv}{N-1}=\frac{4\times6}{4-1}=8（m/h）$$

满足 $v'\leqslant17$m/h 的要求。

e. 滤池高度的确定。滤池超高 $H_5=0.8$m；滤层上的水深 $H_4=1.5$m；滤料及承托层厚 $H_3=1.1$m；滤板厚 $H_2=0.1$m；滤板下布水区高度 $H_1=1.1$m；

则滤池总高：

$$H=H_1+H_2+H_3+H_4+H_5=1.1+0.1+1.1+1.5+0.8=4.6（m）$$

f. 水封井的设计。滤料层采用单层均质石英砂滤料，粒径 1.0~1.35mm，不均匀系数 K_{80} 为 1.2~1.6。

均质滤料清洁滤料层的水头损失按下式计算

$$\Delta H_清=180\frac{\nu}{g}\times\frac{(1-m_0)^2}{m_0^3}\times\left(\frac{1}{\varphi d_0}\right)^2 l_0 v$$

式中　$\Delta H_清$——水流通过清洁滤料层的水头损失，cm；

　　　ν——水的运动黏度，cm²/s，20℃时为 0.0101cm²/s；

　　　g——重力加速度，981cm/s²；

　　　m_0——滤料孔隙率；取 0.5；

　　　d_0——与滤料体积相同的球体直径，cm，根据厂家提供数据为 0.1cm；

　　　l_0——滤层厚度，$l_0=100$cm；

　　　v——滤速，cm/s，$v=6$m/h$=0.16$cm/s；

　　　φ——滤料颗粒球度系数，天然砂粒为 0.75~0.8，取 0.8。

所以 $\Delta H_清=180\times\dfrac{0.0101}{981}\times\dfrac{(1-0.5)^2}{0.5^3}\times\left(\dfrac{1}{0.8\times0.1}\right)^2\times100\times0.16\approx9.6$（cm）

根据经验，滤速为 8～10m/h 时，清洁滤料层的水头损失一般为 30～40cm。计算值比经验值低，取经验值的低限 30cm 为清洁滤料层的过滤水头损失。正常过滤时，通过长柄滤头的水头损失 $\Delta h \leqslant 0.22m$。忽略其他水头损失，则每次反冲洗后刚开始过滤时水头损失为：

$$\Delta H_{开始} = 0.3 + 0.22 = 0.52 \text{ (m)}$$

为保证滤池正常过滤时池内的液面高出滤料层，水封井出水堰顶标高与滤料层相同。设计水封井平面尺寸 2m×2m，堰底板比滤池地板低 0.3m，水封井出水堰总高：

$$H_{水封} = 0.3 + H_1 + H_2 + H_3 = 0.3 + 1.1 + 0.1 + 1.1 = 2.5 \text{ (m)}$$

因为每座滤池过滤水量：

$$Q_{单} = vf = 6 \times 98 = 588 \text{ (m}^3/\text{h)} = 0.16 \text{ (m}^3/\text{s)}$$

所以水封井出水堰堰上水头由矩形堰的流量公式 $Q = 1.84h^{\frac{3}{2}}$ 计算得：

$$h_{水封} = \left[Q_{单}/(1.84b_{堰})\right]^{\frac{2}{3}} = \left[0.16/(1.84 \times 2)\right]^{\frac{2}{3}} \approx 0.124$$

② 反冲洗管渠系统

a. 反冲洗用水流量 $Q_{反}$ 的计算。反冲洗用水流量按水洗强度计算。水洗时反洗强度为 $q_{水} = 6\text{L}/(\text{s} \cdot \text{m}^2)$。

$$Q_{反} = q_{水} f = 6 \times 98 = 588(\text{L}/\text{s}) = 0.588(\text{m}^3/\text{s}) = 2116.8(\text{m}^3/\text{h})$$

V 型滤池反冲洗时，表面扫洗同时进行，其流量

$$Q_{表水} = q_{表水} \times f = 0.003 \times 98 = 0.294 \text{ (m}^3/\text{s)}$$

b. 反冲洗配水系统的断面计算

配水干管进口流速选为 $v_{水干} = 1.5\text{m/s}$ 左右，配水干管的截面积：

$$A = \frac{Q_{反}}{v_{水干}} = \frac{0.588}{1.5} = 0.392 \text{ (m}^2)$$

反冲洗配水干管用钢管，DN600，流速 1.44m/s。反冲洗水由反洗配水干管输送至各分管，靠闸阀启闭各分管，送至滤池底部布水区。

c. 反冲洗用气量 $Q_{反气}$ 的计算

$$Q_{反气} = q_{气} f = 15 \times 98 = 1470(\text{L}/\text{s}) = 1.47(\text{m}^3/\text{s})$$

e. 配气系统的断面积算。配气干管进口流速应为 5m/s 左右，则配气干管的截面积

$$A_{气干} = \frac{Q_{反气}}{v_{气干}} = \frac{1.47}{5} = 0.294 \text{ (m}^2)$$

反冲洗配气干管用钢管，DN600，流速 4.3m/s。反冲洗气由反洗配气干管输送至各分管，靠闸阀启闭各分管。送至滤池底部布气区。

③ 滤池管渠的布置

a. 排水集水槽　排水集水槽顶端高出滤料层顶面 0.5m，则排水集水槽起端槽高：

$$H_{起} = 0.5 + H_1 + H_2 + H_3 - 1.5 = 0.5 + 1.1 + 0.1 + 1.1 - 1.5 = 1.3 \text{ (m)}$$

式中 H_1、H_2、H_3 同前，1.5m 为气水分配区起端高度。

排水集水槽末端高度

$$H_{末} = 0.5 + H_1 + H_2 + H_3 - 1.0 = 0.5 + 1.1 + 0.1 + 1.1 - 1.0 = 1.8 \text{ (m)}$$

式中的 1.0m 为气水分配区末端高度。

$$底坡 \ i = \frac{1.8 - 1.3}{14} = 0.0357$$

排水集水槽排水能力校核：

由矩形断面暗沟（非满流，$n=0.013$）计算公式校核集水槽排水能力。

设集水槽超高 0.3m，则槽内水位高 $h_{排集}=1$m，槽宽 $b_{排集}=0.4$m

湿周 $\quad\quad\quad\quad\quad\quad X=b+2h=0.4+2\times1=2.4$（m）

水流断面 $\quad\quad\quad\quad A_{排集}=bh=0.4\times1=0.4$（m²）

水力半径 $\quad\quad\quad\quad R=\dfrac{A_{排集}}{X}=\dfrac{0.4}{2.4}=0.17$（m）

水流速度 $\quad\quad v=\dfrac{R^{\frac{2}{3}}i^{\frac{1}{2}}}{n}=(0.17^{\frac{2}{3}}\times0.0357^{\frac{1}{2}})/0.013\approx4.53$（m/s）

过流能力 $\quad\quad\quad Q_{排集}=A_{排集}v=0.4\times4.53=1.812$（m³/s）

实际过水量

$$Q_{反}=Q_{反水}+Q_{集水}=0.294+0.588=0.882（m³/s）<过流能力\ Q_{排集}$$

b. 进水管渠

（a）进水总渠。进水总渠过水流量按强制过滤流量设计，流速 0.8～1.2m/s，则强制过滤流量

$$Q_{强}=\dfrac{55000}{3}\times2=36667（m³/d）\approx0.424（m³/s）$$

进水总渠水流断面积 $\quad A_{进总}=\dfrac{Q_{强}}{v}=\dfrac{0.424}{1}=0.424$（m²）

进水总渠宽 0.8m，水面高 0.6m。

（b）每座滤池的进水孔。每座滤池由进水侧壁开两个进水孔，进水总渠的浑水通过这两个进水孔进入滤池。一侧进水孔孔口在反冲洗时关闭，另一侧进水孔孔口可用电动调节阀调节闸门的开启度，使其在反冲洗时的进水量等于表扫用水量。

孔口面积按孔口淹没出流公式 $Q=0.8A\sqrt{2gh}$ 计算。其总面积按滤池强制过滤水量计，孔口两侧水位差取 0.1m，则孔口总面积：

$$A_{孔}=\dfrac{Q_{强}}{0.8\sqrt{2gh}}=\dfrac{0.424}{0.8\sqrt{2\times9.8\times0.1}}\approx0.38（m²）$$

每个侧孔面积：

$$A_{侧}=\dfrac{A_{孔}}{2}=\dfrac{0.38}{2}=0.19（m²）$$

孔口宽 $B_{侧孔}=0.4$m，高 $H_{侧孔}=0.47$m。

（c）每座滤池内设的宽顶堰。为保证进水稳定性，进水总渠引来的浑水经过宽顶堰进入每座滤池内的配水渠，再经滤池内的配水渠分配到两侧的 V 型槽。宽顶堰堰宽 $b_{宽顶}=5$m，宽顶堰与进水总渠平行设置，与进水总渠侧壁相距 0.5m。

堰上水头由矩形堰的流量公式 $Q=1.84bh^{\frac{3}{2}}$ 求得：

$$h_{宽顶}=\left(\dfrac{Q_{强}}{1.84b_{宽顶}}\right)^{\frac{2}{3}}=\left(\dfrac{0.424}{1.84\times5}\right)^{\frac{2}{3}}=0.128$$

（d）每座滤池的配水渠。进入每座滤池的浑水经过宽顶堰溢流至配水渠，由配水渠两侧的进水孔进入滤池内的 V 型槽。

滤池配水渠宽 $b_{渠宽}=0.4$m，渠高 $h_{渠高}=1$m，渠总长等于滤池总宽，则渠长 $l_{配渠}=7$m。

当渠内水深 $h_{配渠}=0.6m$ 时，流速$\left(进水由分配渠中段向渠两侧进水孔流去，每侧流量为 \dfrac{Q_强}{2}\right)$：

$$v_{配渠}=\frac{Q_强}{(2b_{配渠}h_{配渠})}=\frac{0.424}{2\times0.4\times0.6}\approx0.88\ (m/s)$$

满足滤池进水管渠流速 0.8～1.2m/s 的要求。

（e）配水渠过水能力校核

配水渠的水力半径　$R_{配渠}=\dfrac{b_{配渠}h_{配渠}}{2h_{配渠}+b_{配渠}}=\dfrac{0.4\times0.6}{2\times0.6+0.4}=0.15\ (m)$

配水渠的水力坡降　$i_渠=\left(\dfrac{nv_{配渠}}{R_{配渠}^{\frac{2}{3}}}\right)^2=\left(\dfrac{0.013\times0.88}{0.15^{\frac{2}{3}}}\right)^2\approx0.0016$

渠内水面降落量　$\Delta h_渠=\dfrac{i_渠\,L_渠}{2}=\dfrac{0.0016\times7}{2}=0.0056\ (m)$

因为，配水渠最高水位 $h_{配渠}+\Delta h_渠=0.6+0.0056=0.6056<$ 渠高 1m，所以配水渠的过水能力满足要求。

c. V 型槽的设计。V 型槽槽底设表扫水出水孔，直径取 $d_孔=0.025m$，间隔 0.15m，每槽共计 94 个。则单侧 V 型槽表扫水出水孔总面积：

$$A_{表孔}=\frac{3.14\times0.025^2}{4}\times94\approx0.05\ (m^2)$$

表扫水出水孔低于排水集水槽堰顶 0.15m，即 V 型槽槽底的标高低于集水槽堰顶 0.15m。

据潜孔出流公式 $Q=0.8A\sqrt{2gh}$，其中 Q 应为单格滤池的表扫水流量。则表面扫洗时 V 型槽内水位高出滤池反冲洗时液面：

$$h_{V液}=\left[\frac{Q_{表水}}{(2\times0.8A_{表孔})}\right]^2/(2g)=\left[\frac{0.294}{(2\times0.8\times0.05)}\right]^2/(2\times9.8)\approx0.69\ (m)$$

反冲洗时排水集水槽的堰上水头由矩形堰的流量公式 $Q=1.84bh^{\frac{3}{2}}$ 求得，Q 为单格滤池的反冲洗流量；b 为集水槽长；$b=L_{排槽}=14m$。

$$Q\ 为\ Q_{反单}=\frac{Q_反}{2}=\frac{0.588}{2}=0.294\ (m^3/s)$$

所以　　　　　　　$h_{排槽}=\left[\frac{Q_{反单}}{1.84\times b}\right]^{\frac{2}{3}}=\left[\frac{0.294}{(1.84\times14)}\right]^{\frac{2}{3}}\approx0.05\ (m)$

V 型槽倾角 45°，垂直高度 1m，壁厚 0.05m。

反冲洗时 V 型槽顶高出滤池内液面的高度为：

$$1-0.15-h_{排槽}=1-0.15-0.05=0.8\ (m)$$

反冲洗时 V 型槽顶高出槽内的液面的高度为：

$$1-0.15-h_{排槽}-h_{V液}=1-0.15-0.05-0.69=0.11\ (m)$$

④ 冲洗水的供给（选用冲吸水泵供水的计算）

a. 冲洗水泵到滤池配水系统的管路水头损失 Δh_1；反洗配水干管用钢管，$DN600$，管内流速 1.44m/s，$1000i=4.21$；布置管长总计 100m。

则反冲洗总管的沿程水头损失

$$\Delta h_f'=il=0.00421\times100\approx0.42\ (m)$$

主要配件及局部阻力系数 ξ 见表 8-17。反冲洗管路的局部阻力损失 $\Delta h_j'$ 为

$$\Delta h_j' = \frac{\xi v^2}{2g} = \frac{8.34 \times 1.44^2}{2 \times 9.8} \approx 0.88 \text{ (m)}$$

则冲洗水泵到滤池配水系统的管路水头损失：

$$\Delta h_1' = \Delta h_f' + \Delta h_j' = 0.42 + 0.88 = 1.3 \text{ (m)}$$

表 8-17　冲洗管配件及阻力系数

配件名称	数量/个	局部阻力系数 ξ	合计
90°弯头	6	0.6	6×0.6
DN600 闸阀	4	0.06	4×0.06
等径三通	3	1.5	3×1.5
$\Sigma\xi$			8.34

b. 清水池最低水位与排水槽堰顶的高差 $H_0 = 5$ (m)。

c. 滤池配水系统的水头损失 Δh_2：

$$\Delta h_2 = \Delta h_{反水} + \Delta h_{方孔} + \Delta h_滤 + \Delta h_增 = 0.06 + 0.058 + 0.22 + 0.067 \approx 0.41 \text{ (m)}$$

d. 砂滤层水头损失 Δh_3。滤料为石英砂，容重 $\gamma_1 = 2.65 t/m^3$，水的容重 $\gamma = 1 t/m^3$，石英砂滤料膨胀前的厚度 $H_3 = 1.10m$。则滤料层水头损失：

$$\Delta h_3 = \left(\frac{\gamma_1}{\gamma} - 1\right)(1 - m_0)H_3 = (2.65 - 1)(1 - 0.41) \times 1.1 \approx 1.07 \text{ (m)}$$

e. 富余水头损失 Δh_4 取 1.5m，则反冲洗水泵的最小扬程为：

$$H_{水泵} = H_0 + \Delta h_1' + \Delta h_2 + \Delta h_3 + \Delta h_4 = 5 + 1.3 + 0.41 + 1.07 + 1.5 = 9.28 \text{ (m)}$$

⑤ 反冲洗空气的供给

a. 长柄滤头的气压损失 $\Delta p_{滤头}$。气水同时反冲洗时反冲洗用空气流量 $Q_{反气} = 1.47 m^3/s$。长柄滤头采取网状布置，约 55 个/m^2，则每座滤池共计安装长柄滤头：

$$n = 55 \times 98 = 5390 \text{ (个)}$$

每个滤头的通气量 $(1.47 \times 1000)/5390 \approx 0.27$ (L/s)，根据厂家提供数据，在该气体流量下的压力损失最大为：$\Delta p_{漏头} = 3000 Pa = 3 kPa$

b. 配气管道的总压力损失 $\Delta p_管$。

(a) 配气管道的沿程压力损失 Δp_1。反冲洗空气流量 $Q_{反气} = 1.47 m^3/s$，配气干管用 DN500 钢管，流速 7m/s，满足配气干管流速 5m/s 左右的条件。反冲洗空气管总长 100m。

反冲洗管道内的空气气压计算公式

$$p_{气压} = (1.5 + H_{气压}) \times 9.8$$

式中　$p_{气压}$——空气压力，kPa；

$H_{气压}$——长柄滤头距反冲洗水面的高度，m，$H_{气压} = 1.5m$。

则反冲洗时空气管内的气体压力：

$$p_{空气} = (1.5 + H_{气压}) \times 9.8 = (1.5 + 1.5) \times 9.8 = 29.4 kPa$$

空气温度按 30℃考虑。查表，空气管道的摩阻为 9.8kPa/1000m。

则配气管道沿程压力损失

$$\Delta p_1 = 9.8 \times 100/1000 = 0.98 kPa$$

(b) 配气管道的局部压力损失 Δp_2。主要配件及长度换算系数 K 见表 8-18。

表 8-18　反冲洗空气管配件及长度换算系数

配件名称	数量/个	长度换算系数 K	合　计
90°弯头	6	0.7	6×0.7
DN600 闸阀	4	0.25	4×0.25
等径三通	3	1.5	3×1.33
ΣK			9.19

当量长度的换算公式：

$$l_0 = 55.5KD^{1.2}$$

式中　l_0——管道当量长度，m；

D——管径，m；

K——长度换算系数。

空气管配件换算长度：

$$l_0 = 55.5KD^{1.2} = 55.5 \times 9.19 \times 0.5^{1.2} \approx 222 \ (m)$$

则局部压力损失：

$$\Delta p_2 = 222 \times \frac{9.8}{1000} = 2.18 \ (kPa)$$

配气管道的总压力损失：

$$\Delta p = \Delta p_1 + \Delta p_2 = 0.98 + 2.18 = 3.16 \ (kPa)$$

8. 反冲洗泵房

（1）设计说明

已包含在滤池设计计算中。

（2）设计计算

见滤池设计计算④。

（3）设备选型

选三台单级双吸离心泵，两用一备。扬程 11m 时，每台泵的流量为 $720 m^3/h$。

9. 鼓风机房

（1）设计说明

已包含在滤池设计计算中。

（2）设计计算

见滤池设计计算⑤。

（3）设备选型

根据气水同时反冲洗时反冲洗系统对空气的压力、风量要求选三台三叶罗茨鼓风机，风量 $30 m^3/min$，风压 50kPa，电机功率 55kW，两用一备。正常工作鼓风量共计 $80 m^3/min$。

10. 清水池

（1）设计说明

处理后的深度将作为河道的补充水源，用水量相对比较稳定，因此清水池的调节容量相应有所减小。设计中将清水池的调节容量定为深度日处理能力的 4%，清水池的停留时间约为 1h。

（2）设计计算（略）

11. 送水泵房

（1）设计说明

送水泵的主要功能是将处理后的再生水输送至用户，并向厂内提供自用水。考虑日后用水用户的进一步确定，送水泵房内预留 3 台送水泵位置。

（2）设计计算（略）

12. 废水池

（1）设计说明

反冲洗流量 $Q_{反水}=0.588\mathrm{m^3/s}$，反冲洗表扫水流量 $Q_{表水}=0.294\mathrm{m^3/s}$，水冲洗时间 $t_反=9\mathrm{min}$，表扫洗时间 $t_{表扫}=12\mathrm{min}$。

（2）设计计算

① 反冲洗池容量 W 计算　按每次连续反冲洗两座滤池计算排水量，反冲洗水量为：

$$W_{反水}=Q_{反水}\times t_反\times 2=0.588\times 9\times 60\times 2=635.04\ (\mathrm{m^3})$$

表扫洗水量为：

$$W_{表洗}=Q_{表水}\times t_{表扫}\times 2=0.294\times 12\times 60\times 2=423.36\ (\mathrm{m^3})$$

反冲洗池容量为：

$$W=W_{反水}+W_{表洗}=635.04+423.36=1058.4\ (\mathrm{m^3})$$

② 平面布置设计　应考虑废水为浑水，需设置搅拌装置，切平面尺寸不宜过大，根据用地情况选取长 10.8m，宽 8.8m，深度为 12m。

③ 水泵选取　选取 3 台水泵，按 1h 排完废水计算，则水泵流量为

$$Q=\frac{W}{3}\div 3600\times 1000=\frac{1058.4}{3}\div 3600\times 1000=98\ (\mathrm{L/s})$$

水泵扬程根据水头损失（计算略）选取扬程为 13m。

13. 加氯加药间

（1）二氧化氯计算实例

① 设计说明　设计处理水量 $Q=2300\mathrm{m^3/h}$，经处理后的水拟采用二氧化氯消毒，试设计二氧化氯消毒系统。

② 设计计算

a. 投药量 G。按有效氯计算，每立方米水中投加 6g 的氯

$$G=0.001\times 6\times 2300=13.8\ (\mathrm{kg/h})$$

b. 设备选型。拟采用化学法制备二氧化氯，即采用氯酸钠和盐酸反应生成二氧化氯和氯气的混合气体。

主反应：　$NaClO_3+2HCl\longrightarrow ClO_2\uparrow+\frac{1}{2}Cl_2\uparrow+NaCl+H_2O$

副反应：　$NaClO_3+6HCl\longrightarrow 3Cl_2\uparrow+NaCl+3H_2O$

选用三套二氧化氯发生器，每台产气量 10kg/h，两用一备，日常运行时，轮流使用。每台产气量可以调节。

c. 耗药量及药液储槽。根据设备要求，二氧化氯发生器的药液配置浓度：$NaClO_3$ 为 30%，HCl 为 30%。市售的氯酸钠为袋装 50kg 的纯固体粉末，盐酸为稀盐酸，浓度为 31%。

理论计算，产生 1g 二氧化氯需消耗 0.65g 的 $NaClO_3$ 和 1.3g 的 HCl。但在实际运行中

氯酸钠和盐酸不可能完全转化，经验数据为 $NaClO_3$ 在 70％以上，HCl 为 80％左右。

氯酸钠消耗量 $G_{氯酸钠} = 0.65 \times 15 \div 70\% \approx 14$ （kg/h）

盐酸消耗量 $G_{盐酸} = 1.3 \times 15 \div 80\% \approx 24.4$ （kg/h）

配制成 30％的溶液，则药液的体积为：

$$V_{氯酸钠} = 14 \div 30\% \times 10^{-3} \approx 0.047 \quad (m^3/h)$$

$$V_{盐酸} = 24.4 \div 30\% \times 10^{-3} \approx 0.082 \quad (m^3/h)$$

d. 储药量 W。药剂储量按 15d 计。

盐酸按每半个月进一次计，则储罐容积为：

$$W_{盐酸储罐} = 24.4 \times 24 \times 15 \div 31\% \div 1150 \approx 24.7 \quad (m^3)$$

浓度为 31％的稀盐酸密度为 $1.15t/m^3$

选取盐酸储罐为 $30m^3$，使用周期为 15d，顶部预留一定空间使盐酸气体挥发聚集并溢出。

氯酸钠的储药量：

$$W_{氯酸钠} = 24 \times 14 \times 15 = 5040 \quad (kg)$$

按市售 50kg 袋装氯酸钠计约需 101 袋。同时配备氯酸钠溶解装置和一个 $15m^3$ 的储罐。

（2）聚合铝投药量计算实例

① 设计说明。设计处理水量 $Q = 2300m^3/h$，投加药剂选取聚合氯化铝，投加药剂量为 20mg/L，药剂浓度为 8％。

② 设计计算

a. 每天加药量 W 为：

$$W = 2300 \times \frac{20}{1000} \times 24 = 1104 \quad (kg/d)$$

b. 每小时加药量为：

$$Q = \frac{1104}{24} \times 8\% = 88.32 \quad (L/h)$$

为应对恶劣水质需加大投药量，故选取计量泵时选取投加量可调节范围为 27～270L/h。

四、深度处理工程总体布置

该深度处理工程布置在总厂区的中部，由北向南依次布置有小网格反应池、平流沉淀池、滤池及鼓风机房、清水池、加药间及加氯间、废水池等主要处理建、构筑物，详见附图 9。

五、投资估算与运行费用

工程总投资因为采用国产设备，投资额控制在 3500 万元以内，主要包括土建费用、设备及安装费用、设计费用、调试费用等。

运行费用主要包括药剂费用、电费、工资、管理费用等，估算为 0.28 元/t 水。该工程于 2004 年 3 月开始实施，2005 年 6 月通水调试后运行。工程实际投资为 3350 万元，实际运行费用为 0.22 元/t 水。

第九章 污水处理工程设计参考资料

第一节 有关设计的参考资料

一、污水综合排放标准 GB 8978—1996

1. 主题内容与适用范围

（1）主题内容

本标准按照污水排放去向，分年限规定了 69 种水污染物最高允许排放浓度及部分行业最高允许排水量。

（2）适用范围

本标准适用于现有单位水污染物的排放管理，以及建设项目的环境影响评价、建设项目环境保护设施设计、竣工验收及其投产后的排放管理。

按照国家综合排放标准与国家行业排放不交叉执行的原则，造纸工业执行《造纸工业水污染物排放标准》（GB 3544—2008），船舶执行《船舶污染物排放标准》（GB 3552—83），船舶工业执行《船舶工业污染物排放标准》（GB 4286—84），海洋石油开发执行《海洋石油勘探开发污染物排放浓度限值》（GB 4914—2008），纺织染整工业执行《纺织染整工业水污染物排放标准》（GB 4287—92），肉类加工工业执行《肉类加工工业水污染物排放标准》（GB 13457—92），合成氨工业执行《合成氨工业水污染物排放标准》（GB 13458—92），钢铁工业执行《钢铁工业水污染物排放标准》（GB 13456—92），航天推进剂使用执行《航天推进剂水污染物排放标准》（GB 14374—93），兵器工业执行《兵器工业水污染物排放标准》（GB 14470.1～14470.3—2002），磷肥工业执行《磷肥工业水污染物排放标准》（GB 15580—2011），烧碱、聚氯乙烯工业执行《烧碱、聚氯乙烯工业水污染物排放标准》（GB 15581—95），其他水污染物排放均执行本标准。

本标准颁布后，新增加国家行业水污染物排放标准的行业，其适用范围执行相应的国家水污染物行业标准，不再执行本标准。

2. 引用标准

下列标准所包含的条文，通过本标准中引用而构成为本标准的条文。

GB 3097　　　　海水水质标准
GB 3838—2002　地表水环境质量标准
GB 8703—88　　辐射防护规定

3. 定义

① 污水：指在生产与生活活动中排放的水的总称。

② 排水量：指在生产过程中直接用于工艺生产的水的排放量，不包括间接冷却水、厂区锅炉、电站排水。

③ 一切排污单位：指本标准适用范围所包括的一切排污单位。

④ 其他排污单位：指在某一控制项目中，除所列行业外的一切排污单位。

4. 技术内容

（1）标准分级

① 排入 GB 3838 Ⅲ类水域（划定的保护区和游泳区除外）和排入 GB 3097 中二类海域的污水，执行一级标准。

② 排入 GB 3838 中Ⅳ、Ⅴ类水域和排入 GB 3097 中三类海域的污水，执行二级标准。

③ 排入设置二级污水处理厂的城镇排水系统的污水，执行三级标准。

④ 排入未设置二级污水处理厂的城镇排水系统的污水，必须根据排水系统出水受纳水域的功能要求，分别执行①和②规定。

⑤ GB 3838 中Ⅰ、Ⅱ类水域和Ⅲ类水域中划定的保护区和游泳区，GB 3097 中一类海域，禁止新建排污口，现在排污口应按水体功能要求，实行污染物总量控制，以保证受纳水体水质符合规定用途的水质标准。

（2）标准值

① 本标准将排放的污染物按其性质及控制方式分两类。

a. 第一类污染物，不分行业和污水排放方式，也不分受纳水体的功能类别，一律在车间或车间处理设施排放口采样，其最高允许排放浓度必须达到本标准要求，（采矿行业的尾矿坝出水口不得视为车间排放口）。

b. 第二类污染物，在排污单位排放口采样，其最高允许排放浓度必须达到本标准要求。

② 本标准按年限规定了第一类污染物和第二类污染物最高允许排放浓度及部分行业最高允许排水量，分别如下。

a.1997 年 12 月 31 日之前建设（包括改、扩建）的单位，水污染物的排放必须同时执行表 9-1～表 9-3 的规定。

表 9-1　第一类污染物最高允许排放浓度/(mg/L)

序号	污染物	最高允许排放浓度	序号	污染物	最高允许排放浓度
1	总汞	0.05	8	总镍	1.0
2	烷基汞	不得检出	9	苯并[a]芘	0.00003
3	总镉	0.1	10	总铍	0.005
4	总铬	1.5	11	总银	0.5
5	六价铬	0.5	12	总 α 放射性	1Bq/L
6	总砷	0.5	13	总 β 放射性	10Bq/L
7	总铅	1.0			

表 9-2　第二类污染物最高允许排放浓度/(mg/L)

（1997 年 12 月 31 日之前建设的单位）

序号	污染物	适用范围	一级标准	二级标准	三级标准
1	pH 值	一切排污单位	6～9	6～9	6～9
2	色度 （稀释倍数）	染料工业	50	180	—
		其他排污单位	50	80	—

续表

序号	污 染 物	适 用 范 围	一级标准	二级标准	三级标准
3	悬浮物（SS）	采矿、选矿、选煤工业	100	300	—
		脉金工业	100	500	—
		边远地区砂金选矿	100	800	—
		城镇二级污水处理厂	20	30	—
		其他排污单位	70	200	400
4	五日生化需氧量（BOD$_5$）	甘蔗制糖、苎麻脱胶、湿法纤维板工业	30	100	600
		甜菜制糖、酒精、味精、皮革、化纤浆粕工业	30	150	600
		城镇二级污水处理厂	20	30	—
		其他排污单位	30	60	300
5	化学需氧量（COD）	甜菜制糖、焦化、合成脂肪酸、湿法纤维板、染料、洗毛、有机磷农药工业	100	200	1000
		味精、酒精、医药原料药、生物制药、苎麻脱胶、皮革、化纤浆粕工业	100	300	1000
		石油化工工业（包括石油炼制）	100	150	500
		城镇二级污水处理厂	60	120	—
		其他排污单位	100	150	500
6	石油类	一切排污单位	10	10	30
7	动植物油	一切排污单位	20	20	100
8	挥发酚	一切排污单位	0.5	0.5	2.0
9	总氰化合物	电影洗片（铁氰化合物）	0.5	5.0	5.0
		其他排污单位	0.5	0.5	1.0
10	硫化物	一切排污单位	1.0	1.0	2.0
11	氨氮	医药原料药、染料、石油化工工业	15	50	
		其他排污单位	15	25	
12	氟化物	黄磷工业	10	20	20
		低氟地区（水体含氟量＜0.5mg/L）	10	20	30
		其他排污单位	10	10	20
13	磷酸盐（以P计）	一切排污单位	0.5	1.0	—
14	甲醛	一切排污单位	1.0	2.0	5.0
15	苯胺类	一切排污单位	1.0	2.0	5.0
16	硝基苯类	一切排污单位	2.0	3.0	5.0
17	阴离子表面活性剂（LAS）	合成洗涤剂工业	5.0	15	20
		其他排污单位	5.0	10	20
18	总铜	一切排污单位	0.5	1.0	2.0
19	总锌	一切排污单位	2.0	5.0	5.0
20	总锰	合成脂肪酸工业	2.0	5.0	5.0
		其他排污单位	2.0	2.0	5.0

序号	污染物	适用范围	一级标准	二级标准	三级标准
21	彩色显影剂	电影洗片	2.0	3.0	5.0
22	显影剂及氧化物总量	电影洗片	3.0	6.0	6.0
23	元素磷	一切排污单位	0.1	0.3	0.3
24	有机磷农药(以P计)	一切排污单位	不得检出	0.5	0.5
25	粪大肠菌群数	医院[①]、兽医院及医疗机构含病原体污水	500 个/L	1000 个/L	5000 个/L
		传染病、结核病医院污水	100 个/L	500 个/L	1000 个/L
26	总余氯(采用氯化消毒的医院污水)	医院[①]、兽医院及医疗机构含病原体污水	<0.5[②]	>3(接触时间≥1h)	>2(接触时间≥1h)
		传染病、结核病医院污水	<0.5[②]	>6.5(接触时间≥1.5h)	>5(接触时间≥1.5h)

① 指 50 个床位以上的医院。

② 加氯消毒后须进行脱氯处理,达到标准。

表 9-3　部分行业最高允许排水量

(1997 年 12 月 31 日之前建设的单位)

序号	行业类别			最高允许排水量或最低允许水重复利用率
1	矿山工业	有色金属系统选矿		水重复利用率75%
		其他矿山工业采矿、选矿、选煤等		水重复利用率90%(选煤)
		脉金选矿	重 选	16.0m³/t 矿石
			浮 选	9.0m³/t 矿石
			氰 化	8.0m³/t 矿石
			碳 浆	8.0m³/t 矿石
2	焦化企业(煤气厂)			1.2m³/t 焦炭
3	有色金属冶炼及金属加工			水重复利用率80%
4	石油炼制工业(不包括直排水炼油厂)加工深度分类 A. 燃料型炼油厂 B. 燃料+润滑油型炼油厂 C. 燃料+润滑油型+炼油化工型炼油厂(包括加工高含硫原油页岩油和石油添加剂生产基地的炼油厂)			A>500 万吨,1.0m³/t 原油;250 万~500 万吨,1.2m³/t 原油;<250 万吨,1.5m³/t 原油 B>500 万吨,1.5m³/t 原油;250 万~500 万吨,2.0m³/t 原油;<250 万吨,2.0m³/t 原油 C>500 万吨,2.0m³/t 原油;250 万~500 万吨,2.5m³/t 原油;<250 万吨,2.5m³/t 原油
5	合成洗涤剂工业	氯化生产烷基苯		200.0m³/t 烷基苯
		裂解法生产烷基苯		70.0m³/t 烷基苯
		烷基苯生产合成洗涤剂		10.0m³/t 产品
6	合成脂肪酸工业			200.0m³/t 产品
7	湿法生产纤维板工业			30.0m³/t 板
8	制糖工业	甘蔗制糖		10.0m³/t 甘蔗
		甜菜制糖		4.0m³/t 甜菜

续表

序号	行业类别			最高允许排水量或最低允许水重复利用率
9	皮革工业	猪盐湿皮		60.0m³/t 原皮
		牛干皮		100.0m³/t 原皮
		羊干皮		150.0m³/t 原皮
10	发酵、酿造工业	酒精工业	以玉米为原料	100.0m³/t 酒精
			以薯类为原料	80.0m³/t 酒精
			以糖蜜为原料	70.0m³/t 酒精
		味精工业		600.0m³/t
		啤酒工业（排水量不包括麦芽水部分）		16.0m³/t 啤酒
11	铬盐工业			5.0m³/t 产品
12	硫酸工业（水洗法）			15.0m³/t 硫酸
13	苎麻脱胶工业			500m³/t 原麻或750m³/t 精干麻
14	化纤浆粕			本色：150m³/t 浆　漂白：240m³/t 浆
15	黏胶纤维工业（单纯纤维）	短纤维（棉型中长纤维、毛型中长纤维）		300m³/t 纤维
		长纤维		800m³/t 纤维
16	铁路货车洗刷			5.0m³/辆
17	电影洗片			5m³/1000m（35mm 的胶片）
18	石油沥青工业			冷却池的水循环利用率 95%

　　b.1998 年 1 月 1 日起建设（包括改、扩建）的单位，水污染物的排放必须同时执行表 9-1、表 9-4、表 9-5 的规定。

表 9-4　第二类污染物最高允许排放浓度/(mg/L)

（1998 年 1 月 1 日后建设的单位）

序号	污染物	适用范围	一级标准	二级标准	三级标准
1	pH 值	一切排污单位	6～9	6～9	6～9
2	色度（稀释倍数）	一切排污单位	50	80	—
3	悬浮物（SS）	采矿、选矿、选煤工业	70	300	
		脉金选矿	70	400	
		边远地区砂金选矿	70	800	
		城镇二级污水处理厂	20	30	
		其他排污单位	70	150	400
4	五日生化需氧量（BOD₅）	甘蔗制糖、苎麻脱胶、湿法纤维板、染料、洗毛工业	20	60	600
		甜菜制糖、酒精、味精、皮革、化纤浆粕工业	20	100	600
		城镇二级污水处理厂	20	30	—
		其他排污单位	20	30	300

续表

序号	污　染　物	适　用　范　围	一级标准	二级标准	三级标准
5	化学需氧量 （COD）	甜菜制糖、合成脂肪酸、湿法纤维板、染料、洗毛、有机磷农药工业	100	200	1000
		味精、酒精、医药原料药、生物化工、苎麻脱胶、皮革、化纤浆粕工业	100	300	1000
		石油化工工业（包括石油炼制）	60	120	500
		城镇二级污水处理厂	60	120	—
		其他排污单位	100	150	500
6	石油类	一切排污单位	5	10	20
7	动植物油	一切排污单位	10	15	100
8	挥发酚	一切排污单位	0.5	0.5	2.0
9	总氰化合物	一切排污单位	0.5	0.5	1.0
10	硫化物	一切排污单位	1.0	1.0	1.0
11	氨氮	医药原料药、染料、石油化工工业	15	50	—
		其他排污单位	15	25	
12	氟化物	黄磷工业	10	15	20
		低氟地区（水体含氟量<0.5mg/L）	10	20	30
		其他排污单位	10	10	20
13	磷酸盐（以P计）	一切排污单位	0.5	1.0	—
14	甲醛	一切排污单位	1.0	2.0	5.0
15	苯胺类	一切排污单位	1.0	2.0	5.0
16	硝基苯类	一切排污单位	2.0	3.0	5.0
17	阴离子表面活性剂（LAS）	一切排污单位	5.0	10	20
18	总铜	一切排污单位	0.5	1.0	2.0
19	总锌	一切排污单位	2.0	5.0	5.0
20	总锰	合成脂肪酸工业	2.0	5.0	5.0
		其他排污单位	2.0	2.0	5.0
21	彩色显影剂	电影洗片	1.0	2.0	3.0
22	显影剂及氧化物总量	电影洗片	3	3	6
23	元素磷	一切排污单位	0.1	0.1	0.3
24	有机磷农药（以P计）	一切排污单位	不得检出	0.5	0.5
25	乐果	一切排污单位	不得检出	1.0	2.0
26	对硫磷	一切排污单位	不得检出	1.0	2.0
27	甲基对硫磷	一切排污单位	不得检出	1.0	2.0
28	马拉硫磷	一切排污单位	不得检出	5.0	10
29	五氯酚及五氯酚钠（以五氯酚计）	一切排污单位	5.0	8.0	10
30	可吸附有机卤化物（AOX）（以Cl计）	一切排污单位	1.0	5.0	8.0

续表

序号	污染物	适用范围	一级标准	二级标准	三级标准
31	三氯甲烷	一切排污单位	0.3	0.6	1.0
32	四氯化碳	一切排污单位	0.03	0.06	0.5
33	三氯乙烯	一切排污单位	0.3	0.6	1.0
34	四氯乙烯	一切排污单位	0.1	0.2	0.5
35	苯	一切排污单位	0.1	0.2	0.5
36	甲苯	一切排污单位	0.1	0.2	0.5
37	乙苯	一切排污单位	0.4	0.6	1.0
38	邻-二甲苯	一切排污单位	0.4	0.6	1.0
39	对-二甲苯	一切排污单位	0.4	0.6	1.0
40	间-二甲苯	一切排污单位	0.4	0.6	1.0
41	氯苯	一切排污单位	0.2	0.4	1.0
42	邻二氯苯	一切排污单位	0.4	0.6	1.0
43	对二氯苯	一切排污单位	0.4	0.6	1.0
44	对硝基氯苯	一切排污单位	0.5	1.0	5.0
45	2,4-二硝基氯苯	一切排污单位	0.5	1.0	5.0
46	苯酚	一切排污单位	0.3	0.4	1.0
47	间-甲酚	一切排污单位	0.1	0.2	0.5
48	2,4-二氯酚	一切排污单位	0.6	0.8	1.0
49	2,4,6-三氯酚	一切排污单位	0.6	0.8	1.0
50	邻苯二甲酸二丁酯	一切排污单位	0.2	0.4	2.0
51	邻苯二甲酸二辛酯	一切排污单位	0.3	0.6	2.0
52	丙烯腈	一切排污单位	2.0	5.0	5.0
53	总硒	一切排污单位	0.1	0.2	0.5
54	粪大肠菌群数	医院[①]、兽医院及医疗机构含病原体污水	500 个/L	1000 个/L	5000 个/L
		传染病、结核病医院污水	100 个/L	500 个/L	1000 个/L
55	总余氯(采用氯化消毒的医院污水)	医院[①]、兽医院及医疗机构含病原体污水	<0.5[②]	≥3(接触时间≥1h)	>2(接触时间≥1h)
		传染病、结核病医院污水	<0.5[②]	≥6.5(接触时间≥1.5h)	>5(接触时间≥1.5h)
56	总有机碳(TOC)	合成脂肪酸工业	20	40	—
		苎麻脱胶工业	20	60	—
		其他排污单位	20	30	—

① 指 50 个床位以上的医院。

② 加氯消毒后须进行脱氯处理,达到本标准。

注:其他排污单位指除在该控制项目中所列行业以外的一切排污单位。

表 9-5　部分行业最高允许排水量

(1998 年 1 月 1 日后建设的单位)

序号	行　业　类　别			最高允许排水量或最低允许水重复利用率
1	矿山工业	有色金属系统选矿		水重复利用率 75%
		其他矿山工业采矿、选矿、选煤等		水重复利用率 90%(选煤)
		脉金选矿	重　选	16.0m³/t 矿石
			浮　选	9.0m³/t 矿石
			氰　化	8.0m³/t 矿石
			碳　浆	8.0m³/t 矿石
2	焦化企业(煤气厂)			1.2m³/t 焦炭
3	有色金属冶炼及金属加工			水重复利用率 80%
4	石油炼制工业(不包括直排水炼油厂)加工深度分类 A. 燃料型炼油厂 B. 燃料+润滑油型炼油厂 C. 燃料+润滑油型+炼油化工型炼油厂(包括加工高含硫原油页岩油和石油添加剂生产基地的炼油厂)		A	>500 万吨,1.0m³/t 原油;250~500 万吨,1.2m³/t 原油;<250 万吨,1.5m³/t 原油
			B	>500 万吨,1.5m³/t 原油;250~500 万吨,2.0m³/t 原油;<250 万吨,2.0m³/t 原油
			C	>500 万吨,2.0m³/t 原油;250~500 万吨,2.5m³/t 原油;<250 万吨,2.5m³/t 原油
5	合成洗涤剂工业	氯化法生产烷基苯		200.0m³/t 烷基苯
		裂解法生产烷基苯		70.0m³/t 烷基苯
		烷基苯生产合成洗涤剂		10.0m³/t 产品
6	合成脂肪酸工业			200.0m³/t 产品
7	湿法生产纤维板工业			30.0m³/t 板
8	制糖工业	甘蔗制糖		10.0m³/t 甘蔗
		甜菜制糖		4.0m³/t 甜菜
9	皮革工业	猪盐湿皮		60.0m³/t 原皮
		牛干皮		100.0m³/t 原皮
		羊干皮		150.0m³/t 原皮
10	发酵、酿造工业	酒精工业	以玉米为原料	100.0m³/t 酒精
			以薯类为原料	80.0m³/t 酒精
			以糖蜜为原料	70.0m³/t 酒精
		味精工业		600.0m³/t 味精
		啤酒工业(排水量不包括麦芽水部分)		16.0m³/t 啤酒
11	铬盐工业			5.0m³/t 产品
12	硫酸工业(水洗法)			15.0m³/t 硫酸
13	苎麻脱胶工业			500m³/t 原麻
				750m³/t 精干麻
14	黏胶纤维工业 单纯纤维	短纤维(棉型中长纤维、毛型中长纤维)		300.0m³/t 纤维
		长纤维		800.0m³/t 纤维

续表

序号	行　业　类　别	最高允许排水量或最低允许水重复利用率
15	化纤浆粕	本色：150m³/t浆；漂白：240m³/t浆
16	制药工业医药原料药	
	青霉素	4700m³/t
	链霉素	1450m³/t链霉素
	土霉素	1300m³/t霉素
	四环霉素	1900m³/t四环素
	洁霉素	9200m³/t洁霉素
	金霉素	3000m³/t金霉素
	庆大霉素	20400m³/t庆大霉素
	维生素C	1200m³/t维生素C
	氯霉素	2700m³/t氯霉素
	新诺明	2000m³/t新诺明
	维生素B₁	3400m³/t维生素B₁
	安乃近	180m³/t安乃近
	非那西汀	750m³/t非那西汀
	呋喃唑酮	2400m³/t呋喃唑酮
	咖啡因	1200m³/t咖啡因
17	有机磷农药工业②	
	乐果①	700m³/t产品
	甲基对硫磷（水相法）①	300m³/t产品
	对硫磷（P₂S₅）①	500m³/t产品
	对硫磷（PSCl₃法）①	550m³/t产品
	敌敌畏（敌百虫碱解法）	200m³/t产品
	敌百虫	40m³/t产品（不包括三氯乙醛生产废水）
	马拉硫磷	700m³/t产品
18	除草剂工业②	
	除草醚	5m³/t产品
	五氯酚钠	2m³/t产品
	五氯酚	4m³/t产品
	2甲4氯	14m³/t产品
	2,4-D	4m³/t产品
	丁草胺	4.5m³/t产品
	绿麦隆（以Fe粉还原）	2m³/t产品
	绿麦隆（以Na₂S还原）	3m³/t产品
19	火力发电工业	3.5m³/(MW·h)
20	铁路货车洗刷	5.0m³/辆
21	电影洗片	5m³/1000m(35mm的胶片)
22	石油沥青工业	冷却池的水循环利用率95%

① 不包括 P_2S_5、$PSCl_3$、PCl_3 原料生产废水。

② 产品浓度按100%计。

c. 建设（包括改、扩建）单位的建设时间，以环境影响评价报告书（表）批准日期为准划分。

（3）其他规定

① 同一排放口排放两种或两种以上不同类别的污水，且每种污水的排放标准又不同时，其混合污水的排放标准按《污水综合排放标准》附录 A 计算。

② 工业污水污染物的最高允许排放负荷量按《污水综合排放标准》附录 B 计算。

③ 污染物最高允许年排放总量按《污水综合排放标准》附录 C 计算。

④ 对于排放含有放射性物质的污水，除执行本标准外，还须符合 GB 8703—88《辐射防护规定》。

5. 监测

（1）采样点

采样点应按第一、二类污染物排放口的规定设置，在排放口必须设置排放口标志、污水水量计量装置和污水比例采样装置。

（2）采样频率

工业污水按生产周期确定监测频率。生产周期在 8h 以内的，每 2h 采样一次；生产周期大于 8h 的，每 4h 采样一次；其他污水采样，24h 不少于 2 次。最高允许排放浓度按日均值计算。

（3）排水量

以最高允许排水量或最低允许水重复利用率来控制，均以月均值计。

（4）统计

企业的原材料使用量、产品产量等，以法定月报表或年报表为准。

（5）测定方法

本标准采用的测定方法参见国家标准。

6. 标准实施监督

（1）本标准由县级以上人民政府环境保护行政主管部门负责监督实施。

（2）省、自治区、直辖市人民政府对执行国家水污染物排放标准不能保证达到水环境功能要求时，可以制定严于国家水污染物排放标准的地方水污染物排放标准，并报国家环境保护行政主管部门备案。

二、常用水质标准索引

① 地表水环境质量标准		GB 3838—2002
② 农田灌溉水质标准		GB 5084—92
③ 景观娱乐用水水质标准		GB 12941—91
④ 渔业水质标准		GB 11607—89
⑤ 海水水质标准		GB 3097—97
⑥ 生活饮用水卫生标准		GB 5749—2006
⑦ 城市污水再生利用	城市杂用水水质	GB/T 18920—2002
⑧ 循环冷却水用再生水水质标准		HG/T 3923—2007
⑨ 农用污泥中污染物控制标准		GB 4284—84
⑩ 污水综合排放标准		GB 8978—1996
⑪ 城镇污水处理厂污染物排放标准		GB 18918—2002

三、污水排入城市下水道水质标准

引自《污水排入城市下水道水质标准》（CJ 3082—1999），详见表 9-6。

表 9-6　污水排入下水道水质标准/(mg/L)

序号	项目名称	最高允许浓度	序号	项目名称	最高允许浓度
1	pH 值	6～9	16	氟化物	15
2	悬浮物	400	17	汞及其无机化合物	0.05
3	易沉固体	10ml/L（15min）	18	镉及其无机化合物	0.1
4	油脂	100	19	铅及其无机化合物	1
5	矿物油类	20	20	铜及其无机化合物	1
6	苯系物	2.5	21	锌及其无机化合物	5
7	氰化物	0.5	22	镍及其无机化合物	2
8	硫化物	1	23	锰及其无机化合物	2
9	挥发性酚	1	24	铁及其无机化合物	10
10	温度	35℃	25	锑及其无机化合物	1
11	生化需氧量（5d, 20℃）	100（300）	26	六价铬无机化合物	0.5
12	化学耗氧量（重铬酸法）	150（500）	27	三价铬无机化合物	3
13	溶解性固体	2000	28	硼及其无机化合物	1
14	有机磷	0.5	29	硒及其无机化合物	2
15	苯胺	3	30	砷及其无机化合物	0.5

四、常用设计与施工规范索引

①	室外排水设计规范	GB 50014—2006
②	城镇污水处理厂附属建筑和附属设备设计标准	CJJ 31—89
③	水处理设备制造技术条件	JB 2932—81
④	建筑给水排水设计规范	GB 50015—2003
⑤	采暖通风和室气调节设计规范	GBJ 19—87
⑥	设备及管道保温技术通则	GB 4272—92
⑦	建筑排水硬聚氯乙烯管道设计规程	CJJ 29—89
⑧	给水排水构筑物工程施工及验收规范	GB 50141—2008
⑨	给水排水管道工程施工及验收规范	GB 50268—2008
⑩	钢筋混凝土工程施工及验收规范	GBJ 204—83
⑪	化工机器安装工程施工及验收规范（通用规定）	HGJ 203—83
⑫	钢结构工程施工与验收规范	GBJ 205—83
⑬	现场设备、工业管道焊接工程施工及验收规范	GBJ 236—82
⑭	电气装置安装工程施工及验收规范	GBJ 232—82
⑮	工业自动化仪表工程施工及验收规范	GBJ 93—86
⑯	城市污水处理厂工程质量验收规范	GB 50334—2002

五、常用标准图索引

①	圆形给水阀门井	S141
②	矩形卧式阀门井	S144
③	方形及圆形给水箱	S151
④	管道和设备保温	87S159
⑤	管道支架及吊架	S161
⑥	冷热水混合器	S156
⑦	小型排水构筑物	93S217

⑧	圆形排水检查井	S231
⑨	矩形排水检查井	S232
⑩	扇形排水检查井	S233
⑪	跌水井	S234
⑫	锅炉排污降温池	88S238
⑬	钢制管道零件	S311
⑭	防水套管	S312
⑮	套管式伸缩器	S313
⑯	水塔水池浮漂水位标尺	S318
⑰	水池通气管、吸水喇叭管及支架	90S319
⑱	投药、消毒设备	S346
⑲	小型投药设备	85S347
⑳	深井泵房	S651
㉑	压力滤器	S738
㉒	脉冲澄清池	CS772
㉓	虹吸滤池	S773
㉔	重力式无阀滤池	S775
㉕	保温水塔（砖支筒）	S846
㉖	斜管的组合安装	85SS777
㉗	钢梯及钢栏杆通用图	HG/T21613—96
㉘	平流竖流式沉淀池	S711

六、劳动定员

污水厂人员包括生产人员、生产辅助人员和管理人员。生产人员指直接参加生产的人员，一般有运转工、机修工、电工及加药工等；生产辅助人员指非直接参加生产的人员，如维修、化验、司机、瓦木、绿化、食堂工作人员等；管理人员指党团工会、行政、技术、调度与财会等人员。

污水厂的技术人员和生产人员（负责运转的生产技术工人）应进行技术培训，尤其是对于采用新工艺、新技术的污水处理厂。

城镇污水厂按常规工艺生产所需的人员进行编制。表 9-7 为污水处理厂制定劳动定员的参考标准。

表 9-7　污水厂劳动定员

处理规模/(×10⁴m³/d)	污水厂人数/人	
	一级厂	二级厂
0.5～2.0	15～30	20～40
2.0～5.0	40～50	50～70
5.0～10.0	70～90	90～110
10.0～50.0	110～150	150～200
＞50.0	每增加 10 万立方米，人员递增 20%	

七、附属建筑与设备

参见《城镇污水处理厂附属建筑和附属设备设计标准》（CJJ 31—89）。

八、厂区道路与绿化

厂区主要车行道宽度：$10.0 \times 10^4\,\text{m}^3/\text{d}$ 以下污水厂可为 $4.0 \sim 6.0\text{m}$，$10.0 \times 10^4\,\text{m}^3/\text{d}$ 以上污水厂可为 $5.0 \sim 8.0\text{m}$，次要车行道一般为 $3.0 \sim 5.0\text{m}$，人行道宽度为 $1.5 \sim 2.5\text{m}$。厂内车行道转弯半径不小于 $6.0 \sim 8.0\text{m}$。道路纵坡一般不大于 3%。

污水处理厂的绿化面积应为污水厂总面积的 $20\% \sim 40\%$，尤其新建污水厂的绿化面积不宜小于 30% 的污水厂总面积。除预留绿化用地以外，主要道路两侧应有 $0.5 \sim 1.5\text{m}$ 的绿化带。

九、各种管线允许距离

各种管线最小水平净距，见表9-8。地下管线交叉时的最小垂直净距，参见表9-9。给排水管道的最小覆土深度，见表9-10。

表9-8　各种管线最小水平净距表/m

序号	管线名称	1 建筑物	2 给水管	3 排水管	4 煤气管 低压	中压	高压	高压	5 热力管	6 电力电缆	7 电信电缆	8 电信管道	9 乔木(中心)	10 灌木	11 地上柱杆(中心)	12 道路侧石边缘
1	建筑物		3.0	3.0①	2.0	3.0	4.0	15.0	3.0	0.6	0.6	1.5	3.0⑤	1.5	3.0	—
2	给水管	3.0		1.5②	1.0	1.0	1.0	5.0	1.5	0.5	1.0④	1.0④	1.5	—⑦	1.0	1.5⑧
3	排水管	3.0①	1.5②		1.0	1.0	1.0	5.0	1.5	0.5	1.0	1.0	1.0⑥	—⑦	1.0	1.0⑧
4	煤气管 低压(压力不超过49kPa)	2.0	1.0	1.0					1.0	1.0	1.0			1.5	1.0	1.0
	中压(压力5～98kPa)	3.0	1.0	1.0					1.0	1.0	1.0			1.5	1.0	1.0
	高压(压力99～294kPa)	4.0	1.0	1.0					1.0	1.0	2.0			1.5	1.0	1.0
	高压(压力295～1176kPa)	15.0	5.0	5.0					4.0	2.0	10.0	10.0	2.0	2.0	1.5	2.5
5	热力管	3.0	1.5	1.5	1.0	1.0	1.0	4.0		2.0	1.0	1.0	2.0		1.0	1.5⑧
6	电力电缆	0.6	0.5	0.5	1.0	1.0	1.0	2.0	2.0	—③	0.2	0.2	1.5		0.5	1.0⑧
7	电信电缆(直埋式)	0.6	1.0④	1.0	1.0	1.0	2.0	10.0	1.0	0.5		0.2	1.5		0.5	1.0⑧
8	电信管道	1.5	1.0④	1.0	1.0	1.0	2.0	10.0	1.0	0.2	0.2		1.5			1.0⑧
9	乔木(中心)	3.0⑤	1.5	1.0⑥	1.5	1.5	1.5	2.0	2.0	1.5	1.5	1.5			2.0	1.0
10	灌木	1.5	—⑦	—⑦	1.5	1.5	1.5	2.0								0.5
11	地上柱杆(中心)	3.0	1.0	1.0	1.0	1.0	1.5	1.5	1.0	0.5	0.5		2.0	—⑦		0.5
12	道路侧石边缘	—	1.5⑧	1.0⑧	1.0	1.0	1.0	2.5	1.5⑨	1.0⑧	1.0⑨	1.0⑨	1.0	0.5	0.5	

① 排水管埋深浅于建筑物基础时，其净距不小于 2.5m。排水管埋深深于建筑物基础时，其净距不小于 3.0m。

② 表中数值适用于给水管管径 $d \leq 200\text{cm}$。如 $d > 200\text{cm}$ 应不小于 3.0m。当污水管的埋深高于平行敷设的生活用给水管 0.5m 以上时，其水平净距，在渗透性土壤地带不小于 5.0m，如不可能时，可采用表中数值，但给水管须用金属管。

③ 并列敷设的电力电缆互相间的净距不应小于下列数值：

a. 10kV 及 10kV 以上电缆与其他任何电压的电缆之间，0.25m；

b. 10kW 以下的电缆之间，和 10kW 以下电缆与控制电缆之间，0.10m；

c. 控制电缆之间，0.05m；

d. 非同一机构的电缆之间，0.50m；

　　在上述 a、d 两项中，如将电缆加以可靠的保护（敷设在套管内或装置隔离板等）则净距可减于 0.10m。

④ 表中数值适用于给水管 $d \leq 200\text{cm}$。如 $d = 250 \sim 500\text{cm}$ 时，净距为 1.5m；$d > 500\text{cm}$ 时为 2.0m。

⑤ 尽可能大于 3.0m。

⑥ 与现有大树距为 2.0m。

⑦ 不需间距。

⑧ 距道路边沟的边缘或路基边坡底均应不小于 1.0m。

⑨ 有关铁路与各种管线的最小水平净距可参考铁路部门有关规定。

注：表中所列数字，除指定者外，均系管线与管线之间净距，所谓净距，系指管线与管线外壁间之距离。

表 9-9　地下管线交叉时最小垂直净距/m

埋设在下面的管线名称＼安设在上面的管线名称	给水管	排水管	热力管	煤气管	电信 铠装电缆	电信 管道	电力电缆 高压	电力电缆 低压	明沟（沟底）	涵洞（基础底）	电车（轨底）	铁路（轨底）
给水管	0.1	0.1	0.1	0.1	0.2	0.1	0.2	0.2	0.5	0.15	1.0	1.0
排水管	0.1	0.1	0.1	0.1	0.2	0.1	0.2	0.2	0.5	0.15	1.0	1.0
热力管	0.1	0.1	—	0.1	0.2	0.1	0.2	0.2	0.5	0.15	1.0	1.0
煤气管	0.1	0.1	0.1	0.1	0.2	0.1	0.2	0.2	0.5	0.15	1.0	1.0
电信　铠装电缆	0.2	0.2	0.2	0.2	0.1	0.15	0.2	0.2	0.5	0.2	1.0	1.0
电信　管道	0.1	0.1	0.1	0.1	0.10	0.15	0.15	0.15	0.50	0.25	1.0	1.0
电力电缆	0.2	0.2	0.2	0.2	0.15	0.15	0.50	0.50	0.50	0.50	1.0	1.0

注：1. 表中所列为净距数字，加管线敷设在套管或地道中，或者管道有基础时，其净距自套管、地道的外边或基础的底边（如有基础的管道在其他管线上越过时）算起。

2. 电信电缆或电信管道一般在其他管线上面越过。

3. 电力电缆一般在热力管道和电信电缆下面，但在其他管线上面越过。低压电缆应在高压电缆上面越过，如高压电缆用砖、混凝土块或把电缆装入管中加以保护时，则低压和高压电缆之间的最小净距可减至 0.25m。

4. 煤气管应尽可能在给水、排水管道上面越过。

5. 热力管一般在电缆给水、排水、煤气管道上越过。

6. 排水管通常在其他管线下面越过。

表 9-10　给排水管道的最小覆土深度

序号	管道名称	最小覆土深度/m	附　注
1	给水管	应埋设在冰冻线之下	
2	雨水管	应埋设在冰冻线以下，但不小于 0.7 m	（1）在严寒地区，有防止土壤冻胀对管道破坏的措施时，可埋设在冰冻的线以上，并应以外部荷载验算 （2）在土壤冰冻线很浅地区如管子不受外部载损坏时可小于 0.7m
3	污水管	管径≤300mm　冰冻线以上 0.3m｝但不小于 管径≥400mm　冰冻线以上 0.5m｝0.7m	当有保温措施时，或在冰冻线很浅的地区，或者排温水管道，如保证管子不受外部荷载损坏时，可小于 0.7mm

十、标准大气压下不同温度的溶解氧量

在 760mm 汞柱（1mmHg＝133.322Pa）大气压下，纯水中的饱和溶解氧量见表 9-11。

表 9-11　不同温度下的溶解氧量/(mg/L)

温度/℃	溶解氧	温度/℃	溶解氧	温度/℃	溶解氧	温度/℃	溶解氧	温度/℃	溶解氧
0	14.6	9	11.6	18	9.5	27	8.1	36	7.0
1	14.2	10	11.3	19	9.3	28	7.9	37	6.8
2	13.9	11	11.1	20	9.2	29	7.8	38	6.7
3	13.5	12	10.8	21	9.0	30	7.7	39	6.6
4	13.2	13	10.6	22	3.9	31	7.5	40	6.5
5	12.8	14	10.4	23	8.7	32	7.4		
6	12.5	15	10.2	24	3.5	33	7.3	45	6.0
7	12.2	16	9.9	25	8.4	34	7.2		
8	11.9	17	9.7	26	8.2	35	7.1	50	5.6

十一、消防间距

厌氧消化池、沼气贮柜、沼气处理与利用设施、管廊及闸门间等，按照生产的火灾危险性分类，属于甲类生产建筑。电气防爆等级为 Q-2。厂房的耐火等级、防火间距，电力线路及设备选型与保护等，均应严格遵照《建筑设计防火规范》GBJ 16-87（1997 年版）中的国家规范要求。

上述设施的排水管接入厂区下水道时，应设水封井。各个构筑物之间的管沟及电气管道等，不应互相直接连通，需要加隔绝措施。

在污泥泵间，不应敷设沼气管道。在配电间及仪表控制室，不应敷设沼气管道及污泥管等。

以上构筑物、建筑物及设施与厂（站）外其他建筑物或设施的防火间距应为 9m 或 15m，与厂内其他建筑物或设施的防火间距应为 6m 或 9m。

第二节 有关制图的基本知识

一、图纸幅面与标题栏

图纸幅面须符合表 9-12。

表 9-12　图纸幅面/mm

基本幅面代号	0	1	2	3	4	5
$b \times l$	841×1189	594×841	420×594	297×420	210×297	148×210
c		10			5	
a			25			

标题栏应放置在图纸右下角，宽 180mm，高 40～50mm，应包括设计单位名称区、签字区、工程名称区、图名区和图号区。

二、比例

1. 方式

① 数字比例尺，工程图纸上常用。

② 直线比例尺，用带数字的线段表示，标明直线上每单位长度代表实地上多少距离，地形图上常用。

2. 一般规定

（1）给排水工程图比例

① 给排水工程图所用的比例，参见表 9-13 规定选用。

② 给排水工程图一般用（阿拉伯）数字比例尺表示比例，注写位置要求如下。

某图的比例与图名一起放在图形下面的横粗线上；整张图纸只用一个比例时，可以注写在图标内图名的下面；详图比例须注写在详图图名右侧。

（2）机械（设备）图比例

① 绘制机械图样的比例参见表 9-14。

表 9-13　给排水工程图比例

名　称	比　例
区域规划图	1：50000、1：10000、1：5000、1：2000
区域位置图	1：10000、1：5000、1：2000、1：1000
厂区（小区）平面图	1：2000、1：1000、1：500、1：200
管道纵断面图	横向 1：1000、1：500；纵向 1：200、1：100
水处理厂（站）平面图	1：1000、1：500、1：200、1：100
水处理流程图	无比例
水处理高程图	无比例
水处理构筑物平剖面图	1：60、1：50、1：40、1：30、1：10
泵房平剖面图	1：100、1：60、1：50、1：40、1：30
室内给水排水平面图	1：300、1：200、1：100、1：50
给水排水系统图	1：200、1：100、1：50
设备加工图	1：100、1：50、1：40、1：30、1：20、1：10、1：2、1：1
部件、零件详图	1：50、1：40、1：30、1：20、1：10、1：5、1：3、1：2、1：1、2：1

表 9-14　机械图的比例（n 为正整数）

与实物相同	1：1
缩小的比例	1：2；1：2.5；1：3；1：4；1：5；1：10^n；1：2×10^n；1：5×10^n
放大的比例	2：1；2.5：1；4：1；5：110：1；$(10\times n)$：1

② 同一部件或设备的不同视图，应采用相同的比例。

③ 当在图样上绘制直径或厚度小于 2.0mm 的孔或薄壁时以及较小的斜度和锥度时，允许该部分不按比例画出。

三、图线

① 图面的各种线条，可采用表 9-15 所示的线型。

② 图样中所用各种图线的宽度，可根据粗实的宽度"b"而定，在 $b=0.4\sim1.2$mm 范围内选用（按图形大小与复杂程度），同一图样中同类型线条的宽度应基本上保持一致。

四、尺寸注写规则

1. 尺寸注写的基本规则

① 尺寸界线应自图形的轮廓线、轴线或中心线处引出与尺寸线垂直并略超出尺寸线约 2mm；

② 轮廓线、轴线或中心线亦可以作为尺寸界线；

③ 一般情况下尺寸界线应与尺寸线垂直，当尺寸界线与其他图线有重叠情况时，允许将尺寸界线倾斜引出；

④ 尺寸线应尽量不与其他图线相交，安排平行尺寸线时，应使小尺寸在内，大尺寸在外；

表 9-15　图线形式（$b=0.4\sim1.2$mm）

序号	名　称		线号	宽度	适用范围
1	实线	粗实线	——	b	1. 双线管道轮廓线 2. 单线管路线 3. 轴测管路线 4. 剖切线 5. 图名线 6. 钢筋线 7. 机械图可见轮廓线 8. 图标、图框的外框线
2		中实线	——	$b/2$	1. 工艺图构筑物轮廓线 2. 结构图构筑物轮廓线
3		细实线	——	$b/4$	1. 尺寸线、尺寸界线 2. 剖面线 3. 引出线 4. 重合剖面轮廓线 5. 辅助线 6. 展开图中表面光滑过渡线 7. 展开弯折线 8. 相同要素表示线 9. 零件局部的放大范围线 10. 图标、表格的分格线
4	虚线（首末或相交处应为线段）	粗虚线	— — —	b	1. 双线管道不可见轮廓线 2. 不可见钢筋线
5		中虚线	— — —	$b/2$	1. 构筑物不可见轮廓线 2. 机械图不可见轮廓线
6		细虚线	....	$b/4$	土建图中已被剖去的示意位置线
7	点画线（首末或相交处应为线段）	粗点划线	—·—·—	b	平面图上吊车轨道线
8		中点划线	—·—·—	$b/2$	结构平面图上构件（屋架、层面梁、楼面梁、基础梁、边系梁、过梁等）布置线
9		细点划线	—·—·—	$b/4$	1. 中心线 2. 定位轴线
10	折断线		∿	$b/4$	折断线

⑤ 轮廓线、轴线、中心线或延长线，均不可作为尺寸线使用。

2. 单位

工程图中除标高及总平面图中以米（m）为单位外，其余一般均以毫米（mm）为单位，特殊情况下需用其他单位时须注明计量单位。

3. 构筑物或零件的真实大小

应以图样上所注的尺寸为依据，与图形的大小及绘图的准确度无关。

4. 尺寸标注

一个图形中每一个尺寸一般仅标注一次，但在实际需要时也可重复注出。

五、标高

一般地形图是以大地水准面，即把多年平均海水面作为零点，它又称为水准面。各地面点与大地水准面的垂直距离，称为绝对高程。各测量点与当地假定的水准面的垂直距离，称为相对高程。目前，我国水准点的高程已规定以青岛水准原点为依据，按 1965 年计算结果，原点高程定为高出黄海平均海水面 72.29m。

标高符号一律以倒三角加水平线形式表达，在特殊情况下或注写数字的地方不够时，可用引出线（垂直于倒三角底边）移出水平线；总平面图上室外整平标高，必须以全部涂黑的三角形标高符号表示。

在立面图及剖面图上，标高符号的尖端可向上指或向下指，注写的数字可在横线上边或下边；在一个详图中，如需同时表示几个不同的标高时，除一个标高外，其他几个标高可注写在括弧内。

六、坐标

地形图或工程图通常用坐标网来控制地形地貌或构筑物的平面位置，因为任何一个点的位置，都可以根据它的纵横两轴的距离来确定。需注意的是，数学上通常以横轴作 X，纵轴作 Y，而地形图和工程图上经常以纵轴作 X，横轴作 Y，二者计算原理相同，但使用的象限不同。

七、方向标

① 在工程设计平面图中一般以指北针表明管道或建筑物的朝向；

② 风玫瑰图，又称风向频率玫瑰图，可指出工程所在地的常年风向频率、风速及朝向。风向，指来风方向，即从外面吹向地区中心，风向频率指在一定时间内各种风向出现的次数占所有观测总次数的百分比。在地形图或总平面图中风玫瑰图表明方向及风向。

③ 在轴测图或系统图中亦用指北针表明方向，指北针由左下角指向右上角，与水平线成 45°夹角，并以椭圆的短边轴线作指北针中心线。

八、索引标志

① 图上某一部分或某一构件、局剖剖面等的详图索引标志如表 9-16 所示。

a. 引出线应采用水平或垂直或 45°或 60°细实线表示，且应对准索引标志的圆心；

b. 如有文字说明，一般可注写在引出线的横上面，引出线同时索引几个相同部分时，各引出线应尽量平行。

② 设备、金属零件或构件、管道及其配件等编号，以细实线引出，在短横实线上加数字表示。

③ 建筑物轴线以引出线加细实线单圆圈（直径 6~8mm）表示。

九、图纸折叠方法

① 不装订的图纸折叠时，应将图面折向外方，并使右下角的图标露在外面。图纸折叠后的大小，应以 4 号基本幅面的尺寸（297mm×210mm）为准。

② 需装订的图纸折叠时，折成的大小尺寸为 297mm×185mm。

表 9-16 详图索引标志

详图索引标志	局部剖面详图索引标志	详图标志
图上某一部分或某一构件另有详图时，用直径 8～16mm 的细实线圆圈表示	图上某一局部剖面另有详图时，用直径 8～10mm 的细实线单圆圈及剖切线表示	详图的编号用外细内粗的双圆圈表示，内圈直径 14mm，外圈直径 16mm
（详图编号） 详图在本张图纸上	（剖面详图编号） 局部剖面详图在本张图纸上	（详图编号）　　　　1：20 被索引图样在本张图纸上
（详图编号） （详图所在图纸编号） 详图不在本张图纸上	（剖面详图编号） （剖面详图所在图纸编号） 局部剖面详图不在本张图纸上	（详图编号）　　　　1：10 （被索引图样的所在图纸编号） 被索引图样不在本张图纸上
（标准图册编号）（标准详图编号） J103 （详图所在图纸编号）采用标准详图	注：粗线（剖切线）表示剖视方向，必须贯穿所切剖面的全部。如粗线在引出线之上，即表示该剖面的剖视方向是向上	

附　　录

附图1　某城市污水厂氧化沟工艺方案总平面布置图　1：1000

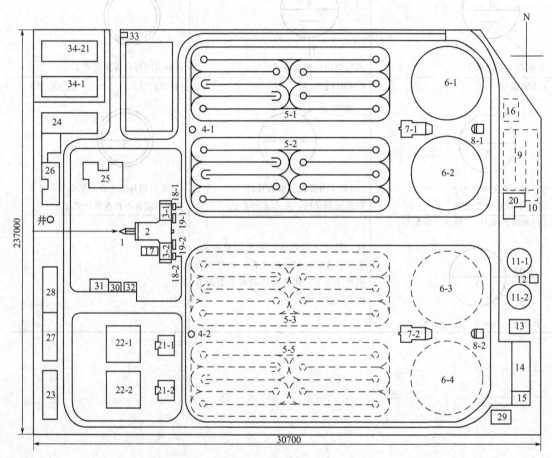

附表1　构建筑物一览表

序号	名　称	序号	名　称	序号	名　称	序号	名　称
1	格栅	10	出水控制井	19	砂水分离器	28	机修间
2	污水提升泵房	11	污泥浓缩池	20	回用水一泵房　加药间	29	堆物棚
3	曝气沉砂池	12	污泥泵房	21	虹吸滤池	30	小车库
4	配水配泥井	13	贮泥池	22	清水池	31	大车库
5	氧化沟	14	污泥脱水间	23	回用水二泵房　加氯间	32	洗车台
6	二沉池	15	脱水污泥棚	24	综合楼	33	传达室
7	回流污泥泵房	16	加氯间	25	控制楼	34	住宅
8	剩余污泥泵房	17	鼓风机房	26	锅炉房　厨房　浴池		
9	消毒接触池	18	提砂泵房	27	仓库		

附图 2　某城市污水厂氧化沟工艺方案工艺流程图

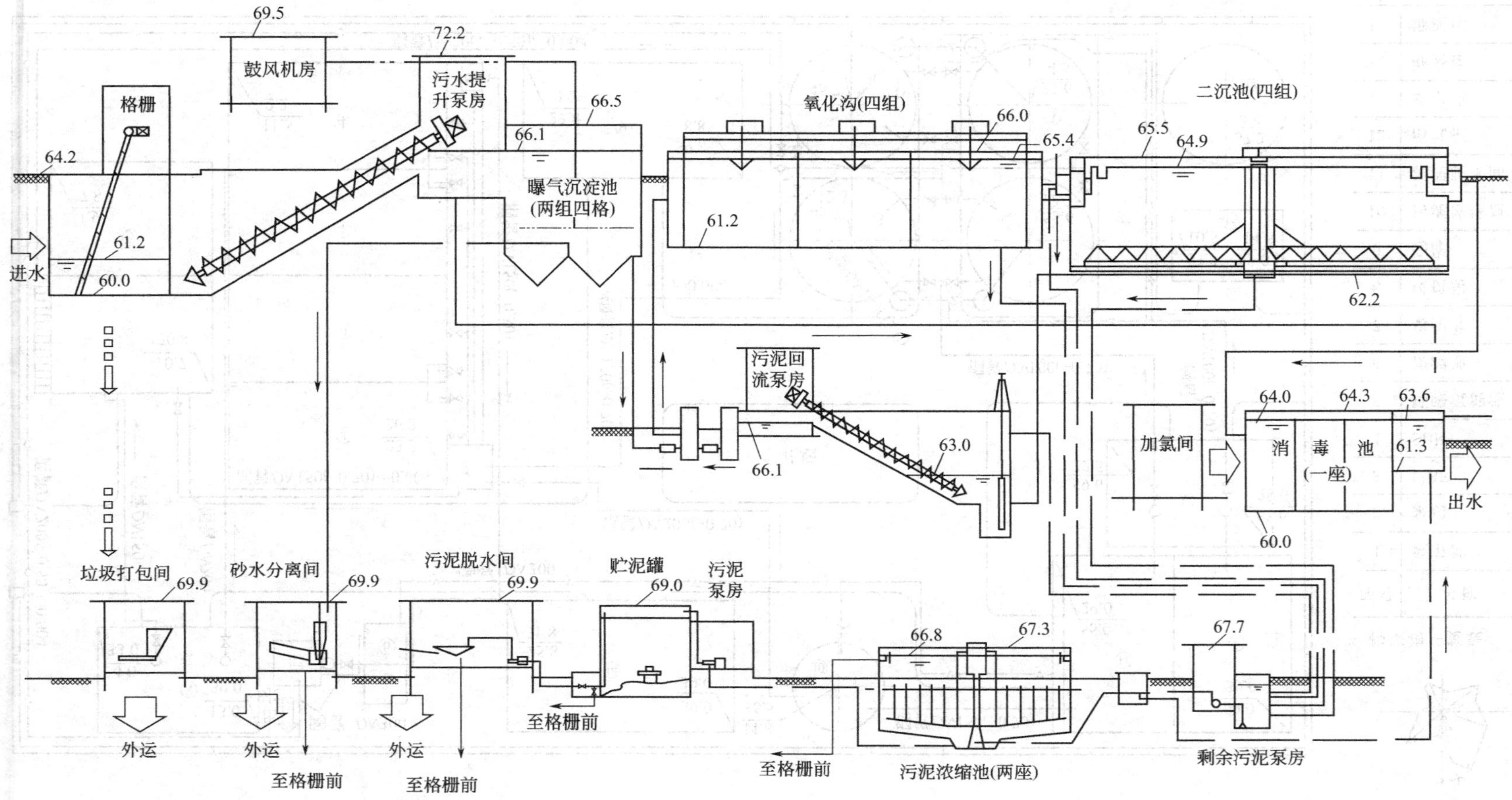

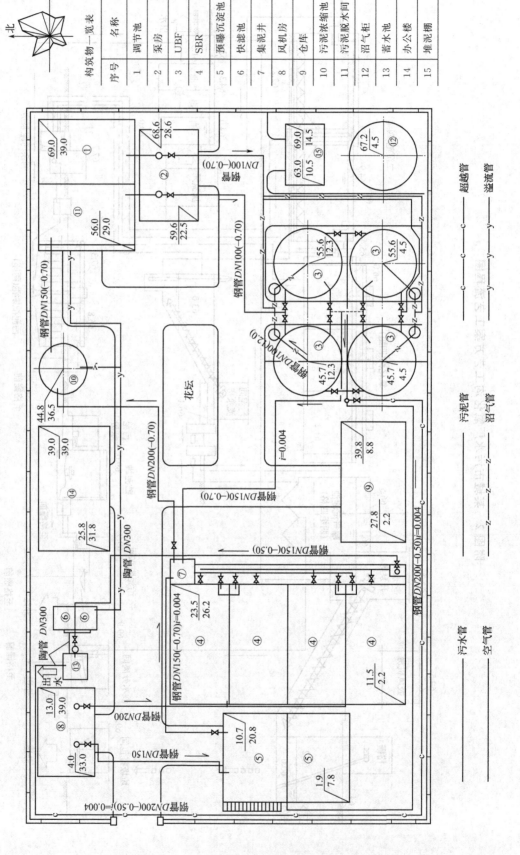

附图 3　某厂污水处理站平面布置图

构筑物一览表

序号	名称
1	调节池
2	泵房
3	UBF
4	SBR
5	预曝沉淀池
6	快滤池
7	集水井
8	风机房
9	仓库
10	污泥浓缩池
11	污泥脱水间
12	沼气柜
13	蓄水池
14	办公楼
15	堆泥棚

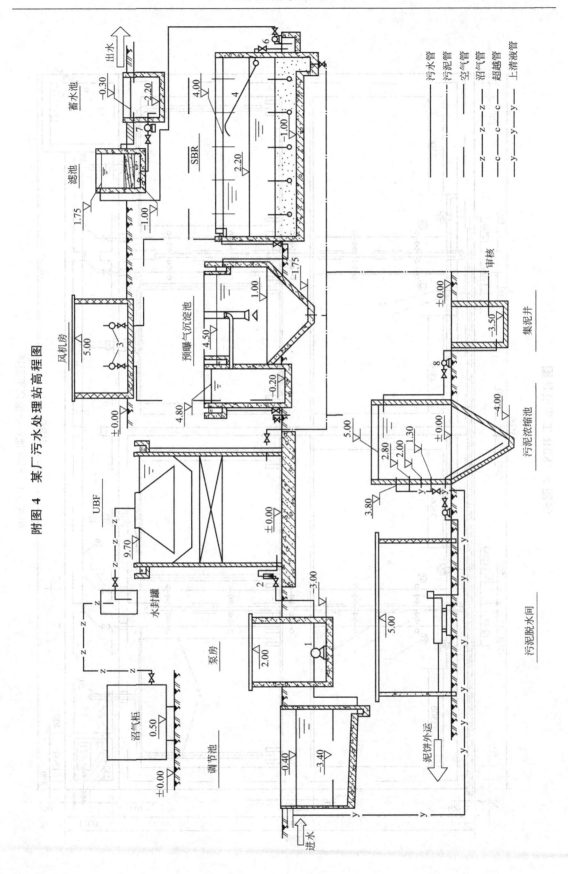

附图 4　某厂污水处理站高程图

附图 5 SBR 工艺设计图

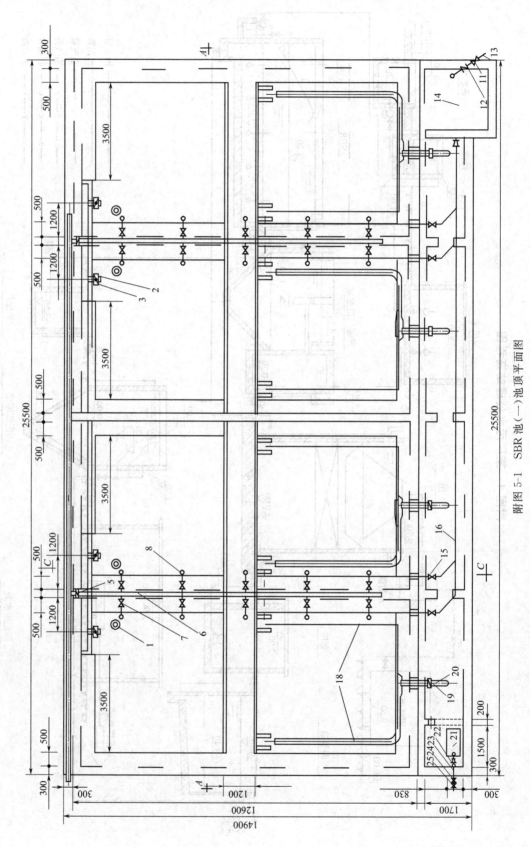

附图 5-1 SBR 池(一)池顶平面图

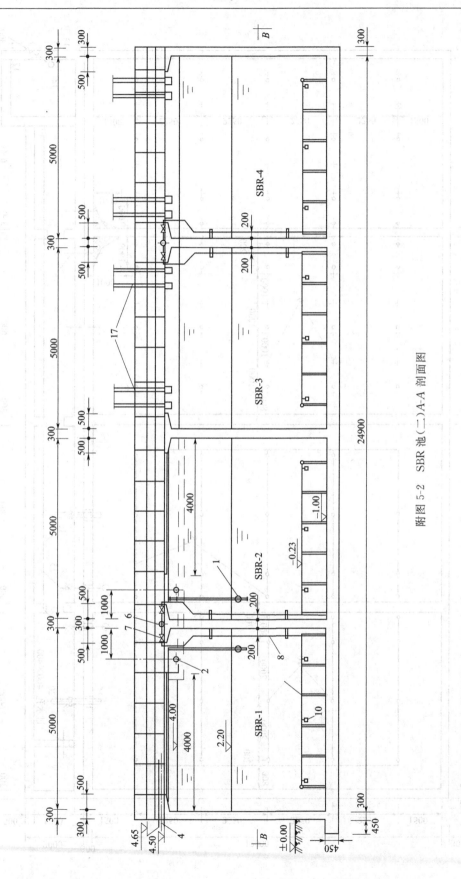

附图 5-2 SBR 池(二)A-A 剖面图

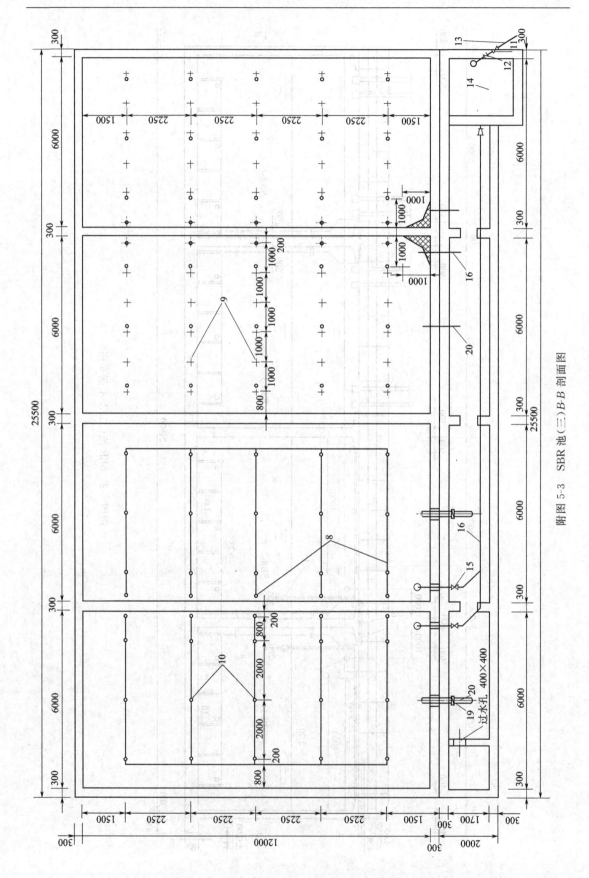

附图 5-3　SBR 池（三）B-B 剖面图

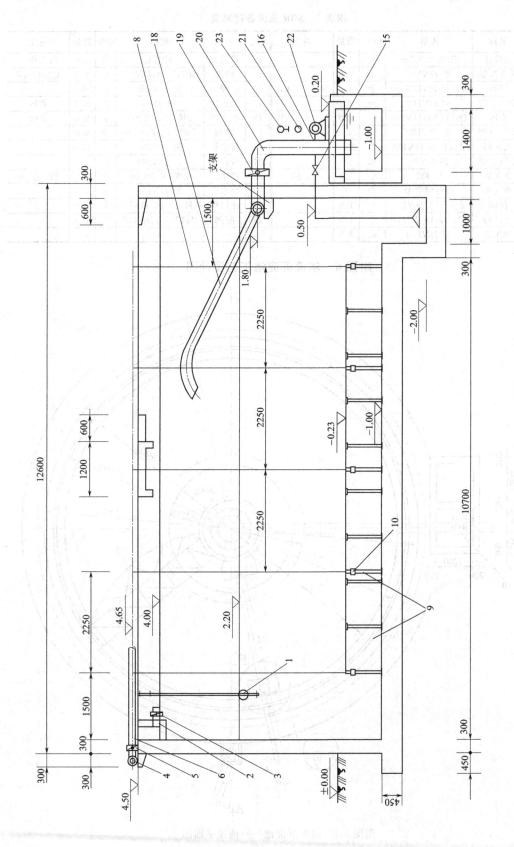

附图 5-4 SBR 池（四）C-C 剖面图

附表 2　SBR 池设备材料表

序号	名称	规格	单位	数量	备注	序号	名称	规格	单位	数量	备注
1	水位计	GSK-2,3.5m	套	4.0		14	排泥泵	6PWL	台	2.0	购二装一
2	进水短管	钢 DN150	m	2.0		15	蝶阀	DP715-10,DN150	个	4.0	Q941F-16
3	蝶阀	D971J-10,DN150	个	4.0	N=0.37kW	16	排泥管	钢 DN150	m	30.0	
4	空气干管	钢 DN150	m	16.0		17	配重架	钢 2100	个	8.0	非标
5	蝶阀	D971J-10,DN150	个	4.0	N=0.37kW	18	撇水器	SK-02,DN200	个	8.0	非标
6	空气分管	钢 DN100	m	50.0		19	蝶阀	D97J-10,DN300	个	4.0	
7	截止阀	Z44T-10,DN100	个	20.0		20	排水管	钢 DN300	m	13.0	
8	空气支管	钢 DN75	m	200		21	吸水管	钢 DN200	m	2.0	
9	管支架	钢 φ32	个	120	非标	22	排水泵	ZW100-80-20	台	2.0	购二装一
10	曝气头	塑料倒盆型	个	60		23	出水管	钢 DN150	m	3.0	
11	闸阀	Z44T-10,DN150	个	1.0		24	止回阀	HH44Z-10,DN150	个	1.0	
12	止回阀	HH44Z-10,DN150	个	1.0		25	闸阀	Z44T-10,DN150	个	1.0	
13	排泥管	钢 DN100	m	3.0							

附图 6　辐流沉淀池工艺设计图

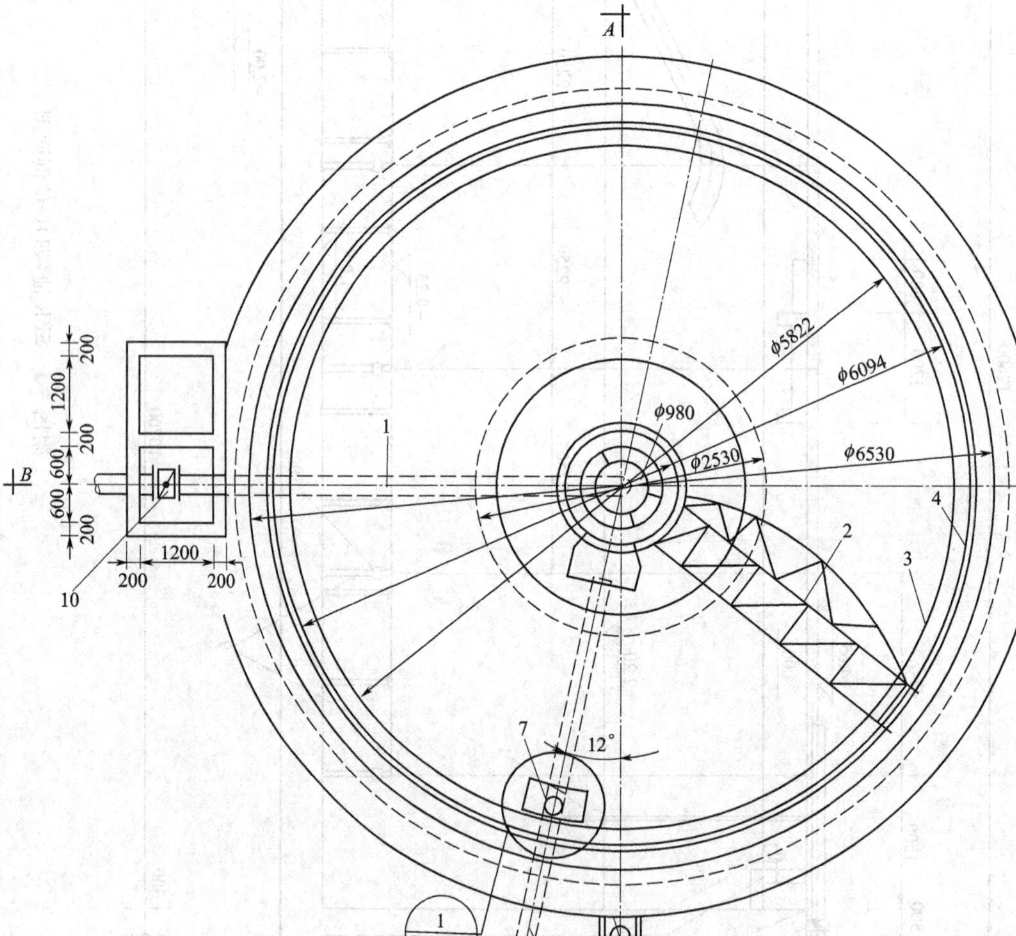

附图 6-1　辐流沉淀池(一)池顶平面图

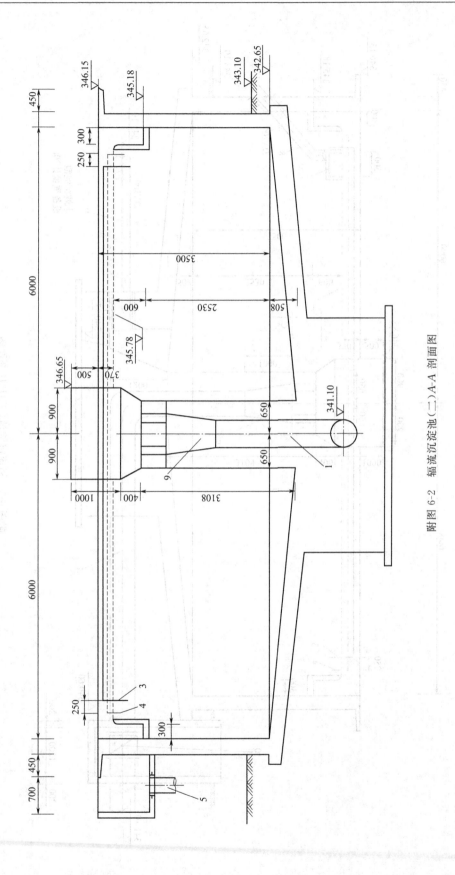

附图 6-2 辐流沉淀池(二)A-A 剖面图

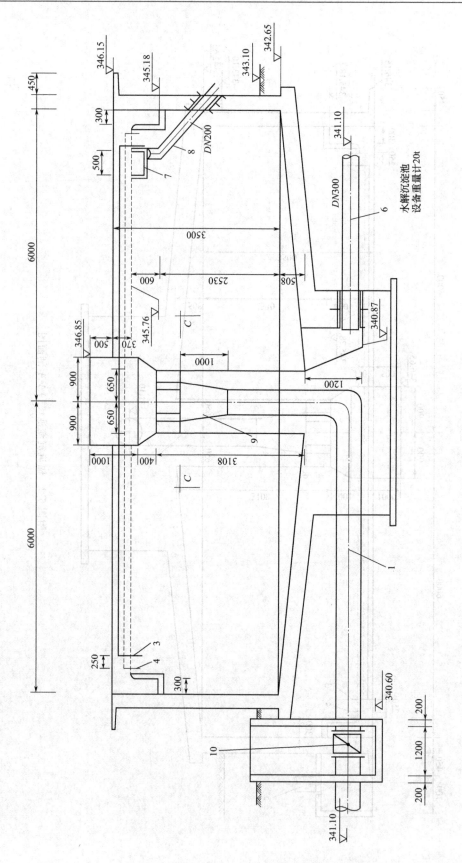

附图 6-3　辐流沉淀池(三)*B-B* 剖面图

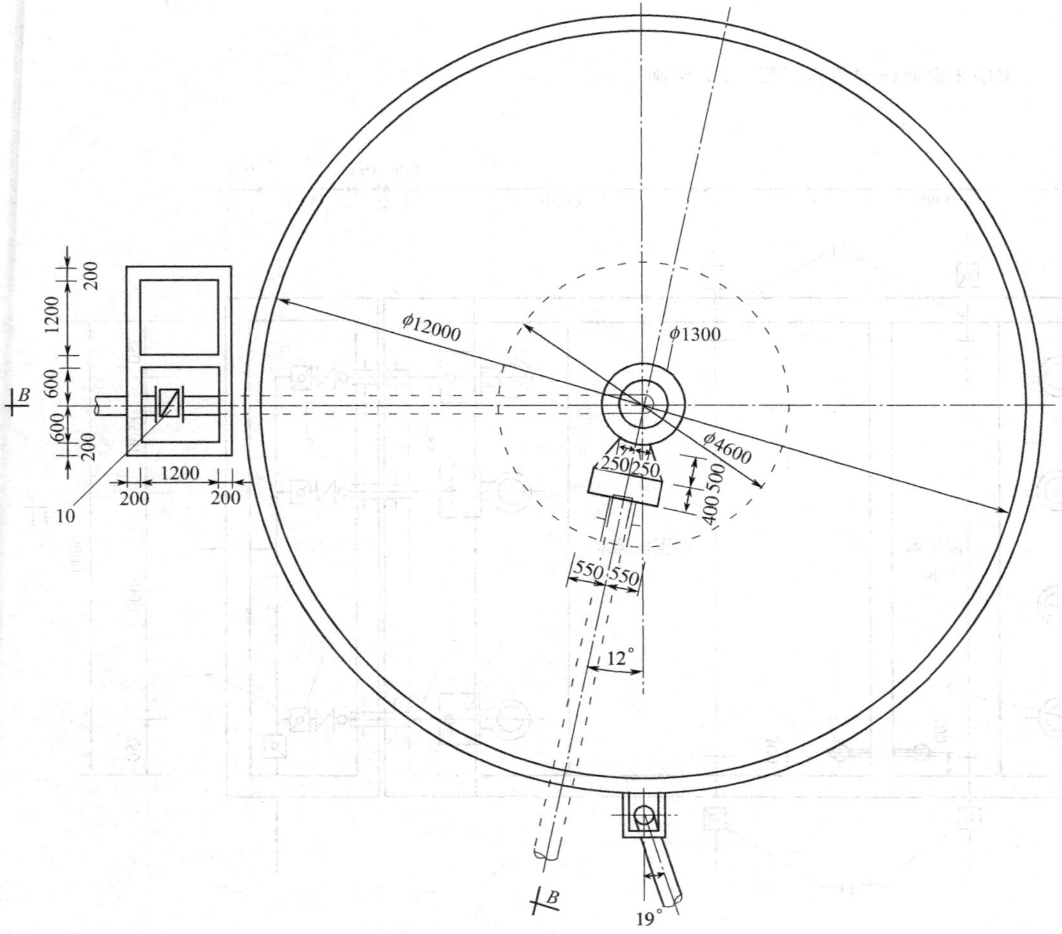

附表 3　辐流沉淀池设备材料表

序号	名称	规格	单位	数量	材料
1	进水管	DN300	m	10.0	A3
2	中心传动刮泥机	CG-12A	套	1	
3	浮渣挡板	l1860×h600×δ=6	块	18	A3
4	出水堰板	δ5	块	18	A3
5	出水管	DN300	m	3.0	A3
6	排泥管	DN300	m	7.0	A3
7	浮渣漏斗		个	1	A3
8	浮渣排出管	DN200	m	12.0	A3
9	进水喇叭管	DN300/800	m	1	A3
10	蝶阀	D3f41sHS-100Q,DN300	个	1	

注：1. 图中尺寸单位除高以米计外，其余均以毫米计。

2. 中间沉淀池包括南北对称的两池，图中所示为一号池工艺图，二号池完全相同，除管道方位以外。

3. 节点1，剖面C-C及非标准件详见UBF沉淀池工艺图（三）。

4. 设备安装及土建条件施工按到货技术要求进行。

5. 池上行走平台及上池钢梯详见风建筑图，设备安装及土建条件施工按到货技术要求进行。

6. 浮渣排出管与排泥管不直接相连，位置及方式由施工单位根据实际情况按相关规范进行。

7. 套管全部选用国标S312柔性防水套管（P8-2）。

8. 防腐：池内管道、设备均刷聚氨酯底漆二层、面漆二层。

9. 池底坡面应平滑，施工误差不大于10mm/1000mm，总误差不大于30mm。

附图 6-4　辐流沉淀池（四）池底平面图

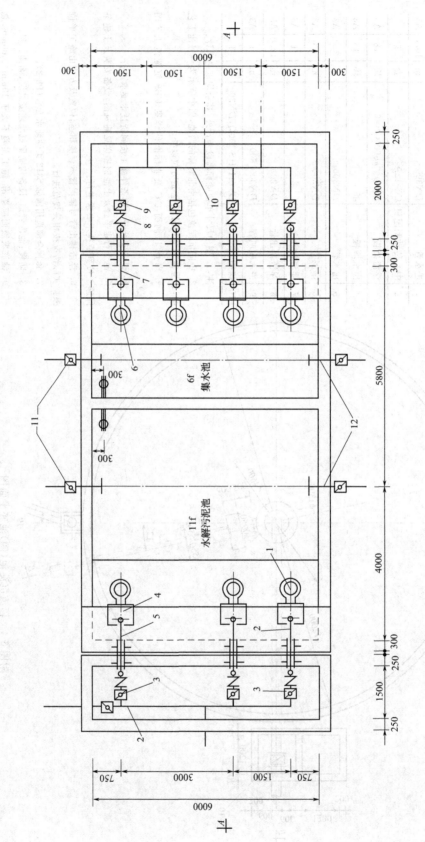

附图 7　潜污泵房工艺设计图

附图 7-1　潜污泵房（一）池顶平面图

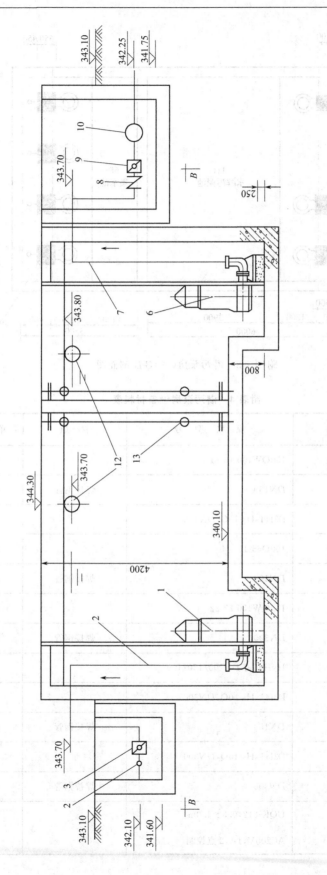

附图 7-2 潜污泵房(二)A-A 剖面图

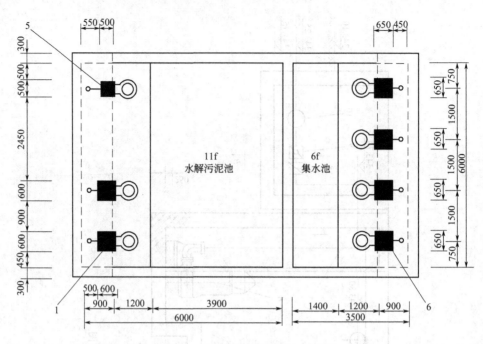

附图 7-3 潜污泵房(三)*B-B* 剖面图

附表 4 潜污泵房设备材料表

序 号	名　称	规　格　型　号	材　质	单位	数量
1	污泥泵	150QW100-15-71		台	2
2	出泥管	DN150	焊接钢管	m	25
3	蝶阀	D3f41sHs-10Q,DN150		个	8
4	污泥泵	100Q65-15-5.5		台	1
5	污泥管	DN100	焊接钢管	m	
6	污水泵	150QW150-22-22		台	4
7	污水管	DN300	焊接钢管	m	10/4
8	止回阀	HyH46eJ DN200/150/100		个	4/2/1
9	蝶阀	D3f41sHs-10Q,DN300		个	4
10	连接管	DN150	焊接钢管	m	10
11	蝶阀	D3f41sHs-10Q,DN300		个	4
12	钢管	DN300	焊接钢管	m	10
13	水位计	UQK-612,0.3~4.0m AC200V,1A,2 点控制		套	2

附图 8 污泥浓缩池工艺设计图

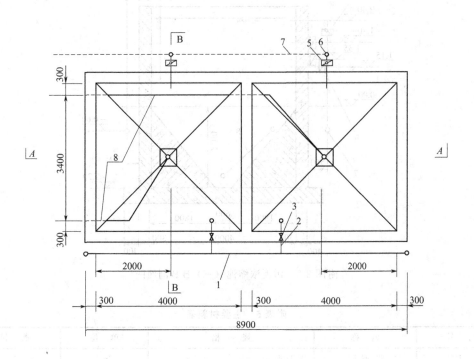

附图 8-1 污泥浓缩池（一）池顶平面图

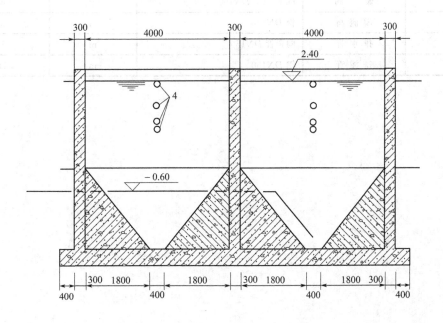

附图 8-2 污泥浓缩池（二）A-A 剖面图

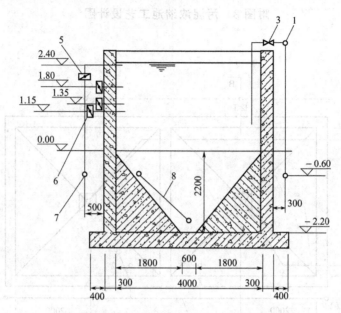

附图 8-3 污泥浓缩池（三）B-B 剖面图

附表 5 主要材料表

序 号	名 称	规 格	单 位	数 量
1	进泥管	钢 $DN150$	m	9
2	进泥分管	钢 $DN150$	m	7
3	闸 阀	Z44T-10，$DN150$	个	2
4	溢流管	钢 $DN100$	m	6
5	蝶 阀	D71J-10，$DN100$	个	8
6	溢流阀	钢 $DN100$	m	6
7	排水管	陶瓷管 $DN150$	m	7
8	排泥管	钢 $DN150$	m	11

附图 9 某城市污水厂深度处理工程平面布置图

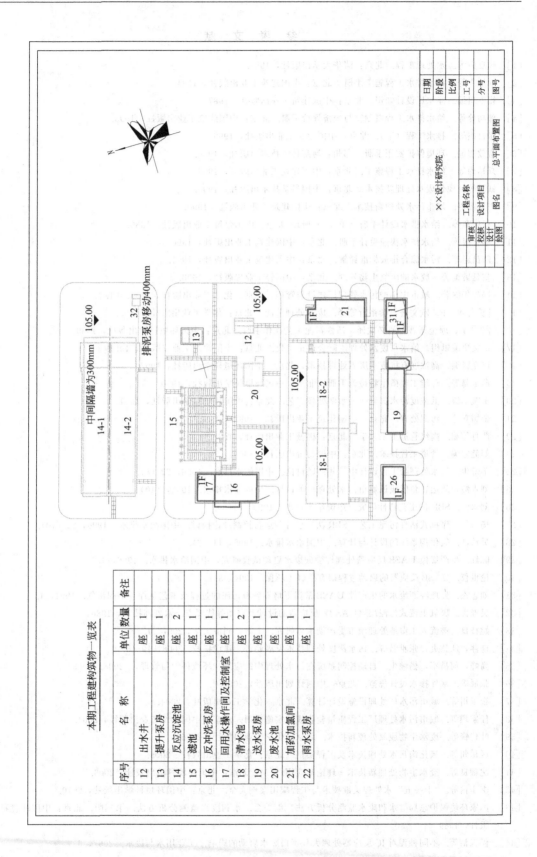

本期工程建构筑物一览表

序号	名 称	单位	数量	备注
12	出水井	座	1	
13	提升泵房	座	1	
14	反应沉淀池	座	2	
15	滤池	座	1	
16	反冲洗泵房	座	1	
17	回用水操作间及控制室	座	1	
18	清水池	座	2	
19	送水泵房	座	1	
20	废水池	座	1	
21	加药加氯间	座	1	
22	雨水泵房	座	1	

审核	工程名称	××设计研究院
校核	设计项目	
设计	图名	总平面布置图
绘图	图号	

日期	
阶段	
比例	
工号	
分号	
图号	

参 考 文 献

[1] 顾夏声等. 水处理工程. 北京：清华大学出版社，1985.

[2] 刘灿生等. 给水排水工程施工手册. 北京：中国建筑工业出版社，1994.

[3] 崔玉川编. 净水厂设计知识. 北京：中国建筑工业出版社，1987.

[4] 郭功佺等. 给水排水工程概预算与经济评价手册. 北京：中国建筑工业出版社，1993.

[5] 张自杰等. 排水工程（下）. 北京：中国建筑工业出版社，1996.

[6] 常效明编. 环境保护实用手册. 郑州：河南科学技术出版社，1986.

[7] 郑达谦等. 给水排水工程施工. 北京：中国建筑工业出版社，1998.

[8] 钱易等. 现代废水处理新技术. 北京：中国科学技术出版社，1993.

[9] 王彩霞等. 城市污水处理新技术. 北京：中国建筑工业出版社，1990.

[10] 张中和等. 给水排水设计手册（第5、6册）. 北京：中国建筑工业出版社，1986.

[11] 李金根等. 给水排水快速设计手册. 北京：中国建筑工业出版社，1996.

[12] 陆昌森等. 污水综合排放标准详解. 北京：中国建筑工业出版社，1991.

[13] 贺延龄编著. 废水的厌氧生物处理. 北京：中国轻工业出版社，1998.

[14] 冯生华编著. 城市中小型污水处理厂建设与管理，北京：化学工业出版社，2001.01.

[15] [美] W. F. 欧文著，秦裕珩等译. 废水处理节能. 北京：化学工业出版社，1993.

[16] [美] R、琼金斯著，刘必琥译. 活性污泥工艺操作手册. 北京：中国环境科学出版社，1989.

[17] 论文集编辑组. 给水与废水处理国际会议论文集. 北京：中国建筑工业出版社，1994.

[18] 申立肾编，高浓度有机废水厌氧处理技术，北京：中国环境科学出版社，1992.

[19] 俞玉馨等. 环境工程微生物检验手册，北京：中国环境科学出版社，1990.

[20] 王凯军等. 低浓度污水厌氧——水解处理工艺. 北京：中国环境科学出版社，1991.

[21] 金儒霖等. 污泥处置. 北京：中国建筑工业出版社，1982.

[22] 严丹等编. 高级管道工工艺学. 北京：机械工业出版社，1988.

[23] 刘健之编. 管道工程技术. 北京：中国物价出版社，1992.

[24] 羊寿生. 污水处理帮工程设计中一些问题讨论. 中国给水排水. 1996，22（8）.

[25] 刘永龄，从运转角度浅议城市污水处理厂的设计. 中国给水排水. 1995，（10）.

[26] 刘永淞. SBR法工艺特性研究. 中国给水排水. 1990，6（6）.

[27] 杨琦等. 序批式活性污泥工艺（SBR法）设计与运行控制理论操讨. 中国给水排水. 1996，22（10）.

[28] 吴浩江. 氧化沟系统的设计与计算. 中国给水排水. 1995，11（2）.

[29] 陈红. 生产规模UASB反应器处理柠檬酸废水启动试验研究，中国给水排水. 1996，4.

[30] 伦世仪. UASB反应器的启动过程研究. 轻工环保. 1994，3.

[31] 刘志杰. 处理啤酒废水的生产性UASB常温下培养颗粒污泥的过程及工艺条件. 中国沼气. 1994，4.

[32] 吴唯民. 厌氧上流式污泥层（UASB）反应器的设计及启动等待要点. 水处理技术，1986，3.

[33] 姚枝良. 潜流人工湿地处理城市受污染水体研究. 上海：同济大学，2007，1.

[34] 许萍，汪慧贞，张雅君. 污水深度处理技术发展趋势. 建设科技. 2008，19（6）.

[35] 高峰，何昌军，杨顺生. 自动控制系统在污水处理中的应用. 环境科学与管理，. 2008.2（33）.

[36] 张辰等. 室外排水设计规范. 北京：中国计划出版社，2006.

[37] 崔玉川等. 城市污水厂处理设施设计计算. 北京：化学工业出版社，2004.

[38] 任家琪等. 城市污水处理厂工程质量验收规范实施手册. 北京：中国建筑工业出版社，2004.

[39] 叶建锋. 废水生物脱氮处理新技术. 北京：化学工业出版社，2006.

[40] 区岳州等. 氧化沟污水处理技术及工程实例. 北京：化学工业出版社，2005.

[41] 沈耀良等. 废水生物处理新技术-理论和应用. [M] 北京：中国环境科学出版社，2006.

[42] 李圭白等. "十一五"水处理关键技术与工程应用案例大全. 北京：中国环境科学出版社，2010.

[43] 国家环境保护总局《水和废水监测分析方法》编委会. 水和废水监测分析方法. 第三版. 北京：中国环境科学出版社，1989.

[44] 侯玉洁等. 不同种泥对IC反应器处理大豆蛋白废水启动的影响. 工业用水与废水. 2007，6.

[45]　华光辉等. 城市污水生物除磷脱氮工艺中矛盾关系及对策. 中国给水排水. 2000，26（5）.

[46]　李探微等. 活性污泥法的生物泡沫和控制. 中国给水排水. 2001，17（4）.

[47]　丁丽丽等. 内循环式厌氧反应器启动过程中颗粒污泥的特性. 环境科学. 2001，22（3）.

[48]　高剑平等. 内循环厌氧反应器快速启动研究，漳州职业大学学报，2001. 3

[49]　张兰英等. 现代环境微生物技术. 北京：清华大学出版社，2005.

[50]　郑俊等. 曝气生物滤池工艺的理论与工程应用. 北京：化学工业出版社，2005.

[51]　钱易等. 水体颗粒物和难降解有机物的特性与控制技术原理（下卷）. 北京：中国环境科学出版社，2000.

[52]　吴国旭等. 生物接触氧化法及其变形工艺. 工业水处理. 2009，29（6）.

[53]　李自勋等. 合建式氧化沟在城市污水处理中的应用. 中国给水排水. 2010，139（20）.